国际贸易业务职业标准与专业标准衔接系列教材

葡萄酒的基础知识与品鉴

杨　敏　编著

清华大学出版社
北　京

内 容 简 介

本书以会“读”葡萄酒和会“品”葡萄酒为理念，既可以轻松浏览，了解葡萄酒；也可以深入学习，达到葡萄酒行业专业人士的水平。

本书共分30章，主要包括葡萄酒概述；葡萄酒与橡木桶的姻缘；酒瓶，三个世纪的忠诚守护；瓶塞，贴身护卫；种植；葡萄酒的酿造；种植的有机和自然动力；储存和窖藏；酒器；侍酒；葡萄酒品鉴；餐饮搭配；葡萄酒和健康；法国(French)葡萄酒；意大利(Italy)葡萄酒；西班牙(Spain)葡萄酒；葡萄牙(Portugal)葡萄酒；德国(Germany)葡萄酒；奥地利(Austria)葡萄酒；匈牙利(Hungary)葡萄酒；希腊(Greece)葡萄酒；美国(USA)葡萄酒；加拿大(Canada)葡萄酒；智利(Chile)葡萄酒；阿根廷(Argentina)葡萄酒；巴西(Brazil)葡萄酒；南非(South Africa)葡萄酒；澳大利亚(Australia)葡萄酒；新西兰(New Zealand)葡萄酒；本书相关的葡萄酒资料。

本书既可以作为大学本科、高职高专院校的教材使用，也可以作为行业培训的教材，同时可以作为相关从业人员的案头读物。

图书在版编目(CIP)数据

葡萄酒的基础知识与品鉴/杨敏编著. --北京：清华大学出版社，2013(2024.12重印)
国际贸易业务职业标准与专业标准衔接系列教材
ISBN 978-7-302-31962-7

Ⅰ.①葡… Ⅱ.①杨… Ⅲ.①葡萄酒－基本知识－高等学校－教材 ②葡萄酒－品鉴－高等学校－教材 Ⅳ.①TS262.6

中国版本图书馆CIP数据核字(2013)第078069号

责任编辑：康 蓉
封面设计：傅瑞学
责任校对：袁 芳
责任印制：宋 林

出版发行：清华大学出版社
网　　址：https：//www.tup.com.cn，https：//www.wqxuetang.com
地　　址：北京清华大学学研大厦A座　**邮　　编**：100084
社 总 机：010-83470000　**邮　　购**：010-62786544
投稿与读者服务：010-62776969，c-service@tup.tsinghua.edu.cn
质量反馈：010-62772015，zhiliang@tup.tsinghua.edu.cn
课件下载：https：//www.tup.com.cn，010-62795764

印 装 者：三河市龙大印装有限公司
经　　销：全国新华书店
开　　本：185mm×260mm　**印　　张**：17.75　**字　　数**：425千字
版　　次：2013年5月第1版　**印　　次**：2024年12月第13次印刷
定　　价：59.00元

产品编号：050841-03

国际贸易从业人员职业资质标准和院校国际贸易相关专业标准衔接课题组

顾问委员会：

曾亚非（中国国际贸易促进委员会商业行业分会会长）

课题组：

郭晓晶（南京工业职业技术学院）

鲁丹萍（温州职业技术学院）

潘海红（安徽国际商务职业学院）

张思达（厦门网中网教育科技有限公司）

杨　敏（济南大学蓬莱葡萄酒学院，杨敏-Number Wine 葡萄酒事务所）

姚　歆（中国商业联合会）

康　蓉（清华大学出版社有限公司）

王　曦（中国国际贸易促进委员会商业行业分会）

刘亚平（中国国际贸易促进委员会商业行业分会）

Preface

2008年以来，美国金融业出现波动，进而演变成全球性金融危机。美、欧等发达经济体陷入金融债务危机，影响到了全球贸易的稳定运行，而且金融危机的爆发使得一些国家和地区转而采取更为保守的贸易政策，全球范围的贸易保护主义威胁增大，对我国的出口、投资、消费产生了消极的影响，这是我们必须面对的现实。

国际贸易是国民经济的重要组成部分，它对我国现代化建设和社会发展产生了巨大而深远的影响。自改革开放以来，我国对外贸易的快速增长已取得了举世瞩目的成就。加入WTO和许多区域性国际组织后，我国的经济活动国际化趋势日渐明显，各企业的国际交流及贸易活动越来越多，熟悉国际交流与贸易规则及惯例、不断加强国际交流与合作成为众多企业经营的重心，因而对国际贸易或国际商务人才的需求与日俱增。中国出口产业总体竞争力仍然较强，全球金融危机和经济下滑将催生新一轮国际产业的调整，这对于中国外贸企业来说，既是很大的挑战，也是获得新发展的机遇。2012年中国经济发展的企稳回升的内在动能依然充足，国民经济和金融体系的基本面是健康的。随着调整和优化结构，统筹城乡发展将带来巨大和长期的投资与消费需求。中国投资环境和基础设施不断改善，增长潜力很大，迄今为止，外商对中国直接投资的热情不减。所以，从中长期来看，中国外贸的发展前景依然十分光明。随着新一轮世界经济贸易的复苏，国际贸易专业人才将是市场经济中最紧缺的人才之一；随着我国改革开放的深入，国际贸易专业人才仍然是急需人才。

由中华人民共和国国家质量监督检验检疫总局、中国国家标准化管理委员会发布的中华人民共和国国家标准GB/T 28158—2011《国际贸易业务的职业分类与资质管理》已于2012年7月1日正式实施。该国家标准将国际贸易人员职业类别细化为国际贸易业务运营类、单证类、财会类和翻译类，并对这四个类别规定了职业资质要求以及管理要求，这将为推动我国国际贸易的规范化和标准化、提升国际贸易人员的素质和企业管理水平起到积极的作用。

中国国际贸易促进委员会商业行业分会、中国国际商会商业行业商会（以下简称中国贸促会商业分会）成立于1988年，是由中国商业界有代表性的企业、团体、人士组成的对外经济贸易组织，是中国国际贸易促进委员会、中国国际商会设在行业中的贸促机构。

为了发挥贸促机构应有的作用和优势，宣贯中华人民共和国国家标准GB/T 28158—2011《国际贸易业务的职业分类与资质管理》，中国贸促会商业分会组织有关专家编写了这套"国际贸易业务职业标准与专业标准衔接系列教材"。这套系列教材内容紧密衔接中华人民共和国国家标准GB/T 28158—2011《国际贸易业务的职业分类与资质管理》，教材内容模块化，每个模块内容以基本理论和基本知识为铺垫。教材配有习题集，在理论性课程的基础上，加大案例分析和问题讨论，从而更切实地培养学生应用知识、理解专业问题的能力，帮助国际贸易从业人员和即将从事国际贸易的人员理解和掌握国际贸易的基本理论和实操技能。

推动我国贸促事业的发展是中国贸促会系统义不容辞的使命和责任。今后，我们将继续立足我国的贸促事业，认真倾听来自海内外业界、学术界的声音，出版更多有利于我国贸促事业发展的书籍，更好地为中国商界服务。

2013年1月

Foreword

十年前，当我在法国研读葡萄酒国际贸易专业的时候，中国的葡萄酒市场中进口产品几乎仅占10%的市场份额。那时大家对葡萄酒的认知还几乎是空白。而短短的十年后，中国的葡萄酒市场呈井喷式发展，吸引了来自全世界葡萄酒生产国的目光。专业化和国际化的品酒会频频亮相各大城市；大批优秀的中国侍酒师也开始竞相角逐在国际性的舞台上。在市场如此高速发展的形势下，懂专业的葡萄酒行业人才显得尤为稀缺，他们被市场迫切需求。此外，越来越多的葡萄酒爱好者渴望通过学习，在面对琳琅满目的各国葡萄酒时，能够根据实际需要及个人喜好来挑选出心仪的产品。为此，我结合了多年从事葡萄酒贸易以及葡萄酒教育工作的经验，编写了这本教材。与传统葡萄酒相关教材相比，本教材具有以下特色。

1. 全面性

通过本教材的学习，能掌握全面完整的葡萄酒知识体系。教材囊括了葡萄酒有关的方方面面，渗透到葡萄酒的细枝末节。从葡萄酒的外在感观，如葡萄酒瓶身、酒标信息及酒塞的介绍，到葡萄酒的内在文化，如各国产区历史、风土特质等；从葡萄酒的理论，如各国葡萄酒法律法规、葡萄酒的分类，到葡萄酒的实践，如品鉴技巧、葡萄酒的配餐、侍酒流程等由浅入深地一一呈现给读者。相信这是一本国内为数不多的能将几乎所有与葡萄酒相关知识一并收录的综合性专业教材。

2. 实用性

本教材贯彻始终的理念就是教会读者一会“识酒”，二会“品酒”，这也是整本书的核心。我们为什么要认识酒标上的信息；为什么要熟悉并掌握各个产区的名称和它们各自的级别；为什么要把握不同葡萄品种的特性等，这些都是解读一瓶葡萄酒的密码。但此时我们所认识到的还只是表象，真正的内在需要通过观色、闻香和品鉴来进一步揭开它的谜底。品鉴没有标准的答案，读者只有通过运用书中所提到的方法不断尝试和对比，“品”才被赋予了意义，才得到了圆满的升华。

3. 趣味性

本教材善于在生动的故事中挖掘与葡萄酒有关的文化内涵。一些与葡萄酒息息相关的历史人物对葡萄酒的发展有着深远的影响，掌握葡萄酒的历史和内涵，了解葡萄酒的一些大事和大师，可以使我们更容易理解葡萄酒和把握葡萄酒的未来。

在编写过程中，我参阅了不少国内外学者的研究成果以及网络资料，由于文献之多无法一一列出，在此，谨向所有使我获益的同行致以真诚的谢意！对外经济贸易大学奢侈品专业的学生王晓琦、在法留学的赵丹、长沙的肖丽也参与了本教材部分章节的资料收集及相关工作；同时也得到了波尔多行业协会(CIVB)、博若莱葡萄酒行业协会(Inter Beaujolais)、香槟行业委员会(CIVC)、朗格多克鲁西荣大区海外之家(Maison de La Région Languedoc Roussillon)、西班牙驻中国经济商务处(Spanish Chamber of Commerce in China)、德国葡萄酒学会(Deutsches Weininstitut Gmbh)、葡萄牙软木塞协会(APCOR-Associação Portuguesa de Cortiça)等各国葡萄酒协会的帮助。在此,对上述所有人员和部门表示感谢!

本书可作为高等教育国际贸易类葡萄酒专业学生和老师学习、教学的通用教材,也可供从事葡萄酒贸易工作的专业人员学习与参考。

电子网络配套资源还包括PPT讲义课件、思考和练习题的答案、各国产区地图及其他相关配套资料可从www.52wine.com下载。

由于本书作者能力有限,书中疏漏和不足之处在所难免,恳请同行专家及读者予以斧正(发送邮件至作者E-mail:VinEdu@163.com)。

杨　敏

2013年1月于南京

Contents

葡萄酒概述

◆ 本章学习内容与要求

1. 重点：葡萄酒的分类；法国、意大利、西班牙等旧世界葡萄酒的分级；
2. 必修：酒标上可能出现的单词；
3. 掌握：葡萄酒的起源地；葡萄酒的历史迁徙；葡萄酒法律法规的起因。

1.1 葡萄酒历史概况

一种成熟的果实，掉落在一个自然形成的凹洼，加上合适的温度和大自然中的"酵母"，产生了一种液体(目前流行的自然动力酿酒法正是追求这种大自然的返璞归真)。可以相信这段历史比人类的历史更久远。人类给这种果实取了个名字叫葡萄，这种液体就是葡萄酒。

据考证，比较公认的最早开始栽培葡萄的地方是小亚细亚里海和黑海之间及其南岸地区，古代的波斯。这个时间大约在公元前10000年到前8000年的新石器时代。

因为伊斯兰宗教原因，葡萄酒并未能在阿拉伯广为传播。

根据考古资料，历史学家绘制了一张葡萄酒的迁徙地图。

公元前5000年左右，葡萄种植和葡萄酒酿造技术越过地中海到了埃及。

公元前3000年左右，葡萄种植和葡萄酒酿造技术从埃及往北越过地中海抵达希腊。

古希腊人喜欢葡萄酒，荷马史诗中就曾多次提到葡萄酒。古希腊的葡萄酒神是狄俄尼索斯(Dionysos)。

公元前600年，希腊人把葡萄通过马赛港传入高卢(现在的法国)，并将葡萄栽培和葡萄酒酿造技术传给高卢人。但在当时，高卢的葡萄和葡萄酒生产并不惹人注目。

罗马人从希腊人那里学会了葡萄栽培和葡萄酒酿造技术后，在意大利半岛全面推广葡萄酒。葡萄酒和基督教相融合，广为传播。罗马人有了自己的酒神巴克斯(Bacchus)。古罗马人喜欢葡萄酒，甚至有历史学家将古罗马帝国的衰亡归咎于古罗马人饮酒过度导致的。

古罗马帝国的军队征服欧洲大陆的同时也推广了葡萄种植和葡萄酒酿造。

在此后的岁月里，法国的葡萄种植业几经兴衰。因为罗马人的大力推广，在公元1世纪时葡萄树遍布法国南部整个罗纳河谷(Côtes du Rhône)；2世纪时葡萄树遍布整个勃艮第(Bourgogne)和波尔多(Bordeaux)；3世纪时已抵达卢瓦尔河谷(Vallée de la Loire)；最后在4世纪时出现在香槟区(Champagne)和摩泽尔河谷(Vallée de la Moselle)。原本非常喜爱大麦啤酒(cervoise)和蜂蜜酒(hydromel)的高卢人很快爱上葡萄酒并且成为杰出的葡萄果农。

公元92年，因为高卢人生产的葡萄酒在罗马大受欢迎，罗马皇帝杜密逊(Domitian)下令拔除高卢一半的葡萄树以保护亚平宁半岛的葡萄种植和酿酒业，法国葡萄种植和葡萄酒酿造业出现了第一次危机。

公元 280 年，罗马皇帝下令恢复种植葡萄的自由，葡萄种植和葡萄酒酿造进入重要的发展时期。

4 世纪初，罗马皇帝君士坦丁(Constantine)正式公开承认基督教，在弥撒典礼中需要用到葡萄酒，于是助推葡萄树的栽种。

当罗马帝国于公元 5 世纪灭亡以后，分裂出的西罗马帝国(法国、意大利北部和部分德国地区)里的基督教修道院详细记载了关于葡萄收成和酿酒的过程。这些巨细靡遗的记录有助于后人培植出在特定农作区最适合栽种的葡萄品种。

统治西罗马帝国(法兰克王国)的加洛林王朝的"神圣罗马帝国"皇帝——查理曼(Charlemagne，768—814 年)，其权势也影响了此后的葡萄酒发展。这位伟大的皇帝预见了法国南部到德国北边葡萄园遍布的远景，著名的勃艮第产区的"可登-查理曼"顶级葡萄园(Grand Cru Corton-Charlemagne)一度是他的产业。法国勃艮第地区的葡萄酒，可以说是法国传统葡萄酒的典范。但很少人知道，它的源头竟然是教会——西多会(Cistercians)。

到 15 世纪、16 世纪，欧洲最好的葡萄酒被认为就出产在西多会，16 世纪的挂毯描绘了葡萄酒酿制的过程，而勃艮第地区出产的红葡萄酒，则被认为是最上等的佳酿。

1441 年，勃艮第公爵禁止良田种植葡萄，葡萄种植和酿造再度萧条。

1731 年，路易十五国王部分取消上述禁令。

葡萄酒在中世纪的发展得益于基督教会。基督教把葡萄酒视为圣血，教会人员把葡萄种植和葡萄酒酿造作为教会工作。葡萄酒随传教士的足迹传遍世界。法国勃艮第产区的葡萄酒酿造就归功于修道士们的精心栽培及从罗马迁居于阿维尼翁的教皇们的喜好。

公元 1400—1600 年，酿酒技术传到南非、墨西哥、阿根廷等国家；在 17 世纪传入中国，1769 年，传入加利福尼亚；1788—1819 年传入新西兰和澳大利亚。

1789 年，法国大革命爆发，葡萄种植不再受到限制，法国的葡萄种植和葡萄酒酿造业终于进入全面发展的阶段。

1864 年，葡萄蚜虫灾害曾席卷法国，法国的大部分葡萄园被毁，好在当时的人们将法国葡萄枝嫁接在抗虫害的美国葡萄根上，才使法国葡萄种植绝处逢生。

对于葡萄酒在中国的历史，我们要分清楚葡萄酒自发市场和葡萄酒工业市场的差异。

葡萄，我国古代曾叫"葛藟"、"蒲陶"、"蒲萄"、"蒲桃"、"葡桃"，葡萄酒则相应地叫"蒲陶酒"等。此外，在古汉语中，"葡萄"也可以指"葡萄酒"。

关于"葡萄"两个字的来历，李时珍在《本草纲目》中写道："葡萄，《汉书》作蒲桃，可造酒，人酺饮之，则醄然而醉，故有是名。""酺"是聚饮的意思，"醄"是大醉的样子。按李时珍的说法，葡萄之所以称为"葡萄"，是因为这种水果酿成的酒能使人饮后"醄然而醉"，故借"酺"与"醄"两字，叫做葡萄。

中国对于葡萄酒的记载，最早产生于汉代(公元前 206 年)，司马迁著名的《史记》中首次记载了葡萄酒。

西汉，张骞奉汉武帝之命出使西域，将西域葡萄及酿造葡萄酒的技术引进中原。

唐朝是我国葡萄酒酿造史上辉煌的时期，葡萄酒的酿造已经从宫廷走向民间。

元代，已有大量的葡萄酒产品在市场销售。

而我们把1892年，张裕的创始人张弼士将酿酒工业引进中国作为中国葡萄酒工业革命的开始。

1.2 葡萄酒的分类

葡萄酒分类很多，每一种分类法都有不同标准。掌握葡萄酒的分类方法，非常有助于我们进入葡萄酒的神秘殿堂。

葡萄酒是一种用破碎或未破碎的新鲜葡萄果实或汁完全或部分酒精发酵后获得的饮料，其酒精度数不能低于8.5°；按照我国的葡萄酒标准，葡萄酒是以鲜葡萄或葡萄汁为原料，经全部或部分发酵酿制而成的，酒精度不低于7.0°的酒精饮品。

1.2.1 颜色

以成品颜色来说，可分为白葡萄酒、红葡萄酒及桃红葡萄酒三类。

(1) 白葡萄酒：白葡萄酒的颜色从稻草黄、黄色再到金黄色不等。这种酒酿造时使用的是白皮白肉的葡萄或使用红皮白肉的葡萄。酿酒的葡萄汁挤出后马上与葡萄皮分隔，不让皮内的色素渗入葡萄汁中。

(2) 红葡萄酒：酒色从紫红、宝石红、砖红到橘红等。用葡萄果实或葡萄汁，经过发酵酿制而成。红葡萄酒采用皮汁混合发酵后陈酿而成。

(3) 桃红葡萄酒：桃红葡萄酒(来自法语的rosé“桃色”)，在西班牙语国家称作“rosado”，在意大利称作“rosato”。由于葡萄品种、添加剂和酿酒工艺的不同，桃红酒的颜色有一定的差别，从粉红、三文鱼红、棕红再到洋葱皮红均有。

桃红酒的酿造类似于红葡萄酒，但葡萄皮与葡萄汁的接触一般为2～24小时，这一过程称为浸渍。用以提取葡萄皮中的单宁，增加桃红的色泽。

1.2.2 含糖量

按含糖量，葡萄酒可以具有以下分类。

(1) 干葡萄酒：含糖(以葡萄糖计)小于或等于4g/L。或当总糖与总酸(以酒石酸计)的差值小于或等于2g/L时，含糖最高为9g/L的葡萄酒。

(2) 半干葡萄酒：含糖大于干酒，最高为12g/L。或总糖与总酸的差值，按干酒方法确定，含糖最高为18g/L的葡萄酒。

(3) 半甜葡萄酒：含糖大于半干酒，最高为45g/L的葡萄酒。

(4) 甜葡萄酒：含糖大于45g/L的葡萄酒。

上面两种是从色和糖来分类。如果从酿造方式来说，又可以分为普通葡萄酒、起泡葡萄酒、加烈葡萄酒和加味葡萄酒四类。

1.2.3 二氧化碳含量

起泡葡萄酒中的气泡是二氧化碳通过酒的发酵在瓶内(如香槟制法)或大型储酒缸中(如沙尔马制法)自然形成。起泡酒通常是白色或桃红色的，但意大利和澳大利亚等国也会以西拉等红葡萄品种酿造红起泡酒。根据含糖量分为干型、甜型等不同类型。

只有在法国的香槟地区以传统方式酿造的起泡酒才能真正称作“香槟”(Champagne)。气泡是瓶中二次发酵所产生的,即装瓶前添加葡萄汁、糖以及酵母菌等混合液,瓶陈半年左右的时间。在此期间,酵母菌将酒中的糖分慢慢转换成酒精和碳酸,由此产生气泡。其他地区生产的同类型产品通常有其自身的名称,如西班牙的卡瓦(Cava)、意大利的阿斯蒂(Asti)、南非的 Cap Classique。在法语中,“Mousseux”或“Crémant”被用来称呼非香槟区但以香槟方法酿制的气泡酒。

1.2.4 酒精度

加烈葡萄酒,即为高酒精度葡萄酒。普通葡萄酒的酒精含量为 8%~16%,加烈葡萄酒的酒精含量会更高。

加烈葡萄酒分为以下两种。

(1) 蒸馏葡萄酒。采用优良品种葡萄原酒蒸馏,或发酵后经压榨的葡萄皮渣蒸馏,或由葡萄浆经葡萄汁分离机分离得的皮渣加糖水发酵后蒸馏而得。一般再经细心调配的叫白兰地,不经调配的叫葡萄烧酒。

(2) 加强葡萄酒(Fortified Wine),也称强化葡萄酒。它是一种通过添加了蒸馏酒精(通常是白兰地)的葡萄酒类型。加强葡萄酒有许多不同的风格,比较著名的例如波特酒、雪莉酒、马德拉酒等。

1.3 葡萄酒的法律法规

葡萄酒的健康发展,与葡萄酒法律法规的出现有着不可分割的关系。对于消费者而言,了解一些葡萄酒法律,最直观的好处就是可以从酒标读懂这些规律,掌握葡萄酒的密码,从而最直接和容易地了解和选择葡萄酒。

葡萄酒新旧世界的法律有很大的区别。旧世界更加严格,规范也比较细致,也更复杂,都基于原产地的法规、允许栽种的葡萄品种和葡萄酒生产方式的规范。诸如法国的 AOC、意大利的 DOC、西班牙的 DO 等。葡萄酒法律法规历史相对比新兴产酒国而言较为久远。我们从葡萄酒旧世界国家和新世界国家来看葡萄酒的法律法规。

1.3.1 旧世界葡萄酒法律法规

1. 欧盟葡萄酒法

European Union Wine Regulations,是共和农业政策(Common Agricultural Policy, CAP)的一部分。该法的主要特点是规范控制产量、酿酒方法和步骤、葡萄酒分级,详细规范了葡萄酒酒标的表现方式及从非欧盟国家的进口规则。

为了适用所有欧盟成员,每一个欧盟国家允许拥有自己的葡萄酒法律框架,用于控制本国的葡萄酒生产,诸如达到多少比例的葡萄品种允许在酒标上体现等。欧洲葡萄酒生产国还必须满足欧盟质量标准和酒标标准。每一个国家可以有适用于自己国家的体系,但应效仿法国原产地体系制度。

自 2009 年 8 月 1 日起,欧盟明确区别了受地区保护的餐酒(Protected Geographical Indication, PGI)和优质法定产区葡萄酒(Protected Designation of Origin, PDO)的分级

制度。

2. 法国葡萄酒法

法国是最为有名且最为严谨的葡萄酒生产国，法国的葡萄酒法之后作为范本用于整个欧盟的葡萄酒法律的制定。

(1) 法国葡萄酒法的起源

在遭受蚜虫病肆虐的法国，导致了葡萄酒交易市场上假酒的猖獗，法国的葡萄酒法律应运而生。随后发展成AOC系统，继而欧盟的葡萄酒法律在此基础上也应运而生，也影响了欧洲其他国家的分级制度(见表1-1)。

表1-1 葡萄酒分级等效一览表

法　国	德　国	意大利
受地区保护的餐酒(PGI)		
受保护的地理标志(Indication Géographique Protégée,IGP)	受保护的地理标志(Geschützte Geografische Angabe)	受保护的地理标志(Indicazione Geografica Protetta,IGP)
优质法定产区葡萄酒(PDO)		
受原产地命名保护(Appellation d'Origine Protégée,AOP)	受原产地命名保护(Geschützte Ursprungsbezeichnung)	受原产地命名保护(Denominazione di Origine Protetta,DOP)

(2) 法国原产地命名控制(AOC)的发展

① 原产地命名控制(AOC)的来源可以追溯至15世纪。1410年，查理六世给洛克福尔奶酪(Roquefort)颁发了特殊的证书。

② 第一个现代法令是于1919年3月6日通过的“原产地保护法令”，对农产品生产地区作出了详细规定。

③ 1935年，法国国家原产地命名与质量监控院(INAO)——法国农业部的一个下属机构成立，是检核AOC的政府机构，主要任务是监督属于命名体系的葡萄酒的生产，主要目标是保证从属于一种命名的葡萄酒的均一性及质量的稳定性(年份的因素除外)。

④ 1937年，在罗纳河谷酒区，拜伦·皮埃尔·勒华·伯叟马列，一个授业律师和葡萄树种植者，成功地取得了“罗纳河谷产区”的原产地命名认证。

⑤ 20世纪50至70年代，AOC印章开始使用。

⑥ 1990年，法国国家原产地命名与质量监控院的工作范围扩大至其他的农产品。

(3) 法国原产地命名控制(AOC)的内容

AOC(Appellation d'Origine Controlée)，字面意思就是原产地命名控制。这个标准界定了原产地厂商，只能生产由原产地采购的葡萄所制造的葡萄酒，生产工艺符合原产地标准规定，完全在原产地生产和制造，产量符合标准，同时原产地装瓶。

法国AOC的控制包括以下范围。

① 法定产区范围。

② 允许种植的葡萄品种。

③ 葡萄生长的方式。

④ 葡萄酒酿造技术。

⑤ 酒标上标明的内容。

(4) 法国葡萄酒分级

自2006年以来,法国葡萄酒分级制度就一直在变革,至2012年起便开始全面实施最新的分级制度,由原来四个分级更改为目前的三个级别(以前的VDQS级别已被取消)。

① 法国餐酒(Vin de France):该级别可选用法国境内的葡萄酿制并允许在酒标上声明葡萄品种及年份,但不允许出现产区。

② 地区餐酒(Indication Géographique Protégée,IGP):该级别为特定地区所生产的葡萄酒,表现出该地区特色。IGP取代了原有的地区餐酒(VDP)。

③ 法定产区(Appellation d'Origine Protégée,AOP):该级别界定了酒庄只能生产由原产地采购的葡萄遵循原产地标准的生产工艺,在原产地生产和制造,产量符合标准,同时原产地装瓶。取代了原有的AOC级别。

(5) 法国酒标常用名词

① Blanc:白。

② Château:城堡,葡萄酒庄园。

③ Domaine:拥有葡萄园的酒庄,在勃艮第通常指规模小于城堡的酒庄。

④ Mise en bouteille au Château/Domaine:在酒庄装瓶,由同一酒庄种植与酿造的葡萄酒。

⑤ Rouge:红。

⑥ Village:村庄。

⑦ Vin:葡萄酒。

3. 意大利葡萄酒法律

(1) 意大利政府制定了一系列法律条款,称为"原产地管制法"(Denominazione di Origine Controllata,DOC)。该法于1963年颁布,1967年开始执行。

(2) 意大利葡萄酒分级

意大利葡萄酒分级制度一共有四级,由低到高包括以下分级。

① 日常餐酒(Vino da Tavola,VDT)。此等级表明葡萄酒来自于意大利境内。酒标上仅注明葡萄酒的颜色以及生产商的名字,而葡萄种类、产地和年份都不能体现在酒标上。

② 地区餐酒(Indicazione Geografica Tipica,IGT)。这个等级的葡萄酒意味着选用特定地区的特定葡萄品种酿成的葡萄酒。此级别于1992年创立,旨在酿制更高品质的餐酒。

③ 法定产区酒(Denominazione di Origine Controllata,DOC)。目前已约有319种法定原产地葡萄酒。如同法国的AOP,从产地、品种、栽培方式到产量、陈酿时间等进行严格的控制。

④ 保证法定原产区葡萄酒(Denominazione di Origine Controllatae Garantita,DOCG)。这是意大利葡萄酒的最高等级,目前已有43种保证法定原产地葡萄酒。

(3) 意大利酒标常用名词

① Classico:传统,一个最初始(未扩增)的传统产酒区。

② Riserva:珍藏,根据DOC等级要求具有更长的陈酿期。

③ Secco:干型。

④ Abboccato:微甜。

⑤ Dolce:甜型葡萄酒。

⑥ Superiore:比法定最低酒精百分比高出至少0.5%~1%。

⑦ Frizzante:微泡酒。

⑧ Spumante：起泡酒。

⑨ Liquoroso：甜的加强葡萄酒。

4. 西班牙葡萄酒法律

(1) 西班牙葡萄酒法的起源

1972 年，西班牙农业部借鉴法国和意大利的成功经验，成立 Instito de Denominaciones de Origen(INDO)，这个部门相当于法国的 INAO，它颁布了西班牙原产地名号监控制度 Denominaciones de Origen(DO)。截至目前，西班牙有 69 个 DO，其中 1994 年后批准的有 34 个。到 1988 年 DO 制度内加入了 Denominaciones de Origen Calificada(DOC)。

(2) 西班牙葡萄酒级别

① 日常餐酒(Vino de Mesa，VdM)：该级别的葡萄酒来自于未经分类的葡萄园或者是选用了法律规定外的葡萄来混合酿制。

② 地区餐酒(Vino de la Tierra，VT 或 VdlT)：该级别的品质高于日常餐酒级别，类似于法国的地区餐酒。

③ 优良地区餐酒(Vinos de Calidad con Indicación Geográfica，VCIG 或 VC)：该级别是地区餐酒经过至少 5 年的观察才有可能升级成为 DO 级的过渡期。

④ 原产地法定产区(Denominación de Origen，DO)：该级别类似于法国的 AOP 法定产区级别。来自所认定的高品质葡萄酒产区，选用官方指定的葡萄品种，产量受到严格控制，葡萄的栽种方法、酿造工艺和陈酿时间也都受到管制。

⑤ 保证原产地法定产区(Denominación de Origen Calificada，DOC 或 DOCa)：这个略高于 DO 的等级，目前只有里奥哈(Rioja)、普里奥拉(Priorat)和杜埃罗河谷产区(Ribera del Duero)获得 DOC 称号。

⑥ 庄园葡萄酒(Vinos de Pago，VP)：它是西班牙最高等级。庄园必须是西班牙最好的葡萄园之一，有着显著的风土条件。西班牙目前共有 14 个庄园葡萄酒。

(3) 西班牙葡萄酒酒标上可能出现的单词

① Año：年。

② Blanco：白葡萄酒。

③ Bodega：酒厂。

④ Cava：传统方法酿制的起泡酒。

⑤ Cosecha：年份。

⑥ Crianza：采收后至少经两年的陈酿，其中 6 个月在橡木桶。

⑦ Dulce：甜。

⑧ Embotellado(de origen)：装瓶(在原酒庄)。

⑨ Espumoso：起泡酒。

⑩ Gran Reserva：至少经五年的陈酿，其中一年半在橡木桶。

⑪ Joven：新酒。

⑫ Reserva：至少陈酿三年，其中一年在橡木桶。

⑬ Rosado：桃红。

⑭ Seco：干。

⑮ Tinto：红。

⑯ Vendimia：葡萄收成。

⑰ Vino：葡萄酒。

⑱ Viña/Viñedo：葡萄园。

5. 德国葡萄酒法

除了法定管制的级别外，德国与奥地利还有依据葡萄成熟度来区分级别的体系。这是由于德国与奥地利的天气寒冷，生产的葡萄成熟度不同对葡萄酒的品质有非常大的影响。

(1) 德国葡萄酒分级

① 餐酒，分为德国餐酒(Deutscher Wein)和地区餐酒(Landwein)。

② 高级葡萄酒(Qualitätswein Bestimmter Anbaugebiete，QBA)，来自特定的法定产区，使用允许的葡萄品种酿造。可加糖。

③ 优质高级葡萄酒(Qualitätswein Mit Pardikat，QMP)，最高级别，不允许加糖。优质高级葡萄酒按照葡萄收获时的成熟度(即发酵葡萄汁中的含糖量)依次递增的次序分为以下6个等级。

a. Kabinett：由正常采摘季节收获的葡萄酿成；清新淡雅的酒款，绝佳的开胃酒选择。

b. Spätlese：迟摘，葡萄成熟后继续保留在葡萄树上，若干天后再进行采摘，香气和酒体都较Kabinett浓重一些。

c. Auslese：逐串精选。在Spätlese基础上，逐串精选非常成熟的葡萄，并将没熟透的葡萄去除。往往只有在好的年份才会酿造这种等级的酒。酒的整体表现会更高一层，通常为甜酒，但半干和干型也有。

d. Beerenauslese(BA)：逐粒精选，手工逐粒精选那些已经长出贵腐霉菌(noble rot或者称为botrytis cinerea)的葡萄，葡萄的糖分含量非常高，酿造昂贵优质的甜酒。

e. Eiswein：冰酒，来自于冰冻的环境里采收和压榨的葡萄所酿成的甜酒。葡萄成熟度已经达到Beerenauslese的程度。典型的冰酒是完全来自于未受贵腐霉菌感染的葡萄所酿制的。有时甚至用红葡萄品种黑皮诺酿造。由于寒冷气候的影响，如果年份情况一般，酒庄往往都会选择酿造比较清淡、酸度高、回味较短的QBA和Kabinett等级的酒，只有遇到好的年份才会酿造更高等级的酒。

f. Trockenbeerenauslese(TBA)：枯萄精选，非常浓缩的甜葡萄酒，通常由被贵腐霉菌感染的几近干萎的葡萄干酿成；被有选择的采收(单独精选葡萄粒)。

(2) 德国葡萄酒酒标上可能出现的单词

① Erzeugerabfüllung/Gutsabfüllung：酒庄装瓶。

② Trocken：干，每升葡萄酒中的残糖量到4g/L，或者如果葡萄酒中的酸度不超过2g/L，每升葡萄酒的残糖量最多可到9g/L。

③ Weingut：葡萄庄园(酒庄)。

④ Weinkellerei：葡萄酒公司。

⑤ Winzergenossenschaft/Winzerverein：酒农组成的酿酒合作社。

⑥ Halftrocken：半干，每升葡萄酒中的残糖量达到12g/L，或者如果葡萄酒中的酸度在10g/L之内，每升葡萄酒的残糖量最多到18g/L。

⑦ Süss：甜，每升葡萄酒中的残糖量超过45g/L。

⑧ Selection：以单一品种酿制的优质不甜型，最高残糖量为12g/L。

⑨ Erstes Gewächs(莱茵高 Rheingau)、Erste Lage(莫赛尔 Mosel)和Grosses Gewächs

(德国其余地区):由德国葡萄种植者协会制定的德国葡萄园分级里的最高等级,相当于法国的一级葡萄园(Grand Cru 或 First Growth)。

6. 奥地利葡萄酒法

(1) 奥地利葡萄酒法的起因

奥地利 4000 年的酿酒历史遭遇了 1985 年的"防冻剂丑闻"事件。一些葡萄酒经纪人向他们的葡萄酒掺入二甘醇(diethylene glycol),这次丑闻摧毁了奥地利葡萄酒市场,迫使奥地利追踪大批量廉价葡萄酒的生产过程,重塑品质葡萄酒的地位。

奥地利葡萄酒法是在欧洲葡萄酒法的基础上建立的,但奥地利仍然保留着本国所特有的严厉的法规,对葡萄酒的质量规定有严格的要求。

奥地利葡萄酒法规包括以下内容。

① 监督葡萄酒产地。

② 限制每公顷地的产量。

③ 品质的严格分级。

④ 国家质量检查。

列入哪种类别取决于葡萄果汁中的含糖量,相关单位用克洛斯特新堡比重计算(Klosterneuburger Mostwaage,KMW)。

(2) 奥地利葡萄酒分级(见表 1-2)

表 1-2　奥地利葡萄酒分级

<table>
<tr><td rowspan="11">奥地利葡萄酒分级</td><td colspan="2">Tafelwein</td><td>日常餐酒</td><td>至少要达到 10.6° KMW,允许来源于多个地区,只标明产于奥地利</td></tr>
<tr><td colspan="2">Landwein</td><td>地区餐酒</td><td>至少要达到 14° KMW,>17g/L 固体残余物,<11.5% alcohol,<6g/L 残糖量</td></tr>
<tr><td colspan="2">Qualitätswein</td><td>优质葡萄酒</td><td>至少要达到 15° KMW,用于生产这种酒的葡萄是国家指定的品种,能由一个特定的葡萄种植区出产(目前一共 7 个 DAC)。相当于法国的 AOC</td></tr>
<tr><td colspan="2">Kabinett</td><td>高级葡萄酒</td><td>至少要达到 17° KMW,不允许人工改良(不加糖)或添加糖类添加物</td></tr>
<tr><td rowspan="7">Prädikatswein(优质高级葡萄酒)</td><td>Spätlese</td><td>晚摘酒</td><td>至少要达到 19° KMW,用成熟丰满的葡萄酿造</td></tr>
<tr><td>Auslese</td><td>逐串精选酒</td><td>至少要达到 21° KMW,以特别精选出的优质葡萄制成</td></tr>
<tr><td>Beerenauslese(BA)</td><td>逐粒精选酒</td><td>至少要达到 25° KMW,由过度成熟的或者已受霉菌感染的成熟葡萄制成</td></tr>
<tr><td>Ausbruch</td><td>奥斯伯赫甜酒</td><td>至少要达到 27° KMW,由已受霉菌感染的成熟葡萄或者天然风干的葡萄制成</td></tr>
<tr><td>Trockenbeerenauslese(TBA)</td><td>枯萄精选酒</td><td>至少要达到 30° KMW,由高度霉菌感染,像葡萄干一样收缩的葡萄制成</td></tr>
<tr><td>Eiswein</td><td>冰酒</td><td>至少要达到 25° KMW,葡萄在自然冰冻状态下采摘和榨汁</td></tr>
<tr><td>Strohwein/Schilfwein</td><td>麦秆酒</td><td>至少要达到 25° KMW,酿制用的葡萄须在稻草堆或芦苇上铺放或用绳挂起来风干至少 3 个月</td></tr>
</table>

(3) 奥地利葡萄酒酒标上可能出现的单词

① 干(trocken):当总含酸量与剩余含糖量之差超过 2g/L 时,残糖量则不得高于 9g RZ/L。例如:含糖 8g/L 的葡萄酒含酸量,至少须达到 6g/L,口味才能被定为"干"。

② 半干(halftrocken):残糖量最高为 18g/L。受总酸度(以酒石酸计算)影响不得低于 10 g/L。

③ 香甜(lieblich):残糖量最高为 45g/L。

④ 极甜(süB):残糖量高于 45g/L。

1.3.2 新世界葡萄酒法律法规

一些新世界国家的葡萄酒产区,例如美国和澳大利亚,葡萄酒法律系统(美国 American Viticultural Area(AVA)和澳大利亚 Australian Geographical Indication(AGI))仅关乎具体区域的范围以及规范出现在酒标上的产区应该是具体哪几种比例的葡萄品种。

1. 阿根廷葡萄酒法规

为有效控制葡萄酒生产质量,阿根廷国家农业技术研究院(Instituto Nacional de Tecnologia Agropecuaria)于 1999 年提出了一系列方案,经政府核定而成为阿根廷法定产区标准(D. O. C.)的法令,唯有符合资格的葡萄酒标签上可以注明"D. O. C."法定产区的字样。

法定产区包括以下内容。

(1) 必须全部使用划定的法定产区内生产的葡萄。

(2) 每公顷不得种植超过 550 株葡萄藤。

(3) 每公顷葡萄产量不得超过一万千克。

(4) 葡萄酒必须在橡木桶中培养至少一年。

(5) 并且必须在瓶中熟成至少一年。

2. 澳大利亚葡萄酒法规

(1) 年份:澳大利亚葡萄酒法规规定 85%的年份来自于酒标上的年份。

(2) 品种:当混合葡萄时,2～3 种葡萄混合比占总比例的 85%,则每种葡萄的比例不得低于 20%。如果 4～5 种葡萄混合时,每种葡萄不得低于 5%的。此外,葡萄品种的名称也必须按照比重顺序来标明,如 Cabernet-Merlot 则是当赤霞珠的比例多于美乐时,将赤霞珠放在美乐前面。

(3) 产地(Geographical Indication,GI):对产地的标注规定与年份和品种的规定相类似。标明一个产区的,该葡萄酒必须有 85%以上的葡萄来自该产区。标明多个产区的,酒标上必须按由含量的多到少注明。如果总含量是 95%以上的葡萄是来自 3 个或者少于3 个的不同产区,并且每个产区的含量都不少于 5%,酒标上可以全部包含这几个产区,并且按照成分含量由多到少排列。

3. 加拿大葡萄酒法规

加拿大自身并没有太多葡萄酒规则。然而为了提升葡萄酒的品质,加拿大许多顶级的葡萄酒生产者联合一起创建了"葡萄酿造者质量联盟"(Vintner's Quality Alliance,VQA)。该联盟颁布的许多规则类似于法国的 AOP 制度,例如明确界定了产区的界限,允许酿造的

葡萄品种、葡萄园，以及葡萄酿造的技术。

VQA 成员均为自愿参与，加拿大这一联盟内的生产商成员在通过联盟管理者的评估品尝后，允许在酒瓶上使用 VQA 的标签。

4. 智利葡萄酒法规

1995 年，一个由 Servicio Agricola Ganadero，Ministerio de Agricultura 和智利葡萄酒厂的联合协会第一次制定出了葡萄酒法律。他们建立了产区、子产区，以及大区的范围，同样规范了葡萄酒酒标的使用。

(1) 如果酒标上标出了产地、子产区或者大区，则至少 75%的葡萄来源于该地区。

(2) 如果酒标上标明了葡萄品种，则至少为 75%该品种。

(3) 如果酒标上标明了年份，则至少 75%的葡萄酒采收于该年份。

5. 新西兰葡萄酒法规

新西兰的葡萄酒法规由新西兰食品安全局监管。

(1) 如果酒标上标出了产地、子产区或者大区，则至少 75%的葡萄来源于该地区。

(2) 如果酒标上标明了两个品种的葡萄，则必须按照各自的比重顺序标出。例如 Cabernet-Merlot 则是当赤霞珠的比例多于美乐时，将赤霞珠放在美乐前面。

(3) 在新西兰，当葡萄酒酒标标明了葡萄品种，则该酒必须有 75%来自于该品种。当葡萄酒出口到欧盟或者美国，酒标上所标明的葡萄品种，则必须增加至 85%的该品种来源。

6. 南非葡萄酒法规

1973 年，葡萄酒产地系统介绍并界定了南非葡萄园的范围——划分为官方的区域(regions)、地区(districts)、村庄(wards)和葡萄园(estates)。南非葡萄酒法规由南非葡萄酒和烈酒董事会(South Africa Wine and Spirit Board)所明确，由南非葡萄酒行业信息和系统(South Africa Wine Industry Information and Systems，SAWIS)强制实施的法则。

(1) 如果酒标体现了一个地域，例如地区、子产区或者大区，则 75%的葡萄必须来自于该区域。

(2) 当葡萄酒酒标标明了葡萄品种，则该酒必须至少有 75%来自于该品种。

(3) 如果混酿葡萄酒必须标注参与混酿葡萄的酿造配比。

7. 美国葡萄酒法规

美国葡萄酒法规相比于欧洲的标准更加灵活，它规范出每一个葡萄酒区域的葡萄酒酿造以及种植的方法是什么。美国烟酒枪械爆炸物调查局(BATF)明确并允许哪些区域成为美国的种植地区，1980 年 6 月 20 日成为美国历史上第一个 AVA。美国的葡萄酒法相当大的程度是与葡萄酒酒标的规范有关。

(1) 85%的葡萄品种必须来自于酒标上所指明的 AVA 产区(加州和得克萨斯州的葡萄酒法已经分别增加至 100%和 85%的葡萄品种来源)。

(2) 至少 75%的葡萄必须来自于 AVA 之内的产区。

(3) 至少 75%的葡萄来自酒标上指明的品种(俄勒冈州除赤霞珠外，其余品种均已增至 90%)。

(4) 至少 95%的葡萄采摘于酒标上的年份。

(5) 此外，所有美国的葡萄酒酒标还必须包含卫生局关于酒精危害的警告以及标出可能存在的亚硫酸盐的成分(sulfites)。

本章小结

本章主要简述了葡萄酒的发展历史,葡萄酒的分类和葡萄酒的法律法规。其中葡萄酒的分类主要从葡萄酒的颜色、含糖量、二氧化碳含量和酒精度来进行分类。在葡萄酒的法律法规里面,简述了葡萄酒旧世界和新世界葡萄酒的法律法规的发展和特点。因为葡萄酒的酒标上的文字内容是依照法律法规来描述葡萄酒的,所以了解这些法律法规,读懂这些文字,可以有助于我们看懂葡萄酒,对葡萄酒的级别、口感等从酒标上即可以作出一些判断。

思考和练习题

1. 葡萄酒的分类有哪些?
2. 葡萄酒新旧世界的法律法规的不同及在酒标的体现。
3. 法国、意大利、西班牙葡萄酒分级制度的对比。

葡萄酒与橡木桶的姻缘

◆ 本章学习内容与要求

1. 重点：辨别橡木桶陈酿的葡萄酒；美国与法国橡木桶陈酿的区别；

2. 必修：橡木桶对于葡萄酒的功能；

3. 掌握：橡木桶的起源与发展；橡木桶的尺寸；橡木桶改善葡萄酒品质的原因；橡木桶的工艺流程。

2.1 橡木桶历史探究

2.1.1 橡木桶的起源与发展

公元前13世纪，来自多瑙河北部和巴尔干的部落迁徙到勃艮第地区，他们都是精通陶器、木器和铁制品的手工艺者，这些人被称为克尔特人(Celtes)。随着时间的流逝，克尔特人和其他人慢慢融合，演变为高卢人，这些高卢人用泥土烧制双耳瓦罐来装液体。

公元前900年，希腊人驾着小木船，满载小麦、大麦和建筑材料，来到了地中海边建成了马赛城，同时他们也带来了葡萄树和橄榄树。

公元前350年，高卢人设计出一种圆形容器，它可以很好地密封放置和方便运输液体，这就是酒桶的雏形。当时的名字是"Dolium"，意思是圆形外廓。这种圆形外廓的容器还有几种叫法：更大的、土质的、用来盛放葡萄酒的容器叫"Cadus"，小的、用木头做的容器叫"Culei"。高卢人知道意大利人爱酒，用葡萄酒交换奴隶等，赚取了巨大的利润。

公元前51年，是历史上记载使用酒桶的开始。最著名的历史记录是恺撒大帝时代(公元前63—公元14年)的雕刻中，一条船上有两个木桶，桶板条、木箍和桶顶板清晰可见，恺撒大帝称呼其为"Cupae"。

公元70年，这种容器称为"Cupa(Cuve)"，拉丁语叫"Dolium"。罗马人也用"Dolia"来称呼那种巨大的土质容器。

在奥古斯都(Auguste)王朝末期，在塞文山脉下，来自维也纳的Les Allobroges部落，乔迁到罗纳河谷，开垦了一块葡萄园，带来了葡萄品种Allobrogique。同时，在阿基坦平原靠近加雅克地区，另一种葡萄品种比图里卡(Biturica)种植在了波尔多的土地上，波尔多辉煌的酿酒历史就此展开。因波尔多靠近大西洋，在那里可以很方便运输到英格兰和爱尔兰。

为了保护罗马的葡萄酒贸易，公元29年，杜密逊(Domitian)皇帝决定毁坏高卢葡萄园。一些来自阿尔卑斯山下的能工巧匠专门制作了酒桶来藏酒，装入橡木桶中储入山洞里，过了一年后，他们将酒桶取出，奇迹出现了！他们发现酒的味道异常香醇，并伴随着一种从未有过的芬芳味道。从此，这种酒桶除了可以方便运输外，还有发酵窖藏的功能，用来改善酒的质量。

17世纪末，波尔多地区与北欧以及英国的商贸开始兴盛，橡木桶大肆流行起来。商人使用橡木桶装葡萄酒，发往世界各地。橡木桶的使用有力地促进了葡萄酒的贸易。

2.1.2 橡木桶的尺寸

一开始桶的尺寸和规格，分为24块板和32块板，容量为200～350L。后来因为和英国贸易交流的增多，受英国文化的影响，开始以英式加仑计算容积。1英式加仑等于4.546 09L，50加仑为227.304 5L。去掉误差约为228L——即为Bourgogne橡木桶(称为Piece)的容量，有数据说这个误差是橡木桶中蒸发的损失。而波尔多橡木桶(称为Barrique)，容量为225L。若按瓶来计算，一瓶0.75L，一箱6瓶为4.5L，50箱即为225L，正好为一Barrique。

常见的橡木桶有Barrique(225L)、Piece(228L)、Hogshead(300L)和Puncheon(450～500L)和Tonneau(900L)。

2.1.3 波尔多橡木桶和勃艮第橡木桶的区别

波尔多橡木桶和勃艮第橡木桶的区别见表2-1。

表2-1 波尔多橡木桶和勃艮第橡木桶的区别

桶型号	名　称	长度/cm	最窄处直径/cm	最宽处直径/cm	木板厚度/mm	容量/L
波尔多	Barrique	95	55～58	66～69	20	225
勃艮第	Piece	88	56～60	71～72	27	228

从勃艮第和波尔多桶的尺寸来看，勃艮第的桶比较矮，桶中间的直径比较大，这表明勃艮第桶需要更多的烘烤来使橡木条弯曲，以致黑皮诺以及霞多丽会表现出更多的熏烤的气味特征。

2.2 Marry——橡木桶与葡萄酒的姻缘

为什么使用橡木而不是其他如松木、杉木呢？人们喜欢用橡木酿酒是有原因的。尽管其他木材也可以用作发酵或陈化葡萄酒的工具，但橡木有两个优点：第一，它可以较好地保存酒液，赋予葡萄酒一些新风味；第二，橡木容易弯折，从而形成橡木桶的形状。

橡木桶对于葡萄酒有三种功能：发酵、陈化、改善香气和质感。

2.2.1 橡木桶用于发酵

需要注意的一点是，橡木并不只是用来给葡萄酒添加风味的，人们也会用旧橡木制作较大的木桶用于葡萄酒发酵。例如，在阿尔萨斯，酿酒师喜欢使用各种不同型号的大橡木桶，其中有一些历史甚至可以追溯到17世纪。这些橡木桶用来发酵那些非常芳香的葡萄品种，如雷司令、琼瑶浆和灰皮诺，它们不需要再添加橡木风味。在这种情况下，橡木桶只是简单地用作容器，并使酒得到非常缓慢的氧化。

当然，你完全可以在发酵阶段向葡萄酒添加橡木风味，比如勃艮第伯恩区的霞多丽，或某些波尔多干白。橡木含有的呈香物质会使葡萄酒衍生出一定的焙烤类香气，比如杉木、雪松、雪茄盒、巧克力、咖啡、焦糖、烤面包、熏培根等香气。这里有一种说法听起来很奇怪，但在现实中是非常有可能的，即所谓的 200% 橡木影响的葡萄酒。也就是说，一款酒在 100% 新橡木桶中发酵，然后再在 100% 新橡木桶中陈年。这种方法会带来更加强烈的橡木所赋予的气息。

2.2.2 橡木桶用于陈化

发酵过程结束之后，酿酒师可以选择使用橡木桶陈化葡萄酒。同样地，是否在这个阶段添加橡木风味，决定陈化了葡萄酒的不同风格。

以霞多丽为例，无论是在澳大利亚还是在法国勃艮第，如果想给霞多丽添加橡木风味，那么必须使它跟新橡木或者 1～2 年的旧橡木进行接触。小橡木桶同时也是苹果酸乳酸发酵的理想场所，这种发酵由专门的细菌来完成，它可以将苹果酸转化为乳酸。酿酒师一般喜欢使用橡木桶来完成这个过程，因为这样可以给葡萄酒增加牛奶和黄油的风味，同时使酸软化，增添橡木风味。在这种情况下，橡木桶中的葡萄酒有可能会和酵母接触，从而增添更多的如烤面包的风味。

大多数红葡萄酒也会经过苹果酸乳酸发酵的过程。生产的葡萄酒需要经过长时间橡木桶熟化的最著名葡萄酒产区应该非里奥哈（Rioja）莫属了，包括 Crianza、Reserva 和 Gran Reserva，可以是红葡萄酒，也可以是白葡萄酒，这些不同类型的酒都要依靠在熟化过程中获取橡木风味。对于红葡萄酒来说，长时间橡木桶熟化的另外一个优点是可以柔化单宁，同时会有缓慢的氧化产生。一般来说，这样的葡萄酒会更加清澈，因为需要将纯净的酒液从一只橡木桶中抽取出来转移到另外一只桶中（这个过程被称为 Racking）。

人们也可以使用橡木桶来熟化葡萄酒，但不添加橡木的风味。比如茶色波特酒、马德拉，以及某些类型的雪莉酒，包括 Amontillado 和 Oloroso。在这种情况下橡木桶只是用作盛酒的容器，其氧化过程可以产生出坚果、焦糖和各种复杂的风味，而这些风味并不来自橡木本身。

2.2.3 橡木桶用于改善香气和质感

向葡萄酒中添加橡木风味可以是在发酵过程中，也可以在开始陈化时，或者两者皆可（即在发酵和陈化的过程中）。

为什么橡木桶可以改善葡萄酒的品质呢？

橡木基本由纤维素、半纤维素、单宁和木质素构成，其中半纤维素、单宁和木质素在培养葡萄酒过程中起影响作用。以三种方式对葡萄酒的香气和质感起作用。

(1) 氧化与聚合作用——对葡萄酒多酚物质，特别是单宁的构成物质进行氧化和聚合。缓慢氧化可以改变葡萄酒性质。氧的来源主要有两个：一是橡木桶具有透气性，微量氧气透过桶壁与葡萄酒发生反应；二是在倒桶时葡萄酒与氧气的接触，氧化过程产生不同的芳香物质，同时柔化单宁，促进不可溶解物质沉淀，使葡萄酒柔和均衡，增强葡萄酒色泽和稳定性。

(2) 醇化作用——葡萄酒从橡木渗取芳香物质和单宁,增加葡萄酒香气复杂性,特别是香草香气。目前橡木的挥发物被确认的有200多种,研究人员对一些香气和味道一直在进行研究。橡木的木质素中最重要的成分是香草醛(vanillin)、丁子香酚(eugenol)、香料(spicy)或丁香类(clove-like)、愈创木酚(guaiacol)及衍生物烟熏气(smoke)。这些成分虽然少,却是葡萄酒从葡萄酚类物质衍生出来的所有酚类物质中的重要部分,红葡萄酒因为在发酵中泡皮,经过橡木桶培养后这类物质比白葡萄酒高。

(3) 增强葡萄酒的层次质感和浓郁程度。在橡木桶培养中的另一种渗取物质是无味的水解性物质,如橡木内酯。橡木单宁与葡萄单宁化学性不同,葡萄酒pH低时更容易溶解。

2.3 橡木桶的工艺流程

橡木桶的整个工艺流程包括原产地、森林砍伐、木料处理、木桶制作、烘烤、质量追溯等方面。其中原产地、板材老熟、烘烤控制是橡木桶产品品质风格的重中之重。

1. 原产地

长期以来,橡木的来源主要在北半球,欧洲的法国、英国、葡萄牙、西班牙、匈牙利、俄罗斯和美国。其中法国和美国是两个主要橡木资源地。

橡木的种类有400多种,仅有几种适合制作葡萄酒用橡木桶。在欧洲(如法国),所生长的橡树多为卢浮橡和夏橡,美洲大陆是白栎橡。卢浮橡干浸出物较高,但挥发性香气物质较少;而夏橡则挥发性香气物质和酚类化合物比较平衡;美洲白栎橡香气物质中香兰素的含量较高、香气较浓烈,易游离到葡萄酒果香的酒香气上。

因为独有的水解单宁酸和内酯的成分以及天然木香,北美白橡及欧洲的夏橡和卢浮橡在数百年来被国外,特别是法国的各大酒庄广泛采用做红葡萄酒桶。优质葡萄酒必定采用以上三种白橡木制作的酒桶来储存。这三个树种的木纹结构特点相近,但理化组成和呈香特性均有不同(见表2-2)。

表2-2 理化组成

项　　目	北美白橡	夏　橡	卢浮橡
干浸(mg/g)	140	30	15
总酚(D280)	16	2	90
单宁(mg/g)	22	8	77
甲基辛内(μg/g)	8	55	7
丁子香酚(μg/g)	4	140	8

法国主要的产地是阿列(Allier)、内罗河谷(Nevers)和弗日山脉(Vosges)、利慕赞(Limousin)等地。各个地区的橡木的特别各有千秋。

(1) Limousin Oak 以法国西南古老省省会 Limoges 命名。主要橡木品种为 Q. pendunculata。这个产区山高路陡,土壤为花岗岩和砂土壤,夹杂石灰和铁质。橡木林散落广泛生长,由于条件艰苦,限制了树垂直向上生长,橡树矮胖弯曲,木质硬纹理粗。Limousin 橡木专门制作陈年干邑(白兰地)的橡木桶。

(2) Nevers Oak 产自法国中部 Nievre 地区的许多橡木森林。这个产区的名字取自县府 Nevers 城，每年在 Nevers 举行橡木拍卖销售 Nievre 县所有橡木。这个产区丘陵坡缓，土壤肥沃湿润，橡木聚集生长，主要品种为 Q. sessillis。在橡树林的环境中，树长得笔直高大，出的橡木材纹理密，木质适中，是波尔多和勃艮第最常使用的橡木桶。

(3) Allier Oak 产自紧挨着 Nievre 南部的橡树林。这里的橡木与 Nevers 质量类似，通常以法国中部产地橡木出售。

(4) Troncais Oak 是产自 Allier 一片特别橡木林的橡木，与其他产区橡木不同。这个产地是最著名的17世纪晚期为法国皇军海军修建舰艇而种植的几个橡木林。橡木林品质出色，深厚肥沃的土壤使橡树生长得高大，纹理细密而长，质地相对软。这里的橡木制成的橡木桶用于波尔多和勃艮第、加州的黑皮诺。Troncais 橡木林不大，产量有限，法国高档酒的酿酒师对这种橡木桶的需求非常大。

(5) Burgundian Oak 是产自科尔多区夜圣乔治东面的 Citeau 橡木林，木质的特点与 Limousin 橡木类似。

(6) Vosges Oak 是产自法国东北部山麓下部橡木林的橡木。橡木高而细、纹理细密。这里的橡木直到20世纪70年代才开发，成为勃艮第的新宠。

(7) 除了上述产区外，其他地区也产大量的橡木桶，如 Huat-Marne、Cher、Indre、Indre-sur Loire 和 Vienne。

2. 森林砍伐

橡木是法国最古老的树种之一。这个高贵树种的树木要历经很长时间才会成熟，当树龄达到150岁时方可进行砍伐。做橡木桶的橡树选择：树龄150～250年，直径1～1.5米，高一般30～36米。用于做橡木桶的木材取树的中部6～15米(下部做家具原料，上部做地板原料等)。

活树砍伐中的选材是很重要的一步，它关系到木料的纹理、木桶的使用保证和木料的正品应用率。法国法规规定的橡树伐木时间是每年的10～12月，因为秋冬季节木材生长速度放慢，此时砍伐不影响以后橡木的生长。

3. 木料处理

砍下来的木料制作成合适的橡木板材需要经历劈切、分类和老熟。

4. 木桶制作

储酒用的橡木桶绝对不能使用钉子粘胶，完全要以木头本身镶嵌而成。制作就是对木板精加工后筛选、组装、成型、烘烤、检验。

在葡萄成熟度和树龄普遍比较低的产区，应要求为中重烘烤类型的木桶(用木香补充原料葡萄果香的不足)。

微烤过的橡木桶跟原来的橡木颜色差不多，放在这种橡木桶里面的酒会有浓郁的果香，但是单宁会比较厚重；中烤过的橡木桶通常会带给存放在里面的酒迷人的香草或咖啡香，此外有了这一层烘烤面后，酒中的酒精与木桶接触面变小，从橡木桶里萃取出来的单宁也会比较少；至于重烤过的橡木桶大多会带给葡萄酒浓厚的咖啡豆香、烤面包甚至烤肉等香气，不过味道过重很可能会压过酒本身的味道。

橡木桶上标注有“MT”字样，那说明这款橡木是“中度烘烤(medium toast)”(你也可能会见到“中度＋(medium ＋)”或者“中度＋＋(medium ＋＋)”烘烤的字样)。

每个橡木桶由随机选择的 40 多块橡木制成。单独的板条来自生长在不同气候环境、不同土壤及降雨量条件下的不同橡树，也许这些橡树生长在相隔数公里之远的不同地方。每个橡木桶用一定数量的板条制成，形成合理的平均度，但不能认为从同一产区购买的橡木桶每批都是同样风味。

2.4 如何辨别有没有经过橡木桶陈酿

葡萄酒在橡木桶熟成时间的长短(数月至数年)，不同的橡木品种、制造时烘烤程度、橡木桶的大小，甚至新旧桶等，对最后葡萄酒的风味都有很决定的影响。在橡木桶熟成时间越长，口感越重(太过反而会掩盖了果香)。如果一款酒的评价是酒离橡树比离葡萄更近，往往就是对过多追求橡木桶口感的委婉批评的表达。

如何才能分辨出橡木桶陈酿出来的葡萄酒呢？可以通过以下最简单的逻辑来判断。

2.4.1 价位

橡树是一种珍稀林木，优质活树的采购成本是 3000 欧元/立方米，每个木桶用木材原料的价值约 200～300 欧元。加上制作复杂的手工劳动，购买一只 225L 的全新法国橡木桶大约需要 700 欧元，而只能用 3～5 年。摊在每瓶葡萄酒上陈酿的成本自然也比较贵。

2.4.2 香气强度

真正在橡木桶里陈酿过的葡萄酒不会有赤裸裸的橡木味，而是通过橡木的毛细孔缓慢发酵而形成的各种香味，以及与橡木中单宁相互融合的圆润单宁味。不论是在全新法国橡木桶陈酿 18 个月或是 24 个月，真正的好酒断然不该让人闻到赤裸裸的橡木味道。如果可以闻到突出的橡木味，估计并没有经过橡木桶储藏，而是直接在不锈钢发酵槽里加入了橡木条、橡木块、橡木片，或者更廉价的“葡萄酒味精”——橡木粉。

2.4.3 香气类型

经过新橡木桶熟成的葡萄酒通常会出现这些香气：青椒味、胡椒味、奶油味、黑巧克力味。数月的橡木存放，可以获得青椒味或者一点点甜味，但是想要奶油味，则要用欧洲橡木存放 9 个月以上。尤其是黑巧克力味，大多数需要经过法国中部的橡树制成的橡木桶来获得，黑巧克力的味道很难得，所以有这种味道存在的葡萄酒的价格都不便宜。根据木桶熏烤的程度，还可为葡萄酒带来香草、烤面包、烤杏仁、烟味、烟熏味和丁香等香味。

2.5 美国和法国橡木桶陈酿的区别

在品鉴葡萄酒的时候，如何区分新旧世界呢？辨别其中使用的橡木桶类型是一个很重要的判断依据(见表 2-3)。

表 2-3　美国橡木和法国橡木的差别

项　目	美 国 橡 木	法 国 橡 木
木材种类	俗称白橡木，生长期短	俗称黄橡木，生长期长
木材特点	木质结构较稀疏，透气性高，单宁高而干涩	纤维组织细密，透气性低，单宁及有机物质较少
所有权	多数为私人所有	多数为国家所有，以拍卖的形式出售
来源地规定	没有认定橡木产地的法规，一般以橡木厂的地点来认定橡木的来源	有严格的产地来源认定，即使是同品种的橡木也以不同的产地区分
制作工艺	用锯锯开；每 2 立方米的原木能制作 1 立方米的桶板	顺着纤维的走向劈开，以防止渗漏。每 5 立方米的原木制作 1 立方米的桶板
使用年限	3 年	5 年
价格	贵	更贵
酒储存时间	储存期限短	储存期限长
香气特点	浓郁，风格厚实、豪放、粗犷	不是那么浓郁，风格细致、高雅、协调
典型香气	香草、椰子和麦芽风味。如果过量，会带有烟熏牡蛎或者铁皮烟盒的气味	精细的辛香、柠檬、柑橘和坚果、药草、烤面包、甘草、烟熏味等香气
香气融合度	橡木香气能盖过水果味，而不是与水果味结合在一起	融入葡萄酒的结构中，成为其中一部分，而不是独立的
口感	润滑的奶油口味	带来更多复杂、有结构的口感
适合葡萄品种	美乐、西拉	赤霞珠，可使白葡萄酒更加圆润香醇（黄油味）
共同拥有的香气	木桶熏烤的程度，可为葡萄酒带来青椒味、胡椒味、奶油、香草、丁香、烤面包、烤杏仁、咖啡、巧克力味、炭烧、烟味等	

橡木桶的使用期限是有限的，但是在酿酒之后，它依然能创造其艺术价值。如果说木桐酒庄的艺术酒标是为葡萄酒的艺术开了先河，那法国普吉奥城堡则是给废弃的橡木桶重新赋予了生命。世界各地先后 100 多位不同领域和风格的知名艺术家在废弃的橡木桶上进行创作。这些作品在法国、日本、加拿大、德国等十多个国家一经展出，便引起了极大的轰动。

本章小结

本章探讨了橡木桶的历史渊源，橡木桶和葡萄酒的关系，橡木桶的制作工艺，如何辨别橡木桶陈酿和各种橡木桶陈酿的区别。其中通过了解橡木桶对葡萄酒的影响，从而帮助我们如何通过辨别葡萄酒中的香气和质感来判断葡萄酒的产地和酿造方法是本章的主要目的。

思考和练习题

1. 美国橡木桶和法国橡木桶带来香气的差异。
2. 橡木桶的制作工艺对葡萄酒口感的影响。

酒瓶，三个世纪的忠诚守护

◆ 本章学习内容与要求

1. 重点：各种瓶型和它的地域特点；
2. 必修：葡萄酒瓶容量的各种容量和容量单位表示；葡萄酒瓶子的颜色；
3. 掌握：酒瓶的历史。

葡萄酒装在玻璃瓶里，看起来天经地义，了无新意。但你如果有机会看到18世纪的葡萄酒，看到玻璃瓶体里那些不规则的气泡空洞，会明白：相对葡萄酒几千年的历史，盛装葡萄酒的玻璃瓶是一个小字辈。

3.1 酒瓶的前世今生

在埃及文化的时代，葡萄酒储存在名为amphorae的细长泥罐里。这些容器外形不错，但是出奇的沉重，而且黏土材料影响了酒的味道。

玻璃工艺由腓尼基人发现。公元1000多年前，在塞浦路斯，波斯首先发明了玻璃瓶。公元4世纪，各种各样的玻璃瓶型开始出现。但直到17世纪后期，玻璃瓶依然是件昂贵和易碎的奢侈品。葡萄酒的容器主要还是橡木桶、陶罐和皮革。

17世纪30年代(1632年或1634年)，Kenelm Digby爵士(1603.05.11—1665.01.11)利用一种新的工艺和配方，生产出了一种高腰、锥颈、平底的瓶形，它是厚厚的棕褐色玻璃，比其他玻璃瓶更强固、更稳定，且由于其半透明的棕褐色，可以更好地保护葡萄酒免受紫外线侵袭而加速老化。而采用软木塞来密封，则完美解决了葡萄酒的存储问题。Kenelm Digby爵士——这位英国外交家、自然哲学家被认为是现代葡萄酒瓶之父。酒、软木塞和瓶子，直到今天，葡萄酒依旧用同样的组合存在。

1723年，法国在波尔多建立Mitchell皇家玻璃厂，是法国第一家专门生产葡萄酒玻璃瓶的工厂。

1728年5月25日，国王路易十五颁布法令，规定当时一批货物—— 一木托香槟以瓶计量的方式运输到鲁昂卡昂港口，这一木托即100瓶香槟。这一规定除了解决葡萄酒的运输问题外，也有效杜绝了当时酒农以桶为计量单位出售，不良酒商在之后装瓶过程中作假的问题。法令的颁布，使得玻璃瓶的使用很快风靡全法国，法国葡萄酒的贸易进入了另一个春天。

1634年，英国生产出第一支葡萄酒瓶，黑色。

1707 年，葡萄酒瓶从英国传到法国全境。

1723 年，法国在波尔多设立 Mitchell 皇家玻璃厂。

1728 年，规定香槟酒用玻璃瓶装及运输。

1735 年，规定香槟酒瓶的容量和重量。

1750 年，规定勃艮第使用玻璃瓶装及运输。

1866 年，法律规范不同葡萄酒瓶的名称和容量。

1894 年，在干邑，克劳德·鲍彻(Claude Boucher)发明了半自动的机器制造瓶。

3.2 酒瓶容量

葡萄瓶的容量是如何确定的呢？

在使用玻璃瓶之前，英国从波尔多进口的葡萄酒一般是 900L 的橡木桶。当时葡萄酒的酒精含量为 7°～9°，商人们发现一个消费者平均一天消耗的葡萄酒量为 750mL 左右，如果以 750mL 来分装，无疑将扩大销量。

1792 年开始对酒瓶的容量尝试作统一。

1866 年，将 750mL 作为标准容量加以确认，并衍生为一箱 6 瓶，4.5L 为一英式加仑。葡萄酒瓶有了世界公认的形状。

如果说在 18 世纪，这种 750mL 的葡萄酒瓶是专为一个人饮用的需求量所设计的。随着酒精度数的提高，750mL 的标准瓶装，现在的人们通常认为适用于两人饮用。有些人独自去餐厅，并不愿意买一整瓶酒，那样会造成极大的浪费。因为饮用过的酒即使使用酒塞存放也只能保存一天，非常容易变质。何况有时候我们还希望在进餐时，品尝到不同风格的葡萄酒。

法国人在 1885 年时首先发现了这个问题，开始做 375mL 的小瓶装葡萄酒瓶。这样对于那些觉得标准装葡萄酒太多的人有了另一种选择。半瓶装固然有它的好处，但也有其局限性。葡萄酒在大瓶中可存储很长时间，而半瓶装酒就达不到。对行家来说，他们在买法国酒时会选择大瓶包装。有的甚至是标准瓶的 3 倍、4 倍、6 倍甚至 8 倍。

用来装香槟酒的瓶子有很多种，最小的 Split 比半瓶酒还少，这是为一个人准备的。比标准瓶大的系列都以《圣经》里的国王或智者命名：Jeroboam 4 倍于标准瓶；Reboboam 6 倍于标准瓶；Methuselah 8 倍于标准瓶；Salmanazar 12 倍于标准瓶；Balthazar 16 倍于标准瓶；Nebuchadnezzar 20 倍于标准瓶。任何人看到了 Nebuchadnezzar 都知道它能让至少3 个强壮的清醒的人喝醉。

因为大容量的酒瓶比较难于运输，所以除了在一些有名的城堡酒窖外你很难看到它们，而城堡中藏酒多为私人收藏。

多年来，美国标准(非公制)葡萄酒和烈性酒一瓶是 757mL，这意味着五分之一美国加仑，或 25.6 盎司。一些饮料的容量是 378mL，即为半加仑。在 1979 年，美国通过“公制”单位，所以标准葡萄酒的容量变成 750mL，如同欧洲。玻璃瓶的容量见表 3-1。

表 3-1 玻璃瓶的容量

容量/L	相对标准瓶比率	名 字	来 由	用于香槟	用于波尔多	用于勃艮第
0.187 5	0.25	Piccolo	意大利语“小”的意思。也被称为1/4瓶	Yes		
0.25	0.33	Chopine	传统的法国容积单位		Yes	
0.375	0.5	Demi	法语,一半、半瓶的意思	Yes	Yes	Yes
0.378	0.505	Tenth	1/10美式加仑			
0.5	0.67	Jennie	用于托卡伊、索甸、赫雷斯,以及一些其他类型的甜葡萄酒			
0.62	0.83	Clavelin	主要用于汝拉黄酒			
0.75	1	Standard		Yes	Yes	Yes
0.757	1.01	Fifth	1/5美式加仑			
1	1.33	Litre	常用于便宜葡萄酒			
1.5	2	Magnum		Yes	Yes	Yes
2.25	3	Marie Jeanne	用于波特酒		Yes	
3	4	Jeroboam	来自《圣经》,北国的第一位国王	Yes		Yes
4.5	6	Rehoboam	来自《圣经》,第一位独立犹太国王	Yes		Yes
6	8	Imperial			Yes	
6	8	Methuselah	来自《圣经》,最老的人	Yes		Yes
9	12	Mordechai	波斯Esther皇后的表哥	Yes		Yes
9	12	Salmanazar	来自《圣经》,亚述王	Yes	Yes	Yes
12	16	Balthazar	早期的基督教民间传说,智者之一	Yes	Yes	Yes
15	20	Nebuchadnezzar	来自《圣经》,巴比伦国王	Yes	Yes	Yes
18	24	Melchior	早期的基督教民间传说,智者之一	Yes	Yes	Yes
20	26.66	Solomon	来自《圣经》,以色列的王,大卫后代	Yes		
25	33.33	Sovereign		Yes		
27	36	Primat or Goliath		Yes		
30	40	Melchizedek	来自《圣经》,撒冷王	Yes		

3.3 酒瓶容量单位

法国常用和习惯的容量表示方式是“厘升(cL)”而不是“毫升(mL)”。但正标,两种容量标识方法都有,无统一规定。比如五大名庄中,玛歌标准瓶和小容量瓶均采用厘升标识,如75cL及37.5cL;拉菲的标准瓶用75cL,但小瓶用375mL;而拉图标准瓶和小容量瓶均采用毫升标识。

3.4 酒瓶瓶型

最初的葡萄酒瓶还是千奇百怪的。

各地的葡萄酒随着各具特色的葡萄酒瓶的灌装而行销世界。为了使酒能水平放置(因为这有利于酒的熟化)，瓶子逐渐由开始的圆肚瓶型演化成今天的细长瓶型。慢慢的各个地方因为葡萄酒的特性产生了不同的瓶型。

1. 克莱尔特瓶(Claret)

克莱尔特瓶也称波尔多葡萄酒瓶，其瓶壁平直、瓶肩呈尖角状。这一形状的酒瓶用于盛装波尔多型葡萄酒以及波尔多生产并装瓶的葡萄酒。波尔多葡萄酒、苏特恩葡萄酒和格拉芙葡萄酒都使用这种有尖角的酒瓶。加利福尼亚的某些特别的葡萄酒，也常用波尔多型葡萄酒。波尔多的酒以赤霞珠葡萄品种为主，耐久存，陈酿中可能会产生酒渣，所以有一个肩膀，倒酒的时候，把酒渣留在酒瓶肩膀那里。因为外形的原因，波尔多瓶被形容为“男人瓶”。

2. 勃艮第瓶(Bourgogne)

勃艮第瓶瓶肩较窄，瓶形较圆。此产区的黑皮诺和佳美品种的皮薄，单宁不强劲，红酒沉淀较少。由于削肩大肚子，勃艮第瓶被形象地称为“女人瓶”。

3. 阿尔萨斯瓶(Alsace)

阿尔萨斯瓶瓶身细长、高挑，一般装着浓香型的雷司令或类似葡萄酿制的白葡萄酒。

4. 霍克瓶(Hock)

德国霍克瓶酒瓶是慢慢倾斜下去并无肩膀可言，又高又细。因为德国以白葡萄酒为主，大部分不需要长期陈储，也就很少有结晶产生。霍克瓶呈棕色，它的一种变体为绿色的摩泽尔瓶(Mosel)。德国的传统规则是莱茵葡萄酒装入棕色瓶，摩泽尔酒则装入绿色瓶，但不是百分之百如此。大部分阿尔萨斯产的葡萄酒的酒瓶(莱茵瓶)与霍克瓶形状相似。许多加利福尼亚的雷司令酒、西万尼酒(Sylvaner)的酒瓶形状也与霍克瓶相似。霍克酒瓶遍布世界各地，但要注意：这种酒瓶并不一定反映其内部葡萄酒的种类及质量。

5. 香槟酒瓶(Champagne)

香槟酒瓶是勃艮第瓶的一种，与同类瓶型相比更大、更坚实，通常瓶底凹陷，瓶壁较厚，可以承受二氧化碳产生的压力。瓶塞是一个七层闭合式设计，一旦塞入瓶颈中便可将酒瓶严密封实。

葡萄牙、意大利、西班牙、法国和德国的葡萄酒生产商在遵循传统的地方，选择最适合他们的酒的瓶子的形状。但现在各产区瓶型并没有严格的法律规定。

为什么葡萄酒瓶底要凹进去呢？主要是以下原因。

(1) 早期工艺技术不高，生产瓶子吹塑时结尾留下的产物。

(2) 沉积物沉淀在圆环处。

(3) 增加瓶子强度。

(4) 便于拇指拿住，进行倒酒。

(5) 能在保证酒液体积不变的同时，增大酒瓶外形。

(6) 一个透镜，折射光，使酒的颜色更具吸引力。

(7) 增加底部牢固度，降低破碎的可能性。

(8) 允许瓶更容易堆积。

瓶底凹不凹，不会影响酒质，也与品质没关系。因现在的酿酒技术，可将杂质过滤得很干净，所以有很多酒商会用平底酒瓶来包装，以节省包装体积及运费，因为瓶底凹度越深，瓶子就越高，包装体积也会增大许多。但如果是好酒，价格昂贵，当然不会在乎这点运输成本。深的凹底瓶，瓶子会比较高，一般人都是比较喜欢高挑的"身材"，会给人一种"这就是高级葡萄酒"的感觉，同时凹底瓶通常会暗示这瓶酒可以被陈放。但凹底瓶并不是好酒的代名词，只能说好酒多半都会用凹底瓶，因为长时间的陈酿会产生酒渣的沉淀。

3.5 酒瓶颜色

葡萄酒瓶对酒的保护作用，最主要的是深色的玻璃瓶可避免光线的射入。避免酒被紫外线老化，能更长时间保持其风味和色泽。

18 世纪、19 世纪和 20 世纪早期，几乎所有酒瓶颜色都是深色。这种颜色的原因主要是因为当时技术限制，用于制造玻璃的材料不纯，特别是富含铁的氧化物。

现代工艺技术，可以使得瓶子有不同的颜色，但也并不是所有的葡萄酒都采用深色。

酒瓶采用传统的颜色按照地域有自己的特点。

波尔多：红酒，深绿色；干白，浅绿色；甜白，无色。

勃艮第和罗纳河谷：深绿色。

阿尔萨斯：深到中绿色，或传统的琥珀色，绿色酒瓶中的白酒口味偏淡；棕色酒瓶中的口味偏重。

莱茵河：琥珀色，或传统的绿色。

香槟：通常深中绿色。

德国白酒：棕色酒瓶是代表莱茵河区的酒，绿色酒瓶是代表摩泽尔(Mosel)的酒。

其实对于白葡萄酒和桃红葡萄酒而言，也需要避光。但白葡萄酒和桃红葡萄酒，其色或金黄，或浅色桃红，或深桃红，美妙愉悦，装在透明瓶中，其细微差别容易捕捉，也方便选择。所以很多时候，为了视觉的享受，为了便于挑选葡萄酒，在许多国家，无色透明瓶最近已成流行的白葡萄酒酒瓶。

香槟对光线尤为敏感，在太阳底下数分钟，香槟便被污染了"光的味道"。所以一定要在避免光的地方窖藏，甚至还要裹上纸张来保护。

3.6 酒瓶重量

日常餐用酒的酒瓶约 400g；波尔多葡萄酒酒瓶平均是 550g；勃艮第的高级葡萄酒约 700g。香槟，在 21 世纪初，重 1 250g，现在多为 900g。

本章小结

本章探讨了酒瓶的历史、容量、容量单位、瓶型、颜色和酒瓶重量。通过对这些知识的通读，希望可以了解更多的葡萄酒文化，但重点是希望通过认识葡萄酒的瓶型和颜色，从而协助对葡萄酒作出诸如产地、口感特点和陈储年限等的判读。

思考和练习题

1. 香槟传统开瓶方法的来历。
2. 酒瓶底部的凹陷深浅能说明葡萄酒的品质高低吗？为什么？
3. 如何通过酒瓶颜色来判断葡萄酒的陈年能力？

瓶塞，贴身护卫

◆ 本章学习内容与要求

1. 重点：软木塞的分类以及特点；
2. 必修：软木塞和金属螺旋盖的各自优缺点；
3. 掌握：瓶塞的历史；软木塞尺寸；软木塞的制作过程。

作为与葡萄酒朝夕相处的最亲密保护屏障，酒塞对葡萄酒的作用非常重要。而瓶塞的材质、尺寸可以向我们透露很多葡萄酒的信息，协助我们判断葡萄酒的存放时间和适饮年龄等。

4.1 瓶塞的前世今生

用什么材质来做酒塞，在葡萄酒几千年的历史中，也经历了诸多选择。

早在公元前5世纪，希腊人就曾用软木来塞住葡萄酒壶，在他们的带领之下，罗马人也开始使用橡木作为瓶塞，还用火漆封口。然而软木塞在那个年代并未成为主流。那时最常见的用来作为葡萄酒壶和酒罐的瓶塞是用火漆或者石膏，然后在葡萄酒表层滴上橄榄油来减少酒与氧气的接触。

到了中世纪，软木塞被完全舍弃。那时的油画描述的都是用缠扭布或皮革塞上葡萄酒壶或酒瓶，有时还会加上蜡来确保密封严实。

1632年，英国人 Kenelm Digby 爵士(1603—1665)发明了玻璃酒瓶，并尝试把软木塞和玻璃瓶结合在一起。

1679年(还有一说为1728年)，法国香槟酒发明人——唐·培里侬(Dom Perignon)第一次用软木做香槟酒瓶塞，软木塞才和香槟真正地联系在一起。玻璃瓶和软木塞的发展，是香槟发展历史上一个翻天覆地的革命。

作为另一个选择，毛玻璃瓶塞也不时出现，甚至到1825年，这些玻璃塞还依然是瓶塞的选择。然而这些玻璃塞最终被舍弃掉，因为要把这些瓶盖取出，除了把瓶子打烂之外几乎别无他法。时至今日虽然香槟已经全部使用了软木塞，但用砍刀削开瓶塞的传统依旧保留了下来。

1681年，作为软木塞的伴侣，开瓶器得以发明，刚开始被称为瓶子钻。1795年，Samuel Henshall 将这种设备申请专利，才被正式称为开瓶器。

在路易十四(1638—1715)统治晚期，软木行业获得了一定重视。1726年8月24日，一

家作坊用软木制作了 29 条软木项链，这是软木工业化产品的首次历史记录。

随后这种从法国南部诞生的新的材料和工艺从地中海往南部蔓延开去。

1760 年，第一个软木塞工厂在西班牙建立。

19 世纪，软木塞在法国被葡萄酒行业广为采用。

19 世纪末期软木塞开始在葡萄牙流传。

20 世纪，更多更先进的软木塞设备和工艺出现，使得精确度越来越高，尺寸和形状越来越多。

21 世纪，螺旋盖金属塞开始使用，特别是在葡萄酒新世界国家。

2010 年后，玻璃塞重新面世，特别使用在一些高端桃红葡萄酒上。

4.2　软木塞的制作

出产软木的树叫栓皮栎，也叫软木橡树。栓皮栎自 12 世纪以来就是被保护的树种，保持了独特的生物多样性。栓皮栎能够有效防止沙漠化，并能同时吸收大量的二氧化碳。栓皮栎生产非常缓慢，寿命长达 200 年。采收栓皮栎与其他树种最大的不同之处在于它的树皮（即软木）能够在每次剥离后自然地再生，当老树皮向外长并死去后，新树皮就担负起继续生长的重任，外层死的树皮可以剥去，在其生命周期内可进行 13～18 次剥皮。

全球的栓皮栎林区约 230 万公顷，分布在受大西洋影响的地中海地区、欧洲南部和非洲北部。

4.2.1　软木塞使用的优点

软木塞对葡萄酒数百年不变的保护源于其独特而无可替代的物理特性。

(1) 质轻。软木质地轻盈，每立方厘米的重量只有 0.16g。细胞内大部分都由类似于空气的一种气体填充着。

(2) 可压缩性。软木极易压缩，不容易断裂。它能够被压缩到一半左右的宽度，不会失去弹性，是唯一一种可在一个维度中压缩而不会在另一个维度中膨胀的固体。

(3) 弹性记忆。类似漂浮物的软木细胞还显示了所谓的弹性记忆。受到压缩时，它们不断尝试返回其原始大小，而且保持质地紧致不起皱。由于它具有弹性，因此还能够在满足一定温度和压力变化的同时，不对质地纹路的完整性造成影响。

(4) 抗渗性。由于细胞壁中包含软木脂和蜡样质，软木几乎能够完全防水和防气体。由于它具有防潮性能，因此历经岁月仍然不会腐化腐朽。

(5) 允许少量氧气进入，在葡萄酒的正常酝酿过程中发挥着重要作用。

4.2.2　橡木塞的制作过程

橡木塞的制作过程分为剥皮、风干、水煮、选材、切条和打型。

(1) 剥皮。橡木树每 9 年会形成一层树皮并自行剥落，直到树龄达到 25 年时才能对树进行第一次收获。这次收获的橡木在大小和密度上很不规则，不适合用做葡萄酒瓶塞，通常会被用来做地板或良好的绝缘材料。9 年后，可以对树再次进行收获，但这次收获的橡木仍不够好来用做瓶塞。直到第三次收获——这时树龄已达 52 年。此时树木的大小规格和密度才能使其成为合适的葡萄酒瓶塞材料。一棵橡木一生中通常可有13～18次有用的收获。借助一把锋利的斧头就可用手把软橡木剥下来，那些被剥了树皮的树会被小心地标上记号和数字，这样以后的收获者就可以知道哪棵树可以再次进行收获了。

(2) 风干。剥取整片的软木皮被摊开堆叠起来进行风干，在自然天气影响下，如日晒、风干、雨淋等，可除去软木皮内多余的汁液，并逐渐干燥、氧化，使其组织、结构更加稳定。这段置放期约为6～8个月，经过这些步骤以后就可以进行软木塞的制造了。

(3) 水煮。经放置后的软木皮被放入清水，以沸点之温度滚烫一个小时左右。一是为了消毒；二是为了让其弯曲的形状变平整；三是使软木皮内的单宁、矿盐的含量减低。随后，软木还要放置3～4周让其达到理想的湿度。

(4) 选材。根据软木皮的厚度可分为七种尺寸，而且每一种尺寸的软木皮，再被分为质量不一的七种，选材后即可准备下一个步骤了。

(5) 切条。切割软木皮主要是取决于木塞的长度，经切割的软木皮即可准备打型了。

(6) 打型。经过切条的过程后，以手工、半自动或全自动的机器生产不同的直径的软木塞。需要注意的是树皮的厚度决定木塞的直径，而不是树皮的长度，因此树的年轮像是被纵向地植入木塞中。完成后的软木塞，终于可以运往葡萄酒厂或其他需要软木塞的工厂，这些软木塞会被印上注册商标、年份、图案或一些文字说明。

4.3 软木塞的尺寸

软木塞的长度有38mm、44mm、49mm、54mm几种规格，一般来说，葡萄酒的等级越高，使用的软木塞长度就越长(当然，使用了较长软木塞的酒，不一定就是高等级的酒)。见表4-1。

表4-1 软木塞常见长度和直径以及适合陈酿的时间

软木塞常见长度和直径	54×24 to 26mm	49×24 to 26mm	45×24 to 26mm	38×24 to 26mm	38×22mm	33×21 to 22mm
波尔多、勃艮第、莱茵瓶(75mL)	适用	适用	适用	适用	适用	—
普通酒瓶(50mL)	—	—	适用	适用	适用	适用
小瓶(37.5mL)	—	—	—	适用	适用	适用
超长陈年期	适用	适用	适用	适用	—	—
一般陈年期	—	—	—	—	适用	适用

4.4 瓶塞的种类

4.4.1 软木塞

软木塞一直以来都被认为是理想的葡萄酒瓶塞。它的密度和硬度适中、柔韧性和弹性要好，还具有一定的渗透性和黏滞性。葡萄酒一旦装瓶后，酒体与外界接触的唯一通道便由软木塞把守。

庞大的软木塞家族同样存在三六九等，有纯正血统的贵族、有混血儿、有平头百姓，甚至还有外来的移民，但每一类都有它存在的价值。而清楚地认识软木塞并了解软木塞，必定将促进我们对葡萄酒的认识，更加丰富葡萄酒文化。

软木塞就是用一块或几块经过整备的软木，或者将软木颗粒聚合加工而成的，用来封堵瓶子或其他容器的塞。软木塞可分为天然塞、聚合塞、复合塞和填充塞。

1. 天然塞

天然塞是软木塞中的贵族，是质量最高的软木塞，是由一块或几块天然软木加工而成的瓶塞。由于其柔软而富有弹性的特质，密封瓶口既不使酒液溢出，又不完全隔绝空气，有利于瓶中葡萄酒的发育和成熟，使瓶储酒口感更醇和、圆润。

天然塞具有以下特点。

(1) 存放：倒放、卧放，使葡萄酒始终浸润着软木塞从而保持其膨润。

(2) 价格：完全取自 30 年以上树龄，成本高。

(3) 适合的葡萄酒：优质、高档、陈年，储藏几十年没有问题。

(4) 缺点：环境干燥时会失水造成漏氧而使葡萄酒氧化败坏；无法全面解决木塞味氯苯甲醚(TCA)产生的可能。

2. 聚合塞

用软木颗粒与黏结剂混合，在一定的温度和压力下，压挤而成板、棒或单体压柱后，经加工而成的瓶塞。根据加工工艺的不同又可以分为板材聚合塞和棒材聚合塞。板材聚合塞是由软木颗粒压制成板后加工而成，物理特性比较接近天然塞，含胶量低，是一种较好的瓶塞，但这种瓶塞生产成本比较高，在发达国家使用比较多；棒材聚合塞是将软木颗粒压制成棒后加工而成，这种瓶塞含胶量高，质量不如板材聚合塞，不过生产成本较低，在发展中国家使用比较普遍。

聚合塞具有以下特点。

(1) 存放：短期树立放置。

(2) 价格：板材聚合塞成本较高，棒材聚合塞成本较低。

(3) 适合的葡萄酒：1～2 年短期饮用的葡萄酒。

(4) 缺点：横放会使得黏结剂有可能析透出来，与酒液长期接触会影响酒的风味和酒体透明度，长时间的正放必然出现干枯、萎缩，过量的氧气交换可加速酒的氧化、老化、变质。

3. 复合塞

以天然软木塞或聚合软木塞为主体，在一端或两端加软木圆片或者其他塑料、金属、玻璃、陶瓷等加工而成的瓶塞。其中的贴片复合塞就是聚合塞或合成塞做体，一端或两端粘贴 1 片或 2 片天然软木圆片，通常有 0＋1 塞、1＋1 塞、2＋2 塞等。在一定程度上具备了天然塞和聚合塞的特性。两端的软木贴片避免了聚合体以及黏结剂与酒液的直接接触。

复合塞具有以下特点。

(1) 存放：倒放、卧放。

(2) 价格：天然塞与聚合塞之间。

(3) 适合的葡萄酒：储存 3～4 年的较高品质的葡萄酒。

(4) 缺点：中间聚合体中黏结剂的保质期有限，加上其不稳定的物理特性，随着酒瓶卧倒时间的加长，酒液会缓慢地透过软木圆片与聚合体接触，也就接触到黏结剂，这就很难长期保持葡萄酒的品质，使酒液混浊，甚至变质。

4. **填充塞**

与天然塞出身相同，但是质量相对较差，表面会有很多大小不一的孔，有的孔还是连通的。这样，如果直接用于封瓶，就有可能溢酒，像这种软木塞则需进行填充处理。填充处理是将软木塞表面的小孔填满，一般使用打磨软木塞时掉下的软木屑和胶混合后与软木塞一起在处理机中滚动，就可以把软木塞上原来直径较大的孔填平。

填充塞具有以下特点。

(1) 存放：短时卧放。

(2) 适合的葡萄酒：1～3 年较低品质的葡萄酒。

(3) 价格：低。

(4) 缺点：填充物和胶有可能污染酒质。

1981 年，瑞士科学家汉斯・坦纳(Hans Tanner)发现软木塞里面有氯苯甲醚(TCA)种霉味，斥之为“带木塞气味”。2000 年，一位在纳帕谷私人实验室工作的法国年轻人测量软木塞中的 TCA 含量，从而证明了不少软木塞受到含量可察觉的 TCA 污染。如今，软木塞行业正忙于发明新的瓶塞以避免出现受 TCA 污染的瓶塞。新型的瓶塞有高分子合成塞、螺旋盖和玻璃塞等。

4.4.2 高分子合成塞

高分子合成塞是由其塞芯和外表层组成的。塞芯与天然软木塞组织结构十分类似，通过显微镜观察，可以看到一个个均匀的、紧密相连的微孔，几乎与天然软木塞的结构一模一样，并具有稳定的氧气渗透率，以保证葡萄酒的正常呼吸，促使葡萄酒慢慢地成熟，从而使葡萄酒变得更加醇厚。

塞的外表层可保护瓶塞内部微孔结构，由于采用高分子材料和工艺制成的柔性表层，以及优异的回弹性可以达到理想的平滑而适中的启塞力度，完全避免了普通软木塞经常出现的断裂、破碎、掉渣、干枯萎缩的弊端，也确保装瓶时不会受到损坏，以免造成漏酒或氧化。

高分子合成塞具有以下特点。

(1) 存放：倒置或立放。

(2) 成本：低；环保，可以回收。

(3) 适合的葡萄酒：18 个月左右，装瓶后需尽快饮用。

(4) 缺点：新型产品，消费者还要有一个接受过程，有时会对葡萄酒留下一些化学橡胶的味道。

4.4.3 螺旋盖

采用金属材料所制成的瓶塞子，一般为铝制。自 20 世纪 80 年代 Stelvin 公司成功开发适用于葡萄酒用的螺旋瓶盖后，澳大利亚、美国、新西兰等新世界葡萄酒生产国开始逐渐采用螺旋塞来密封葡萄酒。实践证明效果很不错。螺旋盖有两大好处：没有氯苯甲醚(TCA)；不需要酒刀就能打开。

螺旋盖具有以下特点。

(1) 存放：倒置或正放。

(2) 成本：低；环保，可以回收。

(3) 适合的葡萄酒：储存时间不超过5年的新鲜饮用酒。

(4) 缺点：长时间储存螺旋盖可能会生锈；不具备透气性。

4.4.4 玻璃塞

由玻璃和内侧的一橡胶圈组合而成，同时避免了葡萄酒氧化和TCA的污染。该产品由2003年引入欧洲，采用的酒庄已经超过300家。特别是使用在一些高端桃红葡萄酒上。

玻璃塞具有以下特点。

(1) 存放：卧置或正放。

(2) 价格：高昂的造价，每只的成本达70美分。

(3) 适合的葡萄酒：新鲜饮用酒。

(4) 缺点：完全手工封瓶，不具备透气性。

各种瓶塞优缺点见表4-2。

表4-2 各种瓶塞优缺点

类型		成本	存放方式	存放时间	适合葡萄酒	优点	缺点
软木塞	天然塞	高	倒放、卧放	几十年甚至更久	优质、高档	密封瓶又不完全隔绝空气，有利于瓶中葡萄酒的发育和成熟	环境干燥时造成漏氧使葡萄酒氧化败坏；TCA污染
	聚合塞	低	立放	1～2年	中低档	物理特性比较接近天然塞	与酒液长期接触会影响酒的风味和酒体透明度
	复合塞	中高	倒放、卧放	2～4年	较高品质	在一定的程度上具备了天然塞的特点，两端的软木贴片避免了聚合体以及黏结剂与酒液的直接接触	中间聚合体中黏结剂的保质期有限
	填充塞	中低	短时卧放	1～3年	较低品质	在一定的程度上具备了天然塞的特点	填充物和胶有可能污染酒质
高分子合成塞		低	卧放或立放	18～24个月	新鲜饮用	稳定的氧气渗透率，以保证葡萄酒的正常呼吸；避免了普通软木塞经常出现的断裂、破碎、掉渣、干枯萎缩的弊端	有时会对葡萄酒留下一些化学橡胶的味道
螺旋盖		低	卧放或立放	多用于5年内饮用	保留新鲜水果味道	没有氯苯甲醚(TCA)；不需要酒刀就能打开	长时间储存螺旋盖可能会生锈，透气性不好
玻璃塞		高	卧放或立放	新鲜饮用	多用在一些高端桃红葡萄酒上	避免了葡萄酒氧化和TCA的污染	完全手工封瓶，透气性不好

本章小结

本章讲述了瓶塞的历史，软木塞的制作，软木塞尺寸和瓶塞种类。通过对瓶塞知识的了解，特别是软木塞的不同类型，从而掌握如何通过瓶塞的种类、尺寸来判读葡萄酒的陈储时间和方法。

思考和练习题

1. 如何通过软木塞的类型判断葡萄酒的陈年能力？
2. 如何通过瓶塞的类型来确定葡萄酒陈放的方式？

第5章

种　　植

◆ 本章学习内容与要求

1. 重点：葡萄酒好坏的因素；
2. 必修：修剪葡萄枝、除叶的目的；葡萄园里整年的工作；
3. 掌握：修剪葡萄枝，除叶的技术。

葡萄种植的纬度主要在北纬30°～52°，南纬15°～42°范围内。其主要生产国是法国、意大利、西班牙、美国、智利、澳大利亚、南非等。

决定葡萄酒好坏的因素很多，大约概括为6大因素：葡萄品种、阳光、土壤、降水量、葡萄园管理和酿酒技术。我们可以理解为天时（阳光、降水量），地利（葡萄酒品种、土壤）以及人和（葡萄酒园的管理和酿酒技术）。

在人可以操控的因素里面，葡萄酒三分靠酿造，七分靠种植。葡萄种酿者必须经历整年在葡萄园中的工作——剪枝和葡萄株整枝、土壤护理、植物保护和虫害控制，最后是采收葡萄。

同样的葡萄，如果种在山坡上就与山脚下不同，海拔上升则温度下降，采摘时间就得延后，另外，阳光照射时间也很重要，太少则酸，太多则甜，葡萄从开花至采摘间的日照时数为1 300小时左右；同理，如果土壤不同，质量也不同，土地越贫瘠，葡萄酒越好。土地肥沃则葡萄含糖量过高。所以有一说法，看得见河流的地方才能酿出好酒。因为水往低处流，看得见河水，说明排水比较好；还有湿度也重要。

我们以北半球德国为例，按照时间的顺序来看看葡萄酒的种植过程。

1. 11月至2月　剪枝

葡萄树是藤本植物，所以会无序生长。而修剪枝叶就能限制葡萄树生长规模。有质量意识的种酿者通常会减少每株葡萄上藤的数量至两个短藤或一长一短。简单地让葡萄株顺其自然收获最多果实的现象相当少见，不仅因为法律产量限定，且越来越多的种酿者已意识到全世界有太多的葡萄酒，质量是一个重要的竞争要素——质量始于葡萄园。恰到好处的剪枝使得葡萄叶不会过度生长，也限制了果实数量，保证了果实和葡萄酒的高质量。

剪枝是一项艰苦而冗长的工作，需要对每株果树进行细致的照顾。这项工作主要是人工操作。虽然机械措施已有发展，但直到今天，全手工的剪枝这一劳动密集型任务依然是一个常态。规模大的酒庄需要2～3个月时间才能全部完成这项工作。

修剪下来的果枝晒干后就是制作烟熏制品的好炭火，烤制的波尔多肋排口味一流。有时枝叶也被弄碎后埋入土里以改善腐殖质供给或者当场烧掉。

和剪枝同时进行的是幼苗绑缚，葡萄种植者用木杆和铁丝对幼苗进行绑缚，为来年春天的葡萄树生长做准备。

2. 3月到4月　整枝、犁土和除芽

葡萄园活动顶峰是在春天。

发芽前，葡萄株的形状通过弯曲和压葡萄藤而成形，这是为了确保有足够的养分供给到嫩枝。通常的整枝系统——双圆弧或半弧状——包括沿金属丝拉升和拴牢葡萄藤。

接下来，耕土开始以尽可能优化葡萄株的生长环境。机械化犁耕和为绿色覆盖物播种，以及葡萄园里植物自然生长都给土壤带来活力并维持土地自然的生物活性。有机养分，如粪便、稻草、堆肥，外加补充矿物质，如镁、石灰、磷酸盐，都会同时被添入泥土中。今天，生态和环境因素在葡萄园如何施肥的问题上扮演最重要的角色。现代化的土壤分析方法很容易测定出哪里养分不够。

3月中旬，虽然完成了剪枝，但嫩芽的生长还是无序的。剪去葡萄株的不定芽，等距离地留下计划中的嫩芽，让营养集中力量去生长年轻的芽眼。

这是春天植物生长的必经阶段。葡萄种植者种植葡萄树顺应天时，也按照葡萄树本身的生长节奏进行。

初春夜间的春冻很危险，会冻伤嫩芽，进而影响结果。

3. 5月到6月　喷药授花

“尽可能的少”是现代葡萄种酿者关于喷洒药剂以消灭虫害和真菌疾病时的格言。为帮助葡萄保持健康，种植者在5月和8月间根据天气状况喷洒药剂4～7次。

另一项劳动密集阶段在6月开花期之后开始。理想状况，开花期(自我授粉阶段导致果实形成)不被延长，也能导致落花(开花而没有受果)或果实僵化(不均匀葡萄颗粒的生长)。非有效授粉的果实在大风或雨天会枯萎并凋落，严重减少潜在产量。这时应该去除不想要的嫩枝加快生长。种植者也会为了降低产量以提升质量而剪除葡萄串。

之后是幼果期：葡萄从坐果开始，到转色以前。这一时期，幼果迅速膨大，并保持绿色，质地坚硬。

4. 7月到8月　修剪

厚厚的叶子继续生长，它们通过拴和捆绑嫩枝以保持形状。绿色的植物叶子、梗与枝对于叶子的光合作用非常重要。然而，一些叶子必须被去除以增加阳光穿透量，改善空气流通。七八月份叶子的修剪也是为了调节植株的高度。今天这个工作可由机器完成。

直到8月初，还有许多影响葡萄产量和质量的因素。除去那些豌豆般小的葡萄来增强留在葡萄株上果实的能量，越来越多的种酿者采用这种方式来提高葡萄质量。8月中旬葡萄开始成熟(也称“转色期”)，果实中糖分大量快速增加而酸度同时下降(特别是其中的苹果酸下降；酒石酸则被保留)。

这段时间是葡萄浆果的转色期，即葡萄浆果着色的时期。在这期间，浆果不再膨大。果皮叶绿素大量分解，变成半透明的浅黄色，或变成红色、紫红色。浆果里含糖量大量上升，含酸量开始下降。

5. 9月　采收

根据夏天的天气和葡萄生理状态，采收一般开始于9月中旬或下旬。这时候的降雨是灾难，因为此时是葡萄成熟阶段，葡萄果实会吸收水分而这种湿气会增加腐烂的几率。种酿者在某种光学仪器——折射计帮助下能检测葡萄的成熟状况，这种仪器可用来帮助决定最佳采收时间。其实开始采收的时间除了成熟状态，还得依靠葡萄品种和葡萄园。影响葡萄成熟水平的因素还包括葡萄皮的颜色、果肉的弹性、籽的成熟度，以及果实的实际品尝。当这些要素尽可能多地同时相遇，那么理想的采收时间就到了。因此，生理成熟是葡萄酒“内部质量”必不可少的成分。从转色期结束，到浆果成熟。在此期间，浆果再次膨大，着色进一步加深，果汁的含酸量迅速降低，含糖量逐渐增高。对于大量生产的葡萄酒，葡萄浆果达到生理成熟期，就应该采收、加工。

浆果成熟以后，浆果与葡萄植株之间的物质交换已停止。由于浆果内部水分的蒸发，使浆果的糖度和固形物含量继续升高，这是浆果的过成熟期。对于制作特种要求的葡萄酒，例如制作冰葡萄酒、贵腐葡萄酒或制作高酒度、高糖度的葡萄酒来说，需要采收过成熟的葡萄。

为了科学地确定葡萄浆果的成熟时间，决定最佳的采收期，可以根据成熟系数的值来分析判断。成熟系数是指葡萄的糖酸比。如果用 M 表示成熟系数，S 表示含糖量，A 表示含酸量，成熟系数则为：$M=S/A$。

在葡萄成熟过程中，葡萄浆果的含糖量不断升高，含酸量急剧下降，所以成熟系数 M 的值迅速升高。对于某一个具体的葡萄品种来说，当葡萄已经达到生理成熟，其含糖量和含酸量很少变化，这时成熟系数的值也相对稳定。一般来说，要做高质量的葡萄酒，M 的值必须大于 20。

人们应该根据葡萄的成熟系数，根据葡萄加工的能力和条件，确定葡萄的采收期。

过去，开始采收的时间由当地负责设置主要采收以及之后晚摘日期的政府来决定。今天，每个种酿者各自决定何时采收。种酿者仍被要求为政府提供一份包括所有采收数据的采收日志。例如：采收葡萄的品种和产量、采收类型，以及成熟度。“采收类型”指如何选择采收的葡萄和是否描述成优质高级葡萄酒——为了达到最低葡萄成熟度要求——葡萄酒质量的潜在分级。

在平坦或微微起伏的葡萄园，常常采用机器采收；然而德国所有“逐粒”或“贵腐”级别的葡萄必须手工采收。葡萄酒法同样要求所有种酿者在采收后的第二年 1 月 15 日前提供一份最终的采收报告，这项要求能够让管理部门监控整个葡萄酒生产，若有必要也会处理过剩的葡萄酒。每一个葡萄酒产区都有自己特定的产量限制。通常，如果某个种酿者超过这个限定，则其多余的葡萄酒不能进入市场。

为了保持葡萄酒质量和避免过多的产量，欧盟葡萄酒法要求了最高产量规定的建立。

6. 10 月　采收和休养生息

葡萄树为结出高质量的果实耗尽了全部精力。现在它们需要休养生息了。这时是给土壤施有机或无机肥料的最佳时机，避免葡萄树下一个生长季的营养不良。另外抵抗将要到来的冰冻的保护措施也必不可少。某些葡萄种植者在每一株葡萄树脚下都拢上一堆土，这就是所谓的培土，能为每一株葡萄树单独提供热量。而另外一些葡萄种植者则更简单，就是任葡萄树周围的草自由生长，这也能保温。

葡萄园一年的工作见表 5-1。

表 5-1 葡萄园里整年的工作

<table>
<tr><td colspan="4" rowspan="3">—</td><td colspan="2">—</td><td colspan="2">去除不成熟葡萄</td><td>—</td><td>—</td><td>—</td><td>—</td></tr>
<tr><td colspan="4">捆绑嫩枝，修剪叶子</td><td></td><td></td><td></td><td></td></tr>
<tr><td colspan="2">去除无用的嫩枝</td><td>—</td><td>—</td><td>—</td><td>—</td><td>—</td><td>—</td></tr>
<tr><td colspan="2">剪枝，砍下的老藤放入泥土中</td><td colspan="2">拴枝，犁土，绿色覆盖物的播种，加入养分</td><td colspan="3">喷洒</td><td>—</td><td colspan="3">采收葡萄</td><td>—</td></tr>
<tr><td>一月
Jan.</td><td>二月
Feb.</td><td>三月
Mar.</td><td>四月
Apr.</td><td>五月
May.</td><td>六月
Jun.</td><td>七月
Jul.</td><td>八月
Aug.</td><td>九月
Sep.</td><td>十月
Aoc.</td><td>十一月
Nov.</td><td>十二月
Des.</td></tr>
</table>

本章小结

葡萄酒三分靠酿造，七分靠种植。一款好的葡萄酒的诞生，天时、地利、人和缺一不可。本章主要是以德国为例子，按时间顺序描述了葡萄酒园里整年的工作，以希望对葡萄的生长过程有一定的了解。这里面的修枝、控制产量是酿造好葡萄酒的必需的工作，这和我们平时对农作物的丰收是不一样的概念。从这里也可以更进一步理解欧洲葡萄酒法律法规里面对法定产区产量的控制规定。

思考和练习题

1. 剪枝一年修剪次数和目的。
2. 葡萄园的整年工作大约过程。

葡萄酒的酿造

◆ 本章学习内容与要求

1. 重点：红葡萄酒、白葡萄酒和桃红葡萄酒的酿造过程的差异；
2. 必修：葡萄酒的一般酿造过程，起泡酒的酿造过程；
3. 掌握：葡萄的成分对葡萄酒的影响。

6.1 葡萄的成分

成熟葡萄串是葡萄酒酿造的最主要原料，其各部分所含成分不同，酿造过程中也将各自扮演不同角色。一般葡萄在6月结果后大约需要100天时间成熟。在此过程中葡萄体积变大，糖分增加，酸味降低，红色素和单宁等酚类物质增加使颜色加深。此外潜在的香味也逐渐形成，经发酵后就散发出来。成熟的葡萄大小、形状、颜色等都会因为品种而不同。此外，产量多少、所处天然环境是否遭病菌污染及年份好坏等都会影响葡萄的特性和品质。成熟葡萄由葡萄梗、果肉、葡萄籽和葡萄皮等组成。各部分和葡萄酒的酿造都有关系。

连结葡萄粒成串的葡萄梗含有丰富单宁，但其所含单宁收敛性强且较粗糙，常带有刺鼻青涩的味道。通常，酿造之前会先经过去梗工序。部分酒厂为加强酒的单宁含量，有时也会加进葡萄梗一起发酵，但葡萄梗必须非常成熟。除了水和单宁外，葡萄梗还含有不少钾，具有去酸的功能。

果肉，占葡萄80%左右重量，一般食用葡萄肉质较丰厚，而酿酒葡萄较多汁，其主要成分有水分、糖分、有机酸和矿物质。其中糖分是酒精发酵的主要成分，包括葡萄糖和果糖，有机酸则以酒石酸、乳酸和柠檬酸三种为主。酒中的矿物质则以钾最为重要，其含量常超过各种矿物质总量的50%。

葡萄籽，内部含有许多单宁和油脂，其单宁收敛性强，不够细腻，而油脂又会破坏酒的品质，所以在葡萄酒酿造的过程中须避免弄破葡萄籽而影响酒的品质。

虽然比例上葡萄皮仅占全体的1/10，但对品质的影响却很大。除了含有丰富纤维素和果胶外，还含有单宁和香味物质；另外黑葡萄的皮还含有红色素，是红酒颜色的主要来源。葡萄皮中的单宁较为细腻，是构成葡萄酒结构的主要元素。其香味物质存于皮的下方，分为挥发性香和非挥发性香，后者须待发酵后才会慢慢形成。

6.2 葡萄酒的酿造

6.2.1 酿造概念

酿造是指利用微生物发酵的手段生产含有一定酒精浓度的饮料的过程。在原料质量好的情况下尽可能地把存在于葡萄原料中的所有的潜在质量，在葡萄酒中经济、完美地表现出来。在原料质量较差的情况下，则应尽量掩盖和除去其缺陷，生产出质量相对良好的葡萄酒。

6.2.2 葡萄酒的一般酿造过程

葡萄酒的一般酿造过程可以分为葡萄采摘、破碎榨汁、发酵、陈酿、倒桶、澄清和装瓶的过程。

(1) 葡萄采摘：每年9月到10月是葡萄成熟期，果农统一进园开始葡萄采摘工作。

(2) 破碎榨汁：葡萄采摘下来后必须尽快送入酿酒厂进行破碎和榨汁处理。

(3) 发酵：将新鲜葡萄汁放入发酵桶中进行发酵。在发酵过程中，葡萄中的酶菌和酵母与葡萄糖作用后产生酒精和二氧化碳。

(4) 陈酿：发酵完成后的葡萄酒是不能立即饮用的，需要将它陈酿，使葡萄酒的清香浓郁、甘醇丰润的独特品质逐渐形成。

(5) 倒桶：陈酿阶段，葡萄酒处于相对静止状态，发酵中的微粒会慢慢沉入酒液底部，因此，必须进行倒桶处理。即将酒液从一个桶中抽入进另外一个干净的经过消毒的木桶中，使酒渣或沉积物留在原桶中。

(6) 澄清：澄清是使葡萄酒更加洁净的一个重要过程。它是在木桶中加入胶质材料，胶料自凝，吸收酒中的悬浮微粒并沉入桶底。澄清不仅能保证葡萄酒绝对清澈，排除一切漂浮物质，还有助于葡萄酒的相对稳定。

(7) 装瓶：经过上述过程，葡萄酒的酿制基本完成，可以装瓶销售。葡萄酒装瓶后，酒质一般不会再发生变化。

6.3 红葡萄酒的酿造

6.3.1 红葡萄酒的酿造特点

红葡萄酒用红葡萄和黑葡萄酿制而成。葡萄经过破碎压榨以后，果皮、果肉和葡萄汁一起发酵。红葡萄发酵的主要特点是浸渍发酵。即在红葡萄酒发酵、将葡萄糖转化为酒精的过程和固体物质的浸取过程同时进行。前者将糖转化为酒精，后者将固体物质中的单宁、色素等酚类物质溶解在葡萄酒中。通过红葡萄酒的发酵，将红葡萄果浆变成红葡萄酒，并将葡萄果粒中的有机酸、维生素、微量元素及单宁、色素等多酚类化合物，转移到葡萄原酒中。红葡萄原酒经过储藏、澄清处理和稳定处理，即成为清澈透明的红葡萄酒。

成熟的葡萄采收后，要尽快送到加工地点，进行破碎加工，尽量保证破碎葡萄的新鲜度。

为此，有的葡萄酒厂建在葡萄园里，这样可以保证采收的葡萄即时加工。

6.3.2 红葡萄酒的酿造过程

(1) 去梗——将葡萄的果实和果梗分离，这是为了避免单宁过分粗重和葡萄酒中混入某种令人不愉快的植物味道。此步骤并不是必需的。有些酿酒商会选择将葡萄从柄上完全摘下，有些酿酒商则部分摘下，还有些会留下完整的柄。因为他们认为果柄带有丰富的单宁。事实上，这取决于果柄的质量、当年的气候条件和风土环境。比如在夜丘区(Côte de Nuits)，酿制红葡萄酒时，很多酿酒商会选择不去除果柄，以便获得物候学方面完美的成熟度。

(2) 破皮——即将葡萄破皮，这是为了葡萄果实里的重要成分在随后发酵过程中更容易提取和扩散。实际存在葡萄皮中的单宁和色素(针对红葡萄酒而言)、维生素、酶和矿物质将转化到葡萄酒中，这一过程由精准机器完成，为了不破坏果肉和避免了有害的氧化作用。

(3) 发酵前浸泡——通常先在发酵前进行冷浸渍，也就是说会将葡萄在 18℃ 的温度下保存几天，以免直接入槽发酵。在此期间，香味会凝聚，色泽会变深。这一操作依据酿酒商想要的葡萄酒风格而定。

(4) 酒精发酵——酒精发酵是将葡萄酒里的糖分在酵母发酵下转化为酒精。单宁(酒的骨干)和色素都会从葡萄中萃取而出。红葡萄酒发酵在 28～32℃的条件下持续发酵 5～8 天。

红葡萄酒在发酵期间，会从果肉和果皮中析出大量色素和单宁，从而使红葡萄酒富有色彩。颜色必须通过萃取才能进入葡萄汁中，这也是葡萄酒颜色的来源。因为这个原因，酿造红葡萄酒的过程与白葡萄酒是不同的。酿造红葡萄酒的方法通常有两种，一种是已去梗和破皮的葡萄连皮一起发酵，在发酵过程中产生的酒精会释放葡萄皮里的色素。不仅颜色被萃取，皮上的单宁也被一同释放到酒液中。如果葡萄很快压榨，汁与皮浸泡时间很短或没有浸泡，那么就成了桃红酒。

另一种酿造红葡萄酒的方法包括热处理，也就是说，葡萄糊状物被加热到 45～85℃(113～185 华氏度)。这个过程同样能释放皮中色素，但与前一种和葡萄皮一同发酵的方式相比，这种方法酿成的葡萄酒更多果香和少单宁。现在，很多酿酒师使用这两种方式相结合酿造他们的葡萄酒。

(5) 踩皮/泵酒——踩皮/泵酒会促进酒精发酵并提高酵母抗热和抗酒精的能力，通风换气则能促进酵母的繁殖。踩皮旨在使葡萄渣(也称为“酒帽”)更好地浸泡在汁液中，同时利于葡萄皮花色素和单宁的萃取。

(6) 榨汁——固体物质(葡萄渣)从液体中分离开来，之后被压榨。萃取出的汁液和酒槽中的汁液混合，然后装入一个新的容器(酒槽或酒桶)中陈化。压榨机按照持续时间和压力大下可以分为几个档次，根据每个年份质量、潜力的不同来选用。

(7) 乳酸发酵——在陈化期间，苹果酸转化为刺激性更小的乳酸，乳酸有助于葡萄酒的稳定。“乳酸”是在天气好的时候酒桶温度升高时产生的，也可以用暖气提高温度。这取决于葡萄酒的性质和酿酒商希望其发酵的时间。经过第二次发酵后，酒液被滗清并与渣滓分离。其后，根据酿酒商的惯例，在装瓶前会将葡萄酒凝结过滤和简单过滤。乳酸发酵这一过程中起了几个关键性作用：它能减弱葡萄酒的酸度，口感更为柔和、圆润和平衡；也提高了葡萄酒的稳定性。

(8) 调配——调配对于葡萄酒的品质至关重要。酿酒师会将同一年份的品质最佳、最有潜力的原酒进行混合。原酒或许来自不同葡萄品种，不同酒糟，不同的葡萄园。这让混合后的葡萄酒更加丰富多变。波尔多葡萄酒就是一个非常典型的例子。调配不是会发生在所有的葡萄酒酿造过程中，因为还有许多由单一葡萄酿制而成的葡萄酒是不需要调配的。

(9) 培酒——这一过程是葡萄酒酿造工艺的重要环节。橡木桶的使用会增加单宁，带来烤面包的香气。而在与氧气的接触下，化学分子的相互作用也会带来焦糖，咖啡还有一些坚果的味道，例如波特酒。陈酿还会增加葡萄酒的复杂度，带来丰富的层次感，如波尔多的葡萄酒。而对于一些简单新鲜，适合即时饮用的葡萄酒而言。培酒可在酒槽中进行，未经橡木桶陈酿的酒，果味更加清新和鲜爽。

(10) 澄清——葡萄酒澄清不仅能保证葡萄酒绝对清澈，同时也能提高香味和酒的均衡，并使洁净的葡萄酒在瓶中保留的时间更长。

(11) 装瓶——按照酒庄的大小，今天许多装瓶过程都在全自动化或半自动化的装瓶流水线上完成。酒瓶都会被消毒，在装入酒液后马上用天然软木塞或其他瓶盖(如旋盖、玻璃塞或塑料合成塞)封瓶。之后，葡萄酒应该被存储在温度适中的地方静置数周再运输出去。

6.4 白葡萄酒的酿造

6.4.1 白葡萄酒的酿造特点

白葡萄酒既可以用青葡萄和白葡萄酿制，也可以用红葡萄和黑葡萄的葡萄汁酿制而成。葡萄采摘后应立即碾碎、压榨，将葡萄汁收入发酵槽进行发酵。其生产过程中最为重要的是尽早将葡萄汁与葡萄皮分开。

干白葡萄酒的质量，主要源于葡萄品种的一类香气和源于酒精发酵的二类香气以及酚类物质的含量。所以，在葡萄品种一致的条件下，葡萄汁的取汁速度及质量影响二类香气形成的因素；葡萄汁以及葡萄酒的氧化现象成为影响干白葡萄酒质量的重要因素。

白葡萄酒有甜型和干型之分，其酿制方法也有区别，关键取决于糖分转化成酒精的程度如何。干白葡萄酒使糖分彻底地发酵。

白葡萄酒既可以利用大槽进行发酵，也可以在60加仑的木桶中进行发酵。第一次发酵结束后便可进行倒桶处理。在许多地区，第一次倒桶要非常轻，以防止搅动起来的沉淀物阻止第二次发酵，从而减少葡萄酒的含量。第二次发酵结束后，酒石酸和柠檬酸达到了最佳含量，酒的酸度得到进一步调整。

干白葡萄酒装瓶一般早于甜白葡萄酒，通常干白葡萄酒在桶中陈酿1年或8个月便可以过滤、澄清、倒桶、装瓶或连桶销售。

6.4.2 白葡萄酒的酿造过程

(1) 去梗——将葡萄果实和果梗分离，这是为了避免单宁过分粗重和葡萄酒中混入某种令人不愉快的植物味道。对于勃艮第地区的葡萄酒而言，酿造白葡萄酒一般不需要去柄，以利于汁液的萃取。

(2) 浸渍——这一步骤是为了激活葡萄中的芳香物质，特别是对于赤霞珠而言。葡萄酒将更为芳香，果味更浓。这一步骤需要低温处理，为了避免过早启动发酵过程，需要持续一到两天。不需要浸渍，以限制白葡萄酒不需要的单宁和色素量。白葡萄酒酿造的关键阶段在于发酵前的步骤，榨汁可避免固体物质和汁液接触时间过长，也可减少草本植物的气味和苦味传至酒中的风险。

(3) 榨汁——分离出新酒后残存在酒糟中的葡萄皮和葡萄籽中进行压榨后得到更醇厚单宁更厚重的葡萄酒，用于和某些更清新的葡萄酒进行调配，得到更完美的平衡。压榨机按照持续时间和压力大下可以分为几个档次，根据每个年份质量、潜力的不同来选用。

(4) 澄清——在酒精发酵前，新鲜压榨的葡萄汁里尚存一些残渣和土壤微粒。澄清主要就是将这些物质去除，运用低温澄清并添加惰性气体(二氧化碳)，避免果汁氧化。

(5) 酒精发酵——酒精发酵是将葡萄酒里的糖分在酵母的发酵下转化为酒精。对于红葡萄酒来说，发酵是由天然存在于葡萄上或酿酒厂的酵母菌引起的。对白葡萄酒而言，由于果汁压榨已去除天然酵母，所以必须添加酵母。红葡萄酒发酵在28～32℃的条件下持续发酵5天，对于白葡萄酒、桃红葡萄酒和淡红葡萄酒而言，发酵要在更为低温(18℃)的条件下进行，使得酒香更为细腻，对于波尔多的一些上等白葡萄酒而言，发酵也能在新的橡木酒桶里进行，比如佩萨克·雷奥良法定产区。

(6) 乳酸发酵——白葡萄酒陈化期间会有乳酸发酵(苹果酸转化成乳酸)，时间长短依据葡萄酒法定产区(AOC/AOP)等级而定。有些可持续14个月，有些甚至更长。有些酿酒商会选择陈化20个月之久。实际上，一切都取决于酿酒师想如何酿造葡萄酒，而这又与保持年份的特性相关。在此期间，酿酒商可以对葡萄酒定期“搅桶”，意指将浮于酒面的酒渣定期进行翻搅，使葡萄酒更加圆润饱满，增强风味。

(7) 调配——调配对于葡萄酒的品质至关重要。酿酒师会将同一年份的品质最佳，最有潜力的原酒进行混合。原酒或许来自不同葡萄品种，不同酒槽，不同的葡萄园。这让混合后的葡萄酒更加丰富多变。波尔多葡萄酒就是一个非常典型的例子。调配不是会发生在所有的葡萄酒酿造过程中，因为还有许多由单一葡萄酿制而成的葡萄酒是不需要调配的。

(8) 培酒——为了使酒中的芬芳物质融合起来，葡萄酒培养过程是必不可少的。葡萄酒培养可在酒槽中进行，特别对于准备年轻时即享用的葡萄酒；或者可以在橡木桶中进行，能得到更复杂的结构和多变的口感。实际上葡萄酒和橡木桶密不可分。存储时间长短和存储介质类型(旧橡木桶、新橡木桶、不锈钢桶、玻璃瓶)都能决定性地影响最终葡萄酒的质量和香味。今天的消费者看似偏爱年轻、新鲜的葡萄酒；就这点而论，白葡萄酒常常很少陈酿就装瓶和上市。另外，最高质量的葡萄酒在装瓶之前会陈酿很长时间。红葡萄酒和某些白葡萄酒(如长相思、灰皮诺、白皮诺)会增加在小的新橡木桶中的陈酿时间。另外，葡萄酒培养可以使葡萄酒的口味更为圆润，香气更为丰富。

(9) 装瓶。

6.5 桃红葡萄酒的酿造

6.5.1 桃红葡萄酒的酿造特点

桃红葡萄酒的制作过程在开始时与红葡萄酒一样，不过酒与果皮接触的时间要短得多，因为果皮留在酒里时间越长，色泽会越红。所以当酒的颜色达到粉红程度时，果皮应被取出并将酒装入另外的容器内继续发酵。

制造桃红葡萄酒主要有三种方法：浸渍法、放血法、混合法。

(1) 浸渍法。当桃红葡萄酒作为主要产品时，通常使用浸渍法，即果皮接触法。红葡萄被破皮后短时间与葡萄汁接触，通常是2～24个小时或者更长。随后将压榨后的葡萄浆除去果皮，而不是留下来在整个发酵周期与葡萄汁接触(像酿造红葡萄酒那样)。葡萄皮包含很多单宁、色素和其他化合物，通过短时间的浸渍，使得桃红葡萄酒既有白葡萄酒那样的鲜爽口感，又有白葡萄酒所没有的单宁以及艳丽的色泽。

(2) 放血法。桃红葡萄酒可以使用一种称作放血法(Saignée，法文为"放血"之意)的工艺，作为红葡萄酒酿造过程的副产品生产。如果酿酒师想增加红葡萄酒中的单宁和颜色，会在早期放出果浆中的一些粉红色的果汁。放血的结果是留在大罐里的红葡萄酒加强了，这是因为果浆中的果汁减少了，参与浸皮过程的果浆浓缩了。分离出来的粉红色葡萄汁可以单独发酵来生产桃红葡萄酒。

(3) 混合法。混合，即简单地将红葡萄酒加入白葡萄酒中增加颜色是不常见的。这一方法在大多数葡萄酒产区不鼓励使用，特别是在法国。混合法在香槟地区以外的地区是法律所禁止的。即使是在香槟地区，一些高端的酒厂也使用放血法，而不是混合法。由于桃红葡萄酒都是在制成后较短时间内饮用。所以酒中的单宁不能过多。

6.5.2 桃红葡萄酒的酿造过程

以放血法来介绍桃红葡萄酒的酿造包括以下过程。

(1) 去梗——将葡萄的果实和果梗分离，这是为了避免单宁过分粗重和葡萄酒中混入某种令人不愉快的植物味道。

(2) 破皮——即将葡萄破皮。

(3) 发酵前浸泡——利用空气压力，将果肉和果皮小心分离。

(4) 放血法——对于大部分桃红葡萄酒而言，酿制的最初阶段和红葡萄酒是一样的，葡萄置于酒槽中全部破皮。果皮和果汁接触，色素扩散，但经过几个小时后，就要停止这种接触并将果汁如同放血般从槽中引出。"放血"后得到的桃红葡萄汁比照白葡萄酒的方式发酵。波尔多淡红葡萄酒的宝石红酒裙来自于更长时间的"放血"，但总是要使得果汁没有波尔多红葡萄酒的颜色那么深而浓郁。

(5) 澄清——在开始酒精发酵前，新鲜压榨的葡萄汁里尚存一些残渣和土壤微粒。澄清主要就是将这些物质去除，运用低温澄清并添加惰性气体(二氧化碳)，避免果汁氧化。

(6) 酒精发酵——酒精发酵是将葡萄酒里的糖分在酵母的发酵下转化为酒精。对于桃红葡萄酒和淡红葡萄酒而言，发酵要在更为低温(18℃)的条件下进行，使得酒香更为细腻。

(7) 调配——同红/白葡萄酒工艺。

(8) 培酒——桃红葡萄酒一般不经橡木陈酿。

(9) 装瓶。

6.6 起泡葡萄酒的酿造

6.6.1 起泡葡萄酒的酿造特点

通常起泡酒的酿造方法有香槟酿造法(也称传统酿造法)、罐内二次发酵法,以及个别用充入二氧化碳气体的方法制造气泡。

采用传统酿造法酿制的起泡葡萄酒属于高档产品,添加糖和酵母的葡萄酒装入瓶中后即开始二次发酵,发酵温度必须很低,气泡和酒香才会细致,约维持在10℃左右最佳。发酵结束之后,死掉的酵母会沉淀瓶底,然后进行数个月或数年的瓶中培养。

而采用罐式发酵法是为满足大批量生产的要求而出现的,其产品属中档产品。二次发酵在密闭的酒槽中进行,比较容易,也节省成本,但比较难产生细致的气泡。

6.6.2 起泡葡萄酒的酿造过程

以香槟的酿造方法为例,包括以下酿造过程。

1. 压榨

酿制香槟的葡萄全部由人工采收,葡萄虽然产自不同的产区,但采用逐步压榨法可以得到质量相同的葡萄汁,使每个产区的特点得以保持。逐步压榨是生产香槟酒的第一道重要的工序。按照传统,每一榨装载的葡萄以4 000千克为单位,即一个“马克(marc)”,只能从中榨取2 550L的葡萄汁。压榨机要将第一次榨取的2 050L“头汁(cuvée)”以及第二次榨取的500L“尾汁(taille)”分别存放。两次榨汁的特点各有不同。头汁主要来自果肉,汁液纯净,富含糖和酸(酒石酸和苹果酸),能赋予香槟酒细腻的口感,丰富的香气,入口清冽,适宜陈年。尾汁中也富含糖分,酸略少一些,但是有更多的矿物盐(特别是钾)和色素,酿出的香槟酒的特点是香味浓郁,年轻的时候果味更突出,但不适宜陈年。

桃红香槟酒是以浸渍的方式提取所期望的色泽:在压榨前把去梗的红葡萄在罐中浸泡若干小时(根据葡萄的年份在24~72个小时不等)。

2. 加硫和澄清

所压榨出的各产区的葡萄酒在称为贝隆(belons)的罐子里分开发酵,紧接着添加具有杀菌作用,可以控制各种酵母活动且抑制有害细菌生长的亚硫酸或二氧化硫。之后,将葡萄汁静置在沉淀罐里,最初几个小时里,果汁内天然留存或添加的酶会导致絮状凝结。絮状物会和悬浮在果汁中的其他颗粒(皮、核的残渣等)一起沉淀到罐底。12~24个小时后将果汁滤清。沉淀澄清的目的是让葡萄汁清澈,这样发酵后可以获得纯净的果香。

3. 发酵

澄清后的果汁进入发酵罐进行第一次发酵。每个罐都要清楚标明所装酒的葡萄产地、头汁还是尾汁、葡萄品种,以及年份。几周后,这些葡萄汁就会变成葡萄酒,再对各个产区的葡萄酒质量进行评审。有的酒庄在酒精发酵之后还会进行乳酸发酵,通过酒球菌类细菌将苹果酸转化成乳酸。乳酸发酵的首要作用是降低酒的酸度。是否进行这个步骤取决于酿酒师期望酿造什么样的香槟酒。有的酒庄从来不做,而有的酒庄会在全部或部分产品上进行。

经乳酸发酵的香槟酒常会带来烤面包和饼干类的香气特征。

4. 调配

调配的艺术在于酿酒师通过把不同产地、不同品种和不同年份的基酒进行调和,以创造出一种能体现出各香槟酒庄所独有的且每年均保持一致的风格。

这门艺术不仅需要酿酒师对产地风土和品酒有长期经验,同时也需要具备创造力和准确无误的感官记忆,还要能预见葡萄酒未来的变化。调配阶段,酿酒师可以选择酿制非年份香槟(调配时可以使用往年的存酒)、年份香槟(以体现出独特年份的个性特征)、调配的桃红香槟(加入一定比例的香槟产红葡萄酒)、白中白香槟(只采用白色葡萄)、黑中白香槟(只采用红葡萄),或者单一产区香槟(葡萄只来自一个村庄)。

5. 瓶内二次发酵

装瓶要在葡萄采摘后来年的1月1日之后开始。为了促使发酵的开始,要在酒中加入"装瓶液"(liqueur de tirage),是由产自香槟区的静态葡萄酒、蔗糖或甜菜糖再加上酵母等混合。装瓶加盖后,将酒瓶平放在香槟地区阴凉酒窖里的木板条上。酵母消耗了糖分,在酒中释放出酒精和二氧化碳,慢慢溶解而产生了气泡。

6. 陈酿

装瓶后的酒在酒窖里避光保存,要经历长时间的熟化期。在这个酿酒的关键阶段,酒窖的作用至关重要,它的温度应保持恒定,在12℃左右。

在陈酿的过程中,酵母菌自溶和氧气透入瓶内后缓慢氧化的作用都使得年轻香槟酒中的花香和果香逐步演变为成熟水果、煮制水果到干果等较成熟酒的味道,在老年份的香槟酒中还有烘烤和灌木的香气。

7. 转瓶

瓶中的二次发酵会形成大量的沉淀物,而转瓶的目的就是需要把这些沉淀物聚集在瓶子的细颈处,以方便随后的除渣工序。

转瓶的过程是依次把瓶子向右、向左转,然后瓶底每次抬高一些,以使瓶子从平躺的位置逐渐过渡到倒立(瓶口朝下)位置,彻底把沉淀物引到酒瓶的瓶颈处。

传统的操作方法是通过人工的方式在木质A型架(pupitre)上操作。一个专业的转瓶工一天能转4万个瓶子。而现在,通过程序控制可以一次转动装有500瓶酒的金属箱子为这一工序大大缩减了时间,由原来的大约六周缩减到一周,而且丝毫不损酒的质量。

8. 除渣

除渣就是把转瓶后集中到瓶子细颈处的沉淀物清除的工序。

将瓶颈部分浸入零下27℃的溶液中,瓶口的沉淀便会凝成冰块。开瓶的时候,内部的压力将瓶塞和沉淀的冰块一同喷射而出。从这一过程开始到为瓶子塞入最后的酒塞都是由机器完成。

9. 填料

填料这道工序法语称为"Dosage"。它决定了每一款香槟的最终风格,是甜型抑或干型。

香槟在除渣的过程中随着沉渣排出的同时也失去了一小部分的酒液。于是一些混合了基酒与蔗糖溶液的补充液“liqueur d'expédition”被填充进去。这也是酿酒师最后一次对酒的风格施加影响的机会。他可以选择添加和瓶内相同的酒，或者储存在木桶、不锈钢罐或是1.5L 酒瓶中的存酒，目的都是使酒的香气更加丰富。

补充液用量的多少决定了香槟酒的类型。

(1) 甜(doux)，每升含糖超过 50g。

(2) 半干(demi-sec)，每升含糖 32～50g。

(3) 干(sec)，每升含糖 17～32g。

(4) 绝干(extra dry)，每升含糖 12～17g。

(5) 天然(brut)，每升含糖低于 12g。

(6) 超天然(extra brut)，每升含糖 0～6g。

(7) 对于含糖量低于 3 克，而且酒中没有添加任何糖的，可以用“brut nature”(自然)、“pas dosé”(未添加)或“dosage zéro”(零添加)的说明。

本章小结

本章描述了葡萄酒的酿造特点和酿造过程。通过对比了解红葡萄酒、白葡萄酒、桃红葡萄酒和起泡葡萄酒过程来知道各种类型葡萄酒的特点，从而知道如何选择合适葡萄酒，知道每一类型葡萄酒颜色、口感甚至陈储年份差异的原因。

思考和练习题

1. 香槟和起泡葡萄酒有什么关系？
2. 香槟里面的气泡是如何产生的？
3. 红葡萄酒与白葡萄酒的酿造工艺的主要差异是什么？
4. 桃红葡萄酒的三种工艺是什么？

种植的有机和自然动力

◆ 本章学习内容与要求

1. 重点：有机概念的差异；
2. 必修：有机葡萄酒的优缺点；
3. 掌握：自然动力的原理。

虽然对有机葡萄酒的口感大家莫衷一是，但“有机”这个概念在国内葡萄酒行业内已开始流行。了解“有机”概念的差异有助于更好地探索葡萄酒。

欧盟在2012年8月1日严格区分有机葡萄酿制(made from organic grapes)和有机葡萄酒(organic wine)。其主要区别是前者只是对葡萄种植有规定，而后者涵盖酿造工艺，即从葡萄到酒的全部过程。

7.1 有机葡萄酿造葡萄酒

在法国，有机葡萄酿造的标志是AB(Agriculture Biologique)绿芽LOGO。获得“有机葡萄酿造”认证商标的葡萄酒，特指葡萄来自有机葡萄园，或采取有机种植法，一概不用化学肥料和农药。有机葡萄园连续3年采用天然的物质作肥料(如海藻、牲口粪便和植物混合肥料)，并以人工采收。

7.2 有机葡萄酒

有机葡萄酒的“有机”认证标志是欧洲星叶LOGO，是指在完成“有机葡萄酿造”之后，进行酿造的过程中，特别注意天然酵母的使用、过滤和澄清方法，二氧化硫的使用，以提高有机葡萄酒的质量。有机葡萄酒中不含化学添加剂，但多数厂家仍会添加少量二氧化硫以防氧化和腐败。亚硫酸盐的含量也有严格限定，更不能以塑料瓶、聚乙烯等来盛酒。

7.3 自然动力法葡萄酒

1924年奥地利哲学家兼教育家鲁道夫·斯坦纳(Rudolf Steiner)提出自然动力种植法。自然动力种植把葡萄园和生态结合为一体，久而久之，葡萄园和环境融为一体。

“不是所有有机葡萄酒都是自然动力(biodynamic)的，但所有自然动力葡萄酒都是有机

的。"完全的自然动力(或称"生物动力")，是指自然动力的种植和酿造都依天行事。葡萄酒种植还原到有机农作物的土壤，利用生物动力酿造。

自然动力种植法在酒界引起很多争议，信者认为该种植法会种出较好的葡萄，不信者觉得十分荒谬，听来就像"葡萄园占星术"，因种植法考虑到天象星座运行对植物的影响，使原本的单纯农业生活添加神秘感。

自然动力重视葡萄种植的一体性，从土壤到植物到天象各环节的整体配合。自然动力从两个角度着手：一个是维持土壤的营养；另一个是认可植物的生长与宇宙的节奏相互配合，伴随月亮的周期与地球的节律，与大自然和谐统一。

1. 维持土壤营养

该种植法强调完全使用天然肥料，配合天象星座运行，让长期使用化学农药与肥料的土地回归原始活力。有机种植法只是停止使用化学肥料，减少对环境的破坏，并没考虑到大自然元素。而自然动力法则使用 9 种天然食物喂养土壤，以提高更新土壤品质，称为：BD500-508。

BD500：把牛粪放在牛角里，埋在泥土里度过秋冬，功效会提高植物根部成长速度和增加泥土中的腐殖土(humus)。

BD501：把磨成粉状的石英石(quartz)放入牛角里，埋在泥土里度过春夏，可提高植物叶子的生长。

BD502：洋耆草花里的硫黄和土里的钾产生化学效用，有助于提高植物生长力。

BD503 甘菊花：可促进土里有机物的分解。

BD504 大荨麻：在干旱时刺激植物根部与茎部的汁液。

BD505 橡树皮：含有丰富的铁质，增加植物对病害的抵抗力。

BD506 蒲公英：花瓣里含矽，可吸收到日光和月光，跟钾一同吸收到"宇宙的能量"。

BD507 缬草花：含有多量的磷，会吸收热量帮助果实成熟，并能预防霜害。

BD508 马尾草：含有高量的矽，可吸收到日光，还可防徽菌和霉菌。

2. 与宇宙和谐统一

根据自然动力原理，天象方面，是指太阳、月亮及天空的其他星体对地球生物所产生的影响。比如说：月亮在不同时间的亮度会影响大地万物的生长，月初时月球的地心引力会把地表水吸上地面，容易使种子发芽，此时月亮夜晚的亮度逐日增强，使植物叶子与根部平衡成长。过了 3 周后，月亮夜间亮度和地心吸力同时减弱，植物正进入休息状态，适合采收、修枝或移植。

酒农甚至可以借鉴 12 星座的黄道带(每个星座期间为 2.5 天，可分为土象、风象、火象和水象星座)来对葡萄园进行管理。比如，进入水象和土象星座时，适合种植农产品，进入风象和火象星座时，适合采收和耕耘。

如同前面所说，自然动力除了种植外，在其他很多方面也令人惊叹不已。如酿造过程当中的破皮压榨的过程：为了符合自然动力，酒庄采用自然重力作用，不依靠外力，仅仅依靠地球的地心引力，使得葡萄酒本身的重力压破表皮。

自然动力种植法在旧世界酿酒区并不陌生，法国曾在第二次世界大战后的几十年间一度风行，在过去的 10 年里重又回归法国的酿酒业中。目前使用这类种植法的酒庄包括：法国勃艮第区的 LeRoy(拥有 Domaine Romanee Conti 土地)和 Leflaive、Zind-Humbrech、卢瓦尔河 Coulee de Serrant 区的 Nicolas Joly 和 Vouvray 的 Huet 及阿尔萨斯区的 Kreydenweiss;意大利阿尔托-阿迪杰(Alto Adige)的 Rainer Loacker 等。在美国加州也有 Benziger。从事有机种植、有机酿造的葡萄园很多。不管是有机还是自然动力,提高对人工劳力的需求,以小规模方式进行生产,来到市场后,价格比一般葡萄酒贵一些,产量也少。但是非常遗憾的是这种更贵、很神秘的产品,如果仅仅从口感上来说,并不一定比我们平常喝到的葡萄酒更讨喜。

7.4 "有机"的比较

"有机"的比较见表 7-1。

表 7-1 几种"有机"的比较

自然动力法	有机葡萄酒	有机葡萄酿制
使用有机肥料	一些红酒在装瓶前并不进行过滤,有很多的沉淀和结晶,饮用以前要换瓶(decanter)。而白葡萄酒单宁含量少,而且失去了二氧化硫的保护,入杯时可以观察到少量气泡,为了避免运输过程中橡木塞被顶出去,有些酒庄已采用类似于啤酒的金属瓶盖	有机种植法禁止使用化学除草剂及化学合成药品,在防治病虫害方面,更多使用生物制剂。化学药品仅可以使用波尔多液(防治霜霉病)和硫(防治白粉病)。(暂时还没有找到其他的解决办法)
独特的有机酿造过程	不得含有山梨酸,禁止使用脱硫工艺,同时亚硫酸(来自于二氧化硫)的含量红葡萄酒不得超过 100mg/L(对非有机的标准为150mg/L),白葡萄酒和玫瑰葡萄酒不得超过 150mg/L(对非有机的标准为 200mg/L)	只约束到葡萄收获,也就是说只要葡萄在收获之前符合 viticulture bio 的标准即可,而在酿酒过程中并不需要遵循有机的标准
与日月星辰、宇宙天象相融合	从 2012 年开始,欧盟出产的葡萄酒酒标上必须标注酒中"蛋制品和乳制品"这些有可能引起过敏的成分含量。因为在酿制过程中,有可能会用到蛋清或者脱脂奶粉作为澄清剂	

本章小结

本章主要描述有机葡萄酿造葡萄酒,有机葡萄酒和自然动力酿造葡萄酒之间的关系。认识"有机"的标志,了解它们之间的差异,帮助我们判别市场出现的各种"有机"葡萄酒。

思考和练习题

1. 有机葡萄酒里面会有二氧化硫吗?
2. 有机葡萄酒和有机葡萄酿造的区别是什么?
3. 自然动力法酿造葡萄酒与有机葡萄酒的差异是什么?

储存和窖藏

◆ 本章学习内容与要求

1. 重点：储存环境；各种葡萄酒的最佳储藏温度；
2. 必修：存放姿势；常见储藏方式；
3. 掌握：储存期限的影响因素；如何储藏一瓶已开封的酒。

葡萄酒是有生命的饮料，有一定的生命周期，不同葡萄酒其生命周期都是不同的。葡萄酒在饮用前存放一段时间，对酒质提升仍有很大的好处。一旦保存不当，对葡萄酒的成熟、风格、品质都会有极大影响。

8.1 葡萄酒储存期限概述

8.1.1 影响储存期限的因素

什么酒可以陈年？可以陈多少年？影响储存的内部因素是什么？

葡萄酒的颜色、香气与口感本身会因时间的推移而改变。白葡萄酒颜色会加深，从金色渐变为稻草黄，而红葡萄酒的颜色反而会变浅，从紫红、深红渐变成砖红色。葡萄酒的香味例如坚果香、烟熏香、烘烤香与蜂蜜香会在酒陈年一段时间后出现，而刚装瓶时清新的果香会因时间逐渐柔化变得圆润，也许会散发出蒸煮水果后的气息。成熟葡萄酒口感通常平衡和谐，内涵丰富。原因是在瓶内微氧化的作用下，一些特定的分子相互融合产生的。

葡萄酒中单宁、酸度、糖分和酒精度，这些都被专家称为“窖藏潜力”的成分。一般原则是：葡萄酒中的酒精、酸、甜或单宁成分越多，它的陈年潜力越大。单宁相当于红葡萄酒中的骨架，酸度是白葡萄酒的骨架，而甜度是甜葡萄酒的骨架。葡萄酒越高级，越适合窖藏。

葡萄酒的陈年可以看做是葡萄酒的内含物和瓶内的微氧所进行的一场攻防战，防的能力越强，其陈储时间就越久。

依据 *The Art & Science of Wine*(by James Halliday & Hugh Johnson)这本书，酒在装瓶后酒瓶里会产生几种比较大的化学变化。

1. 单宁的变化

酒中单宁与色素会与酒瓶里的氧气产生化学变化，组合成比较大的质点(particle)，而当质点变大到一个程度时就会变成很细的沉淀物，沉淀在酒瓶底下。在没有氧气的情况下这种化学变化也会发生，但产生速度会比较慢，因此酒的颜色也会变淡而且单宁也会柔化。

白酒因为没有很多酒色素(anthocyanins)在里面，所以颜色不会变淡。

研究发现白葡萄皮上有一种黄色素叫做 Flavone，虽然白酒里 Flavone 含量不多，但这会影响白酒的色泽而且色泽会因时间而逐渐转变为深黄色，深橘黄色甚至到金黄色，不过如果酒里面含有大量的二氧化碳和二氧化硫，则整个变化会变慢许多。

2. 酒精和酒酸的变化

酒瓶里的氧气会与酒里面的酒酸和酒精产生化学作用，使酒里面的芳香素释放出来。酒里也有可能因二氧化硫不足使霉菌与酒产生氧化现象，白酒会因此而变成棕色，虽然红酒比较难从颜色上看出来酒是否已经氧化，但是从口感上消失的果香里可以很明显地发现出来。

8.1.2 葡萄酒储存期限

是不是每一瓶酒都适合陈年？酒的年份越久就越好吗？

其实，世界上即使最好的葡萄酒超过 50 年，绝大多数已过了饮用高峰期。现在有历史记录并且还在适饮期里面的老年份的葡萄酒并不多。有一个记录是 1870 年拉菲，美国的酒评家罗伯特·帕克(Robert Parker)在 1995 年品尝后给了 96 分的高分，这样上百年的葡萄酒还能获得这么好的口感其实非常罕见。

现在拍卖会上，有时候一瓶几个世纪的葡萄酒能拍卖出天价。原因是这个价格不仅仅体现葡萄酒饮用价值，还因为物以稀为贵，拥有它是身份的象征，具有收藏价值。例如现在若从地里挖出一个古代陶质脸盆，我们是用来洗脸吗？古代陶质脸盆的价值已经从实用的洗脸器皿变成了收藏价值的艺术品。其价格自然不可同日而语。

任何一瓶葡萄酒，都有一个生命周期。最佳的饮用时间各不相同。有的是第一年最好，如博若莱大区的新酒；有的是 3～5 年；顶级系列好酒最佳饮用时间约为 25 年左右。

桃红是越新越能体现其清爽及果味。也就是说，越新越好。白葡萄酒与桃红都不含或含极少的单宁成分，考虑酸度的影响，其适饮用时间因人而异。有人喜欢喝水果味清淡的，有人喜欢喝醇厚一点的。但正常说来，以不超过 5 年为宜。红葡萄酒也不是所有的都具有储存价值，至少在法国，通常来说在 AOP 级别以上的酒才更值得去等待(不包括一些酒庄在法定规范外所特酿的精品酒，这些酒尽管是地区餐酒的级别，却追求着超高的品质)，并且储存时间因酒而异。

所有葡萄酒过了高峰期就开始要走下坡路了，在坡底时就意味着酒已经不再有生命。如果不幸赶上了这个时候喝上一口，你会发现它酸得和醋一样，更糟的时候甚至比醋还不如。找到一瓶好酒，要在合适的时候喝，或者要趁早喝。因为口感太过年轻的酒可以通过“醒酒”的方式加速它到达饮用高峰期，而死酒除了惋惜之外别无他法。

这个问题美国的酒评家罗伯特·帕克就在他的书 *Parker's Wine Buyer's Guide 6th edition* 前言有提到。他认为如果一瓶酒没办法因陈年而增加复杂度和风味(其中包括柔化单宁等)，那就不应该买来存放，而且最好尽早饮用。在他的经验里他认为很少比例的酒是值得陈年的。

葡萄酒储存期限，取决于葡萄品种和葡萄酒的类型，还要看酒的年份。

那年份就一定能说明葡萄酒的好坏吗？

一瓶好酒的产生，由多方面的因素综合而成。可以总结说是“天时(阳光、降雨量)、地利

(土壤、葡萄品种)、人和(葡萄园种植、酿造技术)”,缺一不可。年份只能说明这一年的天时情况(阳光、降水量),是酒质量好坏的必要而非充分条件,因此不能完全作为评定一款葡萄酒好坏的标准。

葡萄酒的陈年时间是复杂且难以捉摸的学问,通过掌握相关的规律和经验的累积是能作出一个比较客观的判断,但葡萄酒毕竟是一个有生命的液体,与其我们死守它最灿烂辉煌的时刻,倒不如用心去体会它从青春、壮年到迟暮的生命过程。

8.2 正确的储存

8.2.1 合适的瓶塞

天然软木塞的葡萄酒必须斜放或横躺。以便酒液与软木塞接触以保持木塞的湿润。如果倒立,如果有沉淀会凝结在瓶口,可能会影响到酒的口感。葡萄酒若不是以天然软木塞封口,最好竖放,因为横放是为了避免软木塞干燥和空气渗入,但若是复合木塞等横放可能会析透出非天然的黏液。

8.2.2 合适的温度

酒不能放在太冷的地方,太冷会使酒成长缓慢,它会停留在冻凝状态不再继续进化,这就失去了藏酒的意义;太热,酒又熟成太快,不够丰富细致,令红葡萄酒过分氧化甚至变质。细致且复杂的酒味是需要长时间的缓慢陈酿而发展得来的。理想的存酒温度为10～14℃为佳,极限为5～20℃,同时整年的温度变化最好不超过5℃。

同时还有很重要的一点——葡萄酒的存放温度恒定为最佳。即将葡萄酒存放在20℃的恒温环境中也比每天的温度都在10～18℃波动的环境好。要远离热源如厨房、热水器、暖炉等。为了善待葡萄酒,请尽量减少或避免温度的剧烈变化。如果没有理想的储酒设备,又想买些酒放着慢慢饮用品尝,可以用报纸、尼龙等材料包装起来,这样可减少外界温度变化的影响,然后装箱,再找最凉爽而且不受日照影响的地方来储藏。

8.2.3 合适的湿度

葡萄酒储藏理想的湿度是保持为60%～70%,如果太干可放一盘湿沙用以调整。酒窖或酒柜的湿度不要太高,那样容易使软木塞及酒的标签发霉腐烂;而酒窖或酒柜的湿度不够又会让软木塞失去弹性,无法紧封瓶口。瓶塞干缩后会引致外面的空气入侵,酒质会产生变化,并使酒通过软木塞挥发,造成所谓“空瓶”现象。

8.2.4 避光

酒窖中最好不要有任何光线,因为光线容易造成酒的变质,特别是日光灯和霓虹灯等冷光源易让酒加速氧化,发出浓重难闻的味道。如果暴露在强烈日光下6个月就可以导致葡萄酒变质。存酒的地方最好向北,除了避开光线外,也不要接近有强烈气味的物件,门和窗应选择不透光的材料。

可以看到在国内很多酒窖为了避免温度又要产生灯光效果,而大量使用日光灯,而葡萄酒瓶对这种日光灯是没有过滤功能的,会使得酒加快老化。

8.2.5 通风

避免与有异味、难闻的物品如汽油、溶剂、油漆、药材等放置在一起,以免酒吸入异味。

葡萄酒在陈放过程中会产生有害气体二氧化硫,而二氧化硫会危害到软木塞,进而劣化酒质。在酒窖中,二氧化硫可以靠自然的通风排除掉,但在葡萄酒柜这种密死循环境中,二氧化硫便会积存。一般而言10天开一次门让酒柜通风,就可以排除掉二氧化硫,但讲究的收藏家可不想每隔10天就打扰一次葡萄酒的长期睡眠,因此针对空气环境,最贴心的设计是加装活性炭的通风循环系统,这样只要每隔两三年换一次活性炭,就可以常保葡萄酒在良好的空气环境中陈放。

8.2.6 防震避震

震动对酒的损害纯粹是物理性的。红葡萄酒装在瓶中,其变化是一个缓慢的过程,震动会让红葡萄酒加速成熟,让酒变得粗糙。所以尽量避免将酒搬来搬去,或置于经常震动的地方,尤其是年份老的红葡萄酒。因为储存一瓶陈年极品红酒是三四十年甚至更长久的事,而并非仅三四个星期,让其保持“沉睡”状态是最好的。

8.3 常见储藏方式

8.3.1 天然地窖

理论上,一个理想的酒窖要既够黑又够潮湿,温度要在一定限度内,而且最好是恒温,同时也要避免震荡,震荡会扰乱酒的分子结构,影响它的香味。不过,这些情况,即使是欧洲阴冷的地窖,也不保证十全十美。一个理想的酒窖,最好能维持13℃的“恒温”。这也是欧洲乡下地窖的天然平均温度,但8~18℃也在容忍限度以内。所以在欧洲有些人储藏葡萄酒就直接利用天然地窖来存放。

8.3.2 专业酒窖

我国很多地方,特别南方地区,天然地窖平均温度远高于此,而且冬、夏季温差变化很大,这就需要在地窖下加装温控系统,以保持地窖的温度恒定,适合葡萄酒储藏。天然地窖一般湿度都比较大又不通风,所以还需要加装通风设备将多余的水分和异味排除至地窖外。

地下酒窖在恒温、避光、防震等方面具有得天独厚的条件,一般来说的葡萄酒厂和大型的葡萄酒商都会建造自己的专业地下酒窖。但除了需要投入大量资金进行改造和添加通风恒温等设备,地下的空间资源本身非常稀缺。所以更多的情况是通过专业设备所搭建的在地上的人工酒窖。

理想的酒窖应符合下述几个基本要求:①有足够的储存空间和活动空间。②通气性能良好。③环境易保持干燥。④隔绝自然光照明。⑤防震动、防巨声干扰。⑥有相对的恒温条件。

8.3.3 酒柜

在现代都市中，一般家庭无法去设计挖掘一个专业的地窖或者在地上建造酒窖用于收藏葡萄酒。考虑到葡萄酒的储存要求及专业收藏人士的需求，专业的葡萄酒恒温柜也应运而生。葡萄酒恒温柜，从恒温、保湿、避光、避震、通风等多环节设计，确保葡萄酒时刻保持最佳储存、饮用温度。

一些企业除了建设自己的酒窖以外，均另设有“日用酒窖”，那是为了应付每日消耗的酒品储存处。日用酒窖大多采用酒柜的形式，酒柜就是一个小型酒窖，恒温、恒湿、通风、遮光、避震。首先日用酒窖——酒柜方便使用和服务工作，减少许多不必要的往返取货，并避免对酒窖重复地过多干扰；其次专业酒柜由于采用隔紫外线的玻璃门设计，也可以用作陈列葡萄酒之用。

由于价格较地窖便宜很多，所以除了一些酒厂、酒商使用酒柜，一般的葡萄酒消费者也利用专业酒柜来储藏葡萄酒。

8.3.4 冰箱

由于对葡萄酒储藏认识上的误解，或者由于条件的限制，很多葡萄酒消费者经常将葡萄酒放置在冰箱储藏。那么存放在冰箱内是不是解决问题的办法呢？把酒存放在冰箱内有三点不好：第一，它太干，而藏酒环境最好有70%的湿度。酒在干燥环境下酒塞会收缩，易让空气流入，导致酒的过速氧化。第二，冰箱不恒温。冰箱冷冻马达到了一定低温便会自动关掉，升至某较高温度又会再开，造成了不理想的温差。第三，马达更提供了间隔性的震荡，也不利于葡萄酒的陈放。但若实在没有合适的地方，短暂放置在冷藏室也是一个退而求其次的选择。

8.3.5 自然存放

对于一般葡萄酒，多年来，我们只是把酒搁在酒架上，避开直接的光照射和热源。在酒受到损害之前，我们早就把它们喝光了。至于那些我们想保存一段时期的酒，至关重要的是避免对酒真正有害的因素，比如明亮的阳光和极高的室温等。如果实在没有条件，那尽可能将葡萄酒放置在阴凉相对干爽的地方，例如床底、橱柜等地方。

8.4 葡萄酒如何放置

传统摆放酒的习惯方式是将酒卧放，使红酒和软木塞接触以保持其湿润。湿润的软木塞能把瓶口牢牢封住，阻止氧气的进入。相反，瓶子垂直放立时，软木塞便没有足够的水分保持其湿润，干燥后会收缩，为氧气的进入留下了缝隙。瓶口若向上倾斜45°放置也是可以的。但对于需要储存较长时间的红酒，瓶口向下的倒立方法不可取。因为葡萄酒存放时间久了会产生酒渣沉淀，平放或者倾斜放置，沉淀就会聚集在瓶子底部。倒立则会将沉淀聚集在瓶口，久而久之粘固在那里，倒酒的时候很可能连沉淀一起倒入酒杯，影响酒的口感(参考第4章)。

8.5 如何储藏一瓶已开封的酒

酒能够在开瓶后就趁新鲜饮用完是最好不过的，但如果实在没喝完，有以下建议。

1. 冷藏放置

一瓶密封较好，近满瓶的葡萄酒如果存储得当，可以放在冰箱里保存数天时间。但要记住在饮用前让酒的温度升到室温。总的来说，红酒存放的时间比白葡萄酒长。

2. 重新封口

把瓶塞完全按照原样塞回瓶子里，不要颠倒了瓶塞。

3. 直立放置

氧气对葡萄酒来说亦敌亦友。在储存一瓶重新封口的葡萄酒时，确保酒瓶处于直立状态，以便尽量减小酒液和空气的接触面。

4. 换小容量瓶

如果有小容量的酒瓶(如 375mL)，把它保存下来。把未喝完的酒倒入小酒瓶中可以达到减少酒液与空气接触面的效果。一瓶酒如果酒液充盈，而且使用新鲜洁净的瓶塞，通常可以保存数年之久。要记住一点的是不要用洗洁精或清洁剂来洗刷小容量酒瓶，以免留下的残渍污染酒液。

5. 真空瓶塞

用抽真空泵把空气抽出可以减少酒液与空气的接触。这种器具方便且很容易在市面上购买到。

6. 充气

灌入一些惰性气体可以帮助保护酒液不被氧化。常见的装置可以把氮气和二氧化碳注入酒瓶里。惰性气体覆盖在酒液上面，可以防止空气进入，这种方法同样可以用来保存醒酒器里的酒。

7. 其他

即使所有的方法都失败了，不要气馁。一瓶好品质葡萄酒至少可以成为烹饪的上好调料。

8.6 不同酒的最佳储藏温度

温度是葡萄酒储存最重要的因素，这是因为葡萄酒的味道和香气都要在适当的温度中才能最好地挥发。更准确地说，才会在酒精挥发的过程中令人产生最舒适的感觉。如果酒温太高，苦涩、过酸等味道便会跑出来；如果酒温太低，应有的香气和美味又不能有效挥发。美国加州大学化学系教授 Alexander J. Pardell 曾经做过试验研究，如果以葡萄酒储存的通用标准 13℃作为基准，如果温度上升到 17℃，酒的成熟速度会是原来的 1.2～1.5 倍；如果温度增加到 23℃，成熟速度将变成 2～8 倍；温度升高到 32℃，成熟速度将变为 4～56 倍。当然，成熟速度的变化也因酿酒所用葡萄品种、酿造方法的不同而不同。

一般而言，我们储存葡萄酒的温度可以参考不同的葡萄酒的最佳适饮温度，见表 8-1。

表 8-1　不同葡萄酒适饮温度

葡萄酒类型	举　例	适饮温度/℃
轻酒体，甜型葡萄酒	精选干颗粒贵腐葡萄酒，索甸	6～10
白起泡酒	香槟	6～10
芳香，轻酒体白葡萄酒	雷司令，长相思	8～12
红起泡酒	西拉起泡酒，一些意大利兰布鲁斯科微泡酒	10～12
中等酒体白葡萄酒	夏布利，赛美蓉	10～12
丰满酒体甜白	西班牙欧罗索雪莉酒，西班牙马德拉酒	8～12
轻酒体红葡萄酒	宝祖莱，普罗旺斯桃红	10～12
重酒体白葡萄酒	橡木陈酿的霞多丽，罗纳河谷白葡萄酒	12～16
中等酒体红葡萄酒	勃艮第特级葡萄园，桑乔维塞	14～17
重酒体红葡萄酒	以赤霞珠、内比欧罗为主的葡萄酒	15～18
白兰地		<15

储存葡萄酒的温度最好要保持恒定，需要尽量避免短期的温度波动。通常温度越高，酒的熟化越快；温度低时，酒的成长就会较慢。有人也许会问，温度稍微高一点，酒的成熟速度快，这样需要比较长时间成熟的酒，不是很快就可以喝了吗？其实，成熟速度快，会让酒的风味比较粗糙，而且有时会发生过分氧化让酒变质的可能。

本章小结

本章讲述了葡萄酒储存期限、储存方式、储存温度等，也讲述了已开封和未开封葡萄酒如何储存。重点要掌握不同葡萄酒储存的期限和原因，以及不同葡萄酒的最佳储存温度，储存地点的条件等。

思考和练习题

1. 影响葡萄酒储存期限的因素是什么？
2. 葡萄酒存储的条件是什么？
3. 葡萄酒储存是直立放置还是倒立放置好？

酒 器

◆ 本章学习内容与要求

1. 重点：酒杯类型与葡萄酒；
2. 必修：醒酒器的功能，开瓶器的种类；
3. 掌握：开瓶器的历史，酒钥匙。

作为优雅生活的一部分，拥有一套精致合适的酒器几乎是任何一个葡萄酒爱好者所梦想的；而合适的酒器对好葡萄酒的表现也是如虎添翼，正所谓"好马配好鞍"。本章我们一起来了解各种生活中可能用到的酒器，为自己的美酒选择合适的伴侣。

9.1 开瓶器

9.1.1 开瓶器历史

喝葡萄酒，开瓶是第一步。不过有道是"酒好喝，瓶难开"，皆因除了一拧即开的旋转盖，大多数葡萄酒都是以软橡木塞来密封储存，如果没有合适的工具和技巧就很难取出。一如在开瓶器诞生之前，喜欢喝葡萄酒的法国人通常不是将软木塞捅进瓶子里，就是用利器快速砍掉酒瓶瓶颈来开瓶饮用，显然这两种方法都不雅观，也或多或少地影响酒质。

从1630年开始，出现了开瓶器雏形。但那时候，不是用来开瓶的，这种螺旋状的金属条是用来清洁枪膛的。1681年，作为软木塞的伴侣，开瓶器被发明，刚开始被称为"瓶子钻"。直到英国牧师塞缪尔将此设备申请专利后才被正式称为开瓶器。

3个世纪以来，人们无不费尽心思试图制造出符合人体力学、美学的开瓶器，使之在处理软木塞过程中可达到平稳、快捷、干净、利落的最佳效果。于是五花八门的各种材质、样式、功能的开瓶器出现了。开瓶器使用的方法也由难变易，外观从简易到复杂，甚至有些成为一种艺术品或收藏品。

9.1.2 开瓶器类型

1. T型开瓶器

T型开瓶器是最基本的开瓶器。如用老葡萄藤、葡萄园里面的石头，或者任何造型下加上螺旋钢轴就构成了T型的开瓶器。这种开瓶器拔的时候略为费力。

2. 侍酒师刀

侍酒师刀刀型在1882年由德国人Karl Wienke发明并申请专利。侍酒师刀通常至少有3个功能：开红酒软木塞的螺旋拔木塞钻，支撑卡槽（有时也是开玻璃瓶盖的器具），开酒封的锯齿刀。侍酒师刀把割瓶封，开瓶塞融为一体，刀身可以折叠，很方便放在口袋里，所以是侍酒师最经常采用的开瓶器。一把好的侍酒师刀在侍酒师手里，如同毕加索手中的画笔，不仅是一件工具，更是一件艺术品。在专业场合，侍酒师刀几乎是唯一的选择。

3. 蝶型开瓶器

最早发明于1939年，又叫天使螺旋开瓶器。常见的设计有一个齿条和小齿轮，将控制杆连接到中心的螺旋轴上。这种开瓶器的使用非常受家庭的欢迎。

4. Ah-So 开瓶器

拥有一把 Ah-So 开瓶器是葡萄酒发烧友的标志之一。

如果是年份比较老的酒，瓶塞可能已老化甚至腐朽，还有一些是瓶塞断了一半在酒瓶里面，在这种情况下，可以选择 Ah-So 开瓶器来开瓶。

使用方法如下：

(1) 将 Ah-So 的两支铁片从软木塞和酒瓶边缘的缝隙插入。

(2) 左右分别施力将铁片慢慢整支插入。

(3) 慢慢自右至左旋转向上拔出软木塞。

(4) 轻松地拔出，软木塞会完全没损伤。

5. 气压开瓶器

气压开瓶器利用真空气压原理，注入气体，产生压强，将酒塞推出。这种方式不会损坏瓶塞。

6. 杠杆式开瓶器

杠杆式开瓶器常常一套使用，比较重而且烦琐，一般在特意需要体现葡萄酒的礼仪等场合使用。

酒刀和葡萄酒一样，有许多著名品牌，有的做工精致，可当作艺术品收藏，比如闻名于世的法国拉吉奥乐城堡酒刀。

拉吉奥乐是一个村庄的名字，位于法国阿维隆省，奥布亥克高原中心，人口约1 200人，但却拥有全世界30多家知名的刀具生产商。

当地人传说，为了表扬来自村庄的那些在战场上英勇无畏的士兵，拿破仑一世将他的玉玺赠给了拉吉奥乐村。在拉吉奥乐刀上面，其标志性的形象就是一只蜜蜂。但还有极少数拉吉奥乐城堡酒刀会使用人形面孔、四叶苜蓿、圣雅克甲壳等标记。

根据一种风俗，所有锋利的东西都不能送人，否则就会切断送刀人和收刀人之间的友谊或者爱情。为了驱除厄运，收刀人要给送刀人一枚硬币作为交换。这个传统在其他欧洲国家也是如此。

9.2 醒酒器

醒酒器（decanter）亦作醒酒瓶或醒酒壶，是一种饮用葡萄酒时所用的器皿，作用是让酒与空气接触，让酒的香气充分发挥，并让酒里的沉淀物隔开。

对于陈年红葡萄酒来说，由于单宁和色素会在漫长的岁月形成沉淀物，倒在杯中既有碍观瞻,又会产生些许苦涩。所以开瓶之后,原则上应该把酒平稳而缓慢地注入醒酒器,把沉淀物留在瓶底。这个过程即醒酒(Decanting),俗称"换瓶"。储存多年的红酒,会有一股异样的腥味,直接品尝并不能体会真实的口感。需要醒酒来使不舒适的气味得以尽快地消散。

对于浅龄红酒来说,通过注入醒酒器的开放时间(包括注入时的流动过程),可使酒液大面积接触空气(醒酒器的空间和开口较大),从而加速单宁软化、充分释放封闭的香气。同时在醒酒器里面,口小肚大,使得葡萄酒和氧气接触的面积增大,但是香气可以更好地保留。这个过程俗称"呼吸"。

红酒醒酒时间一般是多长?其实酒醒时间的长短主要取决于酒龄、品种和特性等。葡萄酒在空气氧化下,酒质的变化会相当迅速,同时也不可捉摸,酒接触空气的时间愈长,酒的质感便每况愈下,如果醒酒的时间过长,就会让葡萄酒的香味消失无踪。

并不是每一种酒都需要倒入醒酒器中。醒酒的目的是品尝到葡萄酒最高峰的口感。除非非常罕见的顶级好酒,否则,享受葡萄酒慢慢变化的过程,让流动的时间在红色的液体里留下印迹,看着葡萄酒的兴衰起落,体会酒瓶中的缤纷浮沉,这不也是一次莫大的享受吗?

一瓶非常成熟、酒渣沉淀较多的红葡萄酒换瓶时需要非常小心,不要摇晃酒瓶(怕引起底部酒渣的上扬)。进行换瓶之前,至少应该直立酒瓶 30 分钟,以便使沉淀物充分沉到瓶底。在进行"换瓶"时,需要点上一支蜡烛,置放于酒瓶瓶肩前下方 15 厘米处,以便观察沉淀物的流动状况。

9.3 酒杯

作为一种有生命的饮料,葡萄酒的每一年份、每一瓶、每一杯、每一口、每一分、每一秒,甚至不同的杯型都会使得葡萄酒不一样。不同造型、弧度的酒杯对于酒液的香气与口感所造成的差异与影响之大,每每令人十分惊异。

葡萄酒的酒杯应是一个有座和郁金香花型状的高脚玻璃杯。用于红葡萄酒的酒杯应该大一些,容量也更大。正常情况是,玻璃杯的玻璃越薄,酒杯看起来越优雅,饮用感觉好。斟酒斟到杯子中最宽的地方即可。这样,可以让香气在杯中展开,可以通过轻轻晃动酒杯,让迷人的酒香更好地发散出来。如果葡萄杯晶莹剔透,不含颜色,可以更好地观察葡萄酒的颜色。

葡萄品种与产区的不同,香气、果味、酸度、单宁和酒精度也各不相同。酒杯虽然不会改变酒的本质,然而,酒杯的形状,却可以决定酒的流向、气味、品质,以及强度,进而影响酒的香度、味道、平衡性及余韵。

所以,透过杯身形状的引导,可以让酒流进舌头的适当味觉区(舌头有 3 个不同味觉区,舌尖对甜味最敏感、舌根对苦味最敏感、而舌外侧则对酸度最为敏感),进而决定酒的结构与风味的最终呈现。

同时,葡萄酒的饮用温度不一样,有无气泡的差异,都决定了需要不同的葡萄酒酒杯去使得葡萄酒体现出最佳风格。

9.3.1 杯型和葡萄酒

不同的葡萄酒适合的酒杯不一样。

1. 红葡萄酒杯

红葡萄酒适合郁金香型高脚杯。郁金香型的原因是杯身容量大则葡萄酒可以自由呼吸,杯口略收窄则酒液晃动时不会溅出来且香味可以集中到杯口。高脚杯的原因是持杯时,可以用拇指、食指和中指捏住杯茎,手不会碰到杯身,避免手的温度影响葡萄酒的最佳饮用温度。

红葡萄酒杯可分为勃艮第型与波尔多型。对于勃艮第区的红酒而言,因主要品种黑皮诺的酸度较高,使用开口宽广的勃艮第酒杯,使酒汁先流过舌尖的甜味区,凸显果味,以平衡原本较高的酸度;至于波尔多区的赤霞珠品种,由于在口感上果味较重、酸度较低,所以,使用相对略修长高深的波尔多酒杯,可令酒液先流向舌头中间,再向四方流散,使果味、酸味相互融合,达致均匀和谐的完美境界。

2. 白葡萄酒杯

白葡萄酒适合小号的郁金香型高脚杯。白葡萄酒饮用时温度要低,一旦从冷藏的酒瓶中倒入酒杯,其温度会迅速上升。为了保持低温,每次倒入杯中的酒要少,斟酒次数要多。

3. 香槟杯

香槟(起泡葡萄酒)适合杯身纤长的直身杯或敞口杯。此杯型可以让酒中金黄色的美丽气泡上升过程更长,从杯体下部升腾至杯顶的线条更长,让人欣赏和遐想。

4. 白兰地杯

干邑和雅邑适合郁金香球型矮脚杯,这样持杯时便于用手心托住杯身,借助人的体温来加速酒的挥发。

9.3.2 酒杯挑选

好的专业葡萄酒杯形体必须优雅柔顺,光滑温润,杯身浑圆薄巧、重量轻盈。一方面拥有视觉的美感与良好的触感;另一方面使酒能与空气充分接触,温度、浓度、和谐度、均匀度与丰富度均完美展现。此外,还须具备晶莹剔透的质地与绝佳的透明度,以令品酒者完整观察酒汁的色泽、清澈度、气泡与渐层状况。

手工与机器吹制的杯子外形上十分相似,价格却相距甚远。只要仔细观察,手工杯子在弧度上格外细腻洗练,若以手指触摸杯脚,机器杯则常可以感觉出一道由上往下直直贯穿的细细接缝,不难辨识。

在酒杯里斟红白酒最好不要倒得太满,一般而言,约倒至酒杯的1/2～1/3就够了,但香槟则可倒至约1/2～2/3,以方便观赏美丽的金黄色泽与气泡。

执葡萄酒杯时最好以手指轻持杯脚或底座部分,饮用前轻轻旋转晃动酒杯,以使酒气发散,方便闻香。不要用手掌握住杯身,以免影响酒温。

9.4 酒钥匙

Clef du Vin,中文名称"酒钥匙",是一种以特殊方式制成的多种金属的合金。它是由酿酒师Laurent Zanon与侍酒师Franck Thomas合作发明研制而成的,历经10年。Laurent Zanon是一位化学家兼葡萄酒酿酒师,并担任化学和生物学教授;Franck Thomas曾获

2000年度“法国最杰出工作者”及“欧洲最佳侍酒师”称号，并代表法国参加在希腊举行的4年一次的“全球最佳侍酒师大赛”。

作为一个酿酒师，Laurent Zanon需要一种工具来帮助判定葡萄酒的进展状态，以便在酿酒过程中最恰当的时候采取措施。于是，一个独特而有趣的测试工具，酒钥匙产生了。它可以立即了解葡萄酒的陈年能力和发展潜力。酒钥匙通过可控制的方式，逐步改变葡萄酒的感官特性(口感和香气，风味和芳香)。

只需与一杯100mL的酒接触一秒钟(或一瓶750mL的酒，使用“瓶装型”酒钥匙)，即可展示出一年的陈年潜力。对于所有类型的葡萄酒都有效果，包括红酒、桃红酒、白酒、干酒、甜酒、利口酒和起泡酒。

对于大众来说，酒钥匙优点众多。

(1) 可以帮助购买具有陈酿能力的葡萄酒，或知道需当年饮用的酒。

例如，在酒窖或葡萄酒博览会上，可先品尝，然后将酒钥匙浸入葡萄酒几秒钟。如果酒质保持令人愉快的状态或酒质有所改善，可以放心选购并将其保存。如果酒迅速失去平衡(淡而无味，结构被破坏，口感令人不愉快，金属味，马德拉味)，必须在当年饮用。

(2) 可以知道酒能够保存的时间，重新评估藏酒。

例如，当有意购买一批酒，先以酒钥匙进行测试。如果喜爱浸入酒钥匙4秒钟之后饮用的口感，就将其保存4年(或把酒钥匙浸入酒中4秒钟后饮用)。

可以定时测试藏酒，分辨哪些酒可以尽早享用，哪些酒应继续陈酿。

(3) 可以提前享用年轻的酒。

例如，可即刻享用原应再陈酿5年或10年的酒。把酒钥匙放入还需要陈酿的葡萄酒中，能迅速增强葡萄酒的芳香，并使其口感更加柔和，犹如葡萄酒被“打开了”。它会使得红酒的单宁变得柔和，口感更加圆润；使得干白葡萄酒的香气增强，其酸味减弱，口感更加柔和；也会使得甜白葡萄酒提升口中的风味。

本章小结

本章讲述了和葡萄酒相关的酒器。重点了解各种开瓶器的使用，酒杯和葡萄酒的关系，以及醒酒器在葡萄酒侍酒中的作用。

思考和练习题

1. 葡萄酒杯子型号和葡萄酒有什么对应关系？
2. 醒酒器对于葡萄酒的饮用是必需的吗？

第10章

侍　酒

◆ 本章学习内容与要求

1. 重点：侍酒的步骤；
2. 必修：侍酒师的工作范畴和要求；
3. 掌握：成为侍酒师的基础。

10.1　侍酒师

相对于中国传统白酒而言，葡萄酒所需要提供的服务涉及面广且复杂和专业得多。葡萄酒的保存、酒餐的搭配、葡萄酒的礼仪等，是一个西餐厅所必须提供的服务，为此，在国外已有一个专门的职业应运而生——“侍酒师”，“侍”，服侍，为葡萄酒进行贴身服务的人。在此先来了解一些这个职业和它所涉及的工作内容。

侍酒师（法语：sommelier，女侍酒师 sommelière，英语：wine steward）是受过专业训练，拥有对酒类广泛的知识，专精于各式酒类服务的职业人员。他们主要的工作是在高级西餐厅中，为客人的酒配餐提供专业性指导以及进一步的侍酒服务。应该说，他们相对于餐厅中其他服务人员，具备更多的职业技能以及更全面的知识。

侍酒师会负责酒单的安排，为客户递送葡萄酒并且对餐厅其他的服务人员进行培训。他们和餐厅烹饪团队一同工作，为不同餐点搭配符合其特性的酒类。这需要一个丰富的知识去把握美食与啤酒、葡萄酒、烈酒和其他饮料完美搭配的能力。

一位专业的侍酒师当然会工作在餐厅的一线，与那些老主顾直接面对面地交流。他们会根据客户的口味偏好及用餐的预算来为客户推荐最合适的餐饮搭配。

如今，侍酒师的角色应不仅仅以葡萄酒为伴，而应涵盖餐厅服务中所涉及的方方面面，如具备酒的采购、储藏和酒窖管理能力，酒类营销与推广能力，以及熟悉各类葡萄酒、啤酒、烈酒、软饮、鸡尾酒、矿泉水甚至雪茄的知识。

10.1.1　侍酒师的历史

14 世纪，“侍酒师”这个词就已出现在法国，侍酒被誉为是一门神圣的艺术。但是 20 世纪 70 年代前很少有人从事这方面的工作；70 年代后，这个职业开始复苏，专业侍酒师学院开始出现。

如今侍酒师的职业生涯已非常活跃，许多侍酒师并不局限于在餐馆工作。他们将其技能扩展到其他领域，活跃于一些教育培训中心，葡萄酒专业评比赛和葡萄酒交易会以及葡萄酒零售商店或酒务进出口贸易等行业。

10.1.2 侍酒师的工作范畴

一个合格的侍酒师应当是一个多元化的人才，他应当能：①满足客人需求，准确地把握餐饮搭配的艺术，为顾客提供更愉快的用餐体验；②维护餐厅利益，控制餐厅的经营成本；③通过营销手段和经营管理能力，提高餐厅的营业额。

侍酒师的工作包括以下范畴。

(1) 寻找供货商。这是一项持续的任务，需要与供货商，特别是葡萄酒酿造者建立良好的合作关系。

(2) 货品收查管理。餐厅饮品的入库与监管。这是一项长期反复的重要工作。

(3) 选择产品。侍酒师必须掌握一些必要的挑选标准，以确定最佳的选择：味觉品质、性价比、与餐厅菜肴的搭配等。

(4) 酒单制作。这是最能体现侍酒师职业技巧和本领的一项工作。

(5) 酒窖管理。主要关于酒窖藏酒的规划、进货、陈酿，协调货品接受，送货签收，监察现有库存，掌控酒窖温度、湿度等外界环境，日常酒窖和主酒窖的打理。

(6) 各种饮品的销售。根据酒的陈年和现状决定是否予以销售，并时常更新产品。

10.1.3 成为侍酒师的基础

1. 热爱学习

在成为侍酒师之前，需要经过长时间经验与知识的积累。必须深入了解和掌握各种葡萄酒的服务技能与知识，还必须对各个国家葡萄酒的风格、风味、特点、产区等进行全面而详尽的了解；在此之上，更是要将美食与美酒能进行和谐完美的搭配，提升用餐的感受与价值。在这些知识积累的过程中，不乏枯燥与艰难，学习的过程也许会令人沮丧与泄气。但若全身心投入并热爱这份事业，则会更加如鱼得水。

2. 擅长沟通

作为需要与客户直接面对面接触的职业，沟通是一门艺术也是一门技巧。良好的沟通可以打破僵持的客户关系，为所服务的场所带来积极的影响。

3. 仪态大方、外表得体

仪态大方、外表得体是作为一线服务人员所必须具备的条件。

4. 综合能力强

侍酒师服务的对象，一方面是感性的客户；另一方面是理性的餐酒。两者要进行完美和谐的统一。这就要求从智慧、感官能力、客户心理及情感等诸多方面进行综合能力的考量。只注重客户体验或只关心餐酒搭配的侍酒师都不是绝对意义上的“优秀”。

10.1.4 侍酒师的其他拓展

侍酒师是高档餐厅不可缺少的经济支柱，他有助于增强公司声誉，吸引更多顾客，从而提高营业额。由于在专业葡萄酒品尝上的造诣，高级专业侍酒师对于葡萄酒经济是有一定影响力的。除了餐厅，他的影响力还在于专业咨询、讲座、葡萄酒品酒会、葡萄酒评选赛等。

10.2　葡萄酒侍酒程序

侍酒师的侍酒工作流程是推荐→确认→温度→开瓶→换瓶或者醒酒→倒酒。

1. 推荐

根据客人的需求进行合理建议而不强加意愿，帮助顾客选择合适的葡萄酒。在推荐时，要说明合适的原因。而原因是根据酒餐搭配的原则判断的（参见第 12 章“餐饮搭配”）。

2. 确认

推荐完毕，如果客人首肯，侍酒师需要再次将酒奉给主人，左手托瓶底，右手扶瓶身，稍微弯腰，酒标朝上奉给客人检查的同时报出酒的名字、产地、年份等信息。如果主人确认后，将酒放回侍酒桌上开始侍酒操作。

3. 温度

侍酒师一定要注意葡萄酒温度。一般来说，短酒龄的酒比长酒龄的酒温度要低些；酒体轻的酒要比酒体重的酒温度低一些；甜型的酒比干型的酒温度要低一些。

4. 开瓶

侍酒师开瓶一般都用的是侍酒师刀。侍酒师刀开瓶需要掌握以下技巧和步骤。

(1) 以优雅的手法在瓶子口旋转切一刀，只允许刀转，而瓶子是不能转圈的，对于新手，难度有点高，可以再竖立切一小口，一般娴熟的人 2～3 刀就把瓶帽去掉了。

(2) 把顶针（螺旋金属部分）尖头轻压入木塞，顺势旋转进入，视木塞长度旋入顶针深度，以不刺透木塞为好，以免有碎木屑落入瓶内。

(3) 将金属头部分卡口轻轻卡住瓶口突起部分，手握住刀身，此时的关键是腾出食指轻轻压扣住金属头和把柄关节处的金属头尾部，只要一点巧劲，使金属头卡口卡住瓶口突起，并让食指保持这个姿态，稳定刀头和瓶口卡紧接触状况。食指在压住刀头卡口和瓶口突起部分时，是辅助矫正的侧面力量，轻轻即可，卡好后食指不得挪开，继续保持这个稳定姿势后，再使劲提拉把柄，产生向下的压力，自然就卡紧了，如果这个食指辅助矫正做不好，金属头部分向下滑跑，就没办法使上提拉塞子的作用力了。

(4) 用力拉起把柄，在杠杆作用的拉力下（两个着力点，一个是金属头和瓶子突起卡紧部分；一个是螺旋针和木塞中心的接触点）木塞被徐徐拔出。

(5) 等木塞将近完全被拔出时，可用手直接握住塞子，轻轻转动酒塞至缓慢拔开，以防止因不稳定而酒液晃动溅出。

开瓶要注意当着客人的面开启葡萄酒；不要隐藏葡萄酒标；用酒刀割开瓶封，不要刺穿软木塞；拔出瓶塞底部时稍微弯曲一点，避免弄出噪音；顺利开启葡萄酒后，不要把铝膜遗留在桌上。

5. 换瓶

什么葡萄酒是需要换瓶的？一般来说，陈年的老酒因为瓶中熟化的过程中产生了酒石酸等酒渣沉淀，或者是一些葡萄酒未经过过滤或澄清工艺（有许多酿酒者认为这样可以更加体现葡萄酒本身的风味）。为了避免喝到沉淀的杂质，所以需要换瓶。虽然沉淀的杂质对人体没有什么害处，但会破坏喝葡萄酒的情趣。此外，为增加年轻的酒与空气接触的面积，缩短醒酒的时间(特别是那些重单宁的年轻红酒)，以及散除异味，也可换瓶。

除了红酒需要换瓶，一般白酒较少换瓶，而有年份的波特酒(Vintage Port)也需换瓶。陈年成熟的老酒，香味是非常珍贵的，所以尽可能不要太早换瓶，有时香味可能会因换瓶增加了酒液与空气接触的面积及时间而消失。

换瓶包括以下步骤。

(1) 应先准备一支蜡烛或小灯泡，便于观察沉淀物的位置，再准备一支长颈大肚的水晶瓶或透明的玻璃瓶(容量在 2L 左右)。

(2) 打开葡萄酒，注意尽量不要转动瓶身，以免瓶底的沉淀物泛起。

(3) 右手(或左手)将葡萄酒拿起，置于烛光上方，透过光线可以清楚地看到酒中的沉淀杂质，而且确定杂质均已沉淀到瓶底，再慢慢地将澄清的酒液倒入准备好的水晶瓶中。

(4) 倒到最后仍会有一些有沉淀杂质的酒留下来，这些是必须舍弃的，即使在餐厅用餐，而侍者换瓶之后，将酒瓶取走时，也可以发现瓶内还有一些酒，千万不要误会他是要拿去自已喝。

如果想滤干净所有的酒，那就必须求助于细滤网或滤纸(但这有沾染上滤纸等味道而败坏脆弱敏感的葡萄酒的风险)。

选择大肚瓶的醒酒器是为了使酒充分接触氧气，而长颈的设计又易于储存香气。年轻单宁强劲的新酒往往需要半小时甚至半小时以上的醒酒时间，但如果遇到老酒换瓶，一定是要在品尝前才开瓶，马上换瓶后尽快倒入杯中品尝。而且最好选用底部比较窄，高瘦一点的醒酒瓶，因为老酒陈年而珍贵的酒香异常脆弱，在激烈的换瓶过程中稍有耽误，可能酒香就此消散得无影无踪。所以关于该不该换瓶的问题也是许多葡萄酒专家争论的议题，有些人主张好酒都应换瓶，而有些人则不忍老酒冒着受伤害的风险，不如索性不换瓶忍耐喝点酒渣吧。

6. 倒酒

倒酒应遵从的服务规则：请点酒的那位客人(主人)先试酒，站在客人的右侧往杯中倒入少量的葡萄酒给主人品尝，得到首肯后以顺时针方向为其他客人侍酒。侍酒顺序为：站在客人右边，顺时针方向，从主人身边的第一位女士开始起；接下来是男士，依旧沿顺时针方向；最后再回到主人的右侧，将其酒杯添满。

在每次倒酒快结束时，瓶身稍微向斜上方扭转并以餐巾擦拭瓶口，以防止酒液污染瓶身和酒标。

续杯和加酒，每次都尽可能地为客人续杯，除非得到停止续杯的指令。当少于 1/4 瓶酒时，应该询问主人是否还需要第二瓶或其他不同款的新酒。

侍酒是一门专业的技术。侍酒师的综合能力要求很高，不但是一个对葡萄酒从理论到实践都全面掌握的品鉴专家，而且还是一个非常优雅娴熟的服务人员，更是一个沟通美食与美酒的“外交家”。

本章小结

本章讲述了侍酒师这种职业，还描述了侍酒的步骤。重点了解侍酒中需要注意的内容，学会侍酒的流程和方法。

思考和练习题

1. 倒酒包括哪些步骤？
2. 第一杯酒倒给谁？
3. 葡萄酒的适饮温度是多少？

葡萄酒品鉴

◆ 本章学习内容与要求

1. 重点：练习品鉴的基础原则，品鉴葡萄酒的步骤；
2. 必修：品酒的条件，品酒记录；
3. 掌握：可以练习嗅觉的地方，品酒术语。

11.1 葡萄酒品鉴的含义

葡萄酒专业品鉴是通过某些步骤、具体的感觉器官来品鉴葡萄酒，表达其主要特色，当然也包括鉴定葡萄酒潜在的缺陷，描述并记录下来用以在日后葡萄酒生产中加以改进，提高葡萄酒质量。

需要注意的是，我们要用不同评判标准去评判各产区的葡萄酒。因为有时一个评判标准用在这款酒里可能是它的优势，而另外一款则未必。如酸味较突出是法国长相思的特点之一；但来自加州的长相思中，酸味则并不是优势，它更偏向热带水果的风味。

通过品鉴的练习，可以增强口感和品鉴的能力，学会品酒专业用语，增强整体的葡萄酒知识和葡萄酒的销售能力。

常见的四种葡萄酒品鉴为：技术品鉴、商业品鉴、见习品鉴和美食品鉴。

(1) 技术品鉴应用于相关技术生产和正式的葡萄酒评审赛。前者更偏重于葡萄酒的理化指标状况，如国家相关质检部门的抽样化验或生产企业对葡萄酒品质的监测和把握；而后者的技术品鉴则更注重于通过对葡萄酒的色、香、味进行综合性品鉴，明确葡萄酒的品质优劣。尽管不是官方的结论，但给消费市场一定的借鉴作用。

(2) 商业品鉴主要是各类葡萄酒经销商，葡萄酒经纪人所开展的具有商业价值的品鉴活动。这种活动通常是为了宣传和推广某类产品或品牌而开展的，目的在于扩大其影响力和知名度。

(3) 见习品鉴是葡萄酒爱好者为了提高自己的品酒水平而自发举办的品酒活动。此类活动往往会要求参与者携带事先精心挑选的酒款，以便活动时互相品鉴。这是一个爱好者互相交流品酒心得的大好时机。

(4) 美食品鉴是用于葡萄酒与餐搭配而开展的，目前多以西餐为主。随着葡萄酒在中国市场迅速发展的广阔前景下，中餐与葡萄酒的搭配正在成为一个热议的课题。

11.2　葡萄酒品鉴的条件

品鉴的时候要注意三方面的因素：品鉴者、品鉴环境和品鉴器皿。

1. 品鉴者

在品鉴前，品鉴者最好是稍有饥饿感，保持良好的身体和精神状态。香水和口腔异味是要避免的，此外很重要的一点是避免在品鉴过程中吸烟，因为卷烟的纸张燃烧会影响口感，也会对旁人造成干扰。在品鉴间隙中可以喝水，或吃面包来清洗前一款残留酒味。品鉴期间，酒无须全部饮尽，可吐出，以防止喝醉影响判断。

2. 品鉴环境

品鉴环境最好是室温 20℃左右，灯光柔和，室内安静、通风、无异味。

白色墙壁和天花板，白色桌布，方便品鉴者进行观赏。每一个品鉴者最好有独立品鉴台，便于品鉴者不受干扰，集中精神来体会葡萄酒的色、香、味。

3. 品鉴器皿

根据不同葡萄酒的特性选择正确的侍酒温度和酒杯。酒杯要清洁、透明。杯型为郁金香型收口玻璃杯，有利于香味的收集。长柄杯有利于酒杯的拿捏，并可以避免影响酒杯中葡萄酒的温度，杯中无异味。侍酒量为杯总容量的 1/3。

11.3　练习品鉴的基础原则

葡萄酒是感性的饮料。如果一个人能看，说明有视觉；能闻，说明有嗅觉；能吃出咸淡，说明有味觉，这就已经具备辨别葡萄酒的潜力。若掌握品鉴原则，加上正确反复的练习，相信每一个人都很轻松就学会如何品鉴葡萄酒了。

1. 从选择优秀的葡萄酒开始

如果具备条件能从一开始就选择优秀品质的葡萄酒来练习品鉴的技巧，可以达到事半功倍的效果，因为这将有利于树立自己独有的葡萄酒鉴赏标杆。只有在品尝过高品质的葡萄酒以后，才能更加准确地把握和比较出略低品质的差异，正所谓"高屋建瓴"就是这个含义。但往往优秀品质的葡萄酒价格都不便宜，所以也可以从简单而有个性的葡萄酒开始。

2. 认真感知

在品酒时，要调动你的所有感观，最重要的是嗅觉与味觉。一旦捕捉到"蛛丝马迹"就要将这种印象记在脑海中，以便在接下来的品鉴中不断地对比、修正并作出判断。

3. 尊重自己的感受

不要受他人的结论所左右，相信自己的感觉。撇开喜好度不谈，每一个人的味蕾和嗅觉都不尽相同，也许在他看来这是浓郁的味道，而在旁人看来也许只是适中而已；有些人对酸度敏感，而有些人则对单宁的涩度反应强烈。因此即便他人与你的感受差异非常大，也不要轻易附和。每一个人感觉不一样这是很正常的。努力和认真的感知，才能找准自己品鉴的标杆，也才能有一日千里的提高。但这里值得一说的是，不要混淆了"自我感知”和“固执己见”的概念。专家的品评意见是在他丰富的经验积累基础之上，排除主观思想，基于许多客观存在的现象而所作出的技术判断。我们需要根据自己的感知，比照专家的品鉴结果，去不断探索其差异化存在的本质。重点不在于求同，而是与手中这杯鲜活液体的深入“沟通”与“交流”。

4. 两次机会

同一种酒，要给自己两次机会。也许第一次品鉴时，酒还太年轻没有充分得到体现，又或者“心情败坏了胃口”之类，总之不要很快作出不好的结论。这时，不如研究酒标的信息，或者观察酒体的色泽，稍后再重新作一次品鉴，也许很快会有不一样的结论。

5. 认真记录

每一次品酒，都有必要认真地总结并记录下来。日积月累，会有量变到质变的飞跃。

11.4 葡萄酒品鉴步骤

葡萄酒品鉴步骤有四大步骤：视觉鉴定(观)、嗅觉鉴定(闻)、味觉鉴定(品)、综合鉴定(结)。

11.4.1 视觉鉴定(观)

葡萄酒美丽的颜色会带来愉悦的享受，并且帮助我们对葡萄酒作出判断。

(1) 视觉鉴定主要鉴定清澈度、透光度、颜色、酒裙和挂杯等方面。

① 清澈度。观察是否过滤过，是否有沉淀；所有的酒中其实都有酒石酸，白葡萄酒的结晶是多余的酒石酸，通常经过过滤或经急速降温的冷处理去除酒石酸。红葡萄酒中的色素和单宁会随着时间的陈酿而产生酒石酸的沉淀。沉淀通常也发生在未经过滤的红葡萄酒中。

② 透光度。倾斜45°，观察是否清亮或者沉暗。反射光线的能力，也是清澈度的一种功能。透光度范围的描述包括浑浊的、朦胧的、光亮的、透亮的、闪耀的或者耀眼的。

③ 颜色。颜色可以体现葡萄酒的酒龄、储藏条件、葡萄品种，以及葡萄所在产区的气候。大体上，白葡萄酒、桃红葡萄酒随着酒龄的增长，颜色会加深；红葡萄酒随着酒龄的增长，颜色会变淡；红葡萄酒中的色素和单宁会随着时间的陈酿而产生酒石酸的沉淀；白葡萄酒呈现绿色，意味着酒很年轻或者来自于寒冷气候的产区；红葡萄酒呈现橘色、黄色和褐色，意味着酒龄更老。

颜色范围具有以下描述。

a. 白葡萄酒的颜色是寡淡的—稻草黄—黄色—金黄色—褐色。

b. 桃红葡萄酒的颜色是粉红—三文鱼红—棕红—洋葱皮红。

c. 红葡萄酒的颜色是紫色—红宝石—砖红—橘色—褐色。

④ 酒裙。酒裙是从玻璃杯中心位置到酒边缘(酒裙)位置的颜色变化，酒裙揭示酒龄，对于红葡萄酒更加重要。酒越老，则酒裙的变化越多。

⑤ 挂杯。挂杯的形成是由葡萄酒中的酒精度和含糖量决定的。薄而快速的挂杯或者在玻璃杯中形成一大片，意味着低酒精度或者没有残余糖分；厚重而缓慢的挂杯，意味着更

高的酒精度或者有残余糖分的存在。挂杯中的葡萄酒附着颜色，意味着丰满而浓郁且高酒精度。

挂杯易受酒杯形状以及洁净程度的影响。

(2) 视觉鉴定的技巧。

视觉鉴定具有以下技巧。

① 酒杯放在白色桌布上，从酒杯上垂直往下注视酒杯正中央，看色的表面有无不正常的表层，观察颜色的深浅。

② 倾斜 45°，观察酒的清澈度和透光度。

③ 倾斜 45°，观察酒裙的变化。

④ 摇动酒杯，观察挂杯。

(3) 视觉鉴定的目的。

通过对颜色的观察，可以得到葡萄酒的很多信息。可以通过对酒裙的颜色判断酒龄；通过挂杯的情况判断酒精度；通过颜色深浅初步判断葡萄品种等。

11.4.2 嗅觉鉴定(闻)

嗅觉鉴定是品酒中最重要的环节。因为人的鼻子是非常灵敏的，可以判断出 4 000 多种气味。

1. 嗅觉鉴定的范围

嗅觉鉴定有无坏的味道、香气的强度、酒龄香气和香气三元素等。

(1) 判断有无坏的味道。如 TCA(坏酒塞味：来自于受污染的酒塞，有湿霉纸板和陈腐的味道)、氧化味(来自于衰败的酒或者保管不善的环境，浑浊老朽的味道，平淡的回味)、挥发酸(醋味或者指甲油的味道)和过度二氧化硫味(火柴棍或者湿木头的味道)。

(2) 判断香气的强度。如轻微、中等还是强劲。

(3) 酒龄香气。新酒，更多是体现葡萄品种本身的特性味道(果味)；在发展时期，瓶中陈酿后的味道凸显(矿物质/泥土香)；在成熟时期，酒龄的老化与陈酿的味道突出(榛子、烤杏仁、香草等香气)。

(4) 香气三元素。所谓香气三元素，即品种香、发酵香和陈酿香。

① 品种香：此类香气主要取决于气候、土壤、葡萄品种等自然因素与栽培条件。就葡萄品种而言，以赤霞珠为原料酿造的葡萄酒，其类香气以果香为主，多呈现黑色浆果如黑醋栗、李子的典型气味；白诗南则常常表现出蜂蜜和花朵的香味；以琼瑶浆为原料酿造的白葡萄酒则带来典型的玫瑰以及荔枝的味道。

② 发酵香：具有酒味特征，源于葡萄的发酵，即由葡萄在酒精发酵过程中产生的醇类、酯类、醛类和有机酸等物质的融合，其浓厚程度主要取决于葡萄的含糖量高低，也取决于发酵中所使用的酵母菌的种类以及发酵的方法(低温发酵或苹果乳酸发酵)。此类香气可以使葡萄酒具有干面包味、酵母气味等，一些发酵香气在葡萄酒的熟化和陈酿过程中多迅速下降或消失，因此，发酵香气浓厚的葡萄酒多为新葡萄酒。

③ 陈酿香：葡萄酒在成熟过程中，通过与微氧缓慢接触后所产生的。品种香到发酵香再到陈酿香，这也是气味的一个由浅及深、由表及里的一次演化过程。在这个过程中，葡萄酒的果味开始减淡，各种复杂气味开始涌现继而协调和融合。当使用橡木桶来陈酿葡萄酒

的时候，木桶内的单宁以及芳香物质也在很大程度上影响了此类香气。但橡木桶所赋予葡萄酒的风味应该是一种辅助和补充，真正美妙而复杂的气味不应被橡木桶浓烈的味道所掩饰。以下是不同橡木桶的使用常会带来的气味：法国橡木桶长伴有橡木、青木、椰子、丁香花、香草、辛香、皮革、药草、烤面包、甘草、烟熏味等香气；美国橡木桶则增添香草、椰子、奶油等甜蜜的香气。

2. 嗅觉鉴定的技术

通过摇晃杯子，葡萄酒中酯类的挥发使得葡萄酒中味觉因子附着于酒精分子而快速散发出来，并且可以加速葡萄酒和氧气交融从而使得葡萄酒加速变化。

(1) 第一闻，静止酒杯时闻，鉴别其易挥发物质和探究其香味的细腻度。

(2) 第二闻，晃动酒杯时闻，使得酒表层更易蒸发，从而释放更多香味。

经过酒杯摇晃后，我们所能闻到酒香的变化：酒香更加突出，某些香型正在发生改变，以及对更多挥发性味道的感知。

(3) 第三闻，当空杯时闻，这时也许会产生新的香味。优质的葡萄酒其空杯的余味持续而浓郁，而简单品质平庸的葡萄酒则空杯的余味很寡淡，更差的品质也许只剩不悦的二氧化硫的味道了。这也是鉴别葡萄酒品质的一个不是绝对但可作为参考的依据。这个步骤对白兰地的品鉴也尤为重要，因为残留在杯壁上的酒会因为温度的上升而急剧挥发，将香气放大。

3. 嗅觉鉴定的目的

嗅觉鉴定可以进一步核实视觉鉴定结论的正确性，进一步判断葡萄酒的酒龄，也可以判断葡萄酒的酿造过程有无经过橡木桶，其原产地属于新世界还是旧世界（往往新世界酒糖分更高，口感略甜，以果香为主；旧世界酒精度略低，口感酸度突出，以泥土和蘑菇等复杂气息为主）。

11.4.3 味觉鉴定(品)

1. 味觉鉴定的内容

味觉鉴定主要鉴定甜度/干、酒体、三元素、三度四个方面。

(1) 甜度/干。感受残余糖分，判断其甜度范围是属于极干、干、半干、微甜、半甜还是甜等。

(2) 酒体。酒体为酒在口中感知的分量，由葡萄酒中的酒精度、甘油和葡萄固体成分构成。判断酒体的范围为轻度、中等还是重度。

(3) 三元素。再次确认味觉中的香气三元素。

(4) 三度。再次确认涩度、酒精度和酸度。感受单宁（苦味或涩味）的强弱程度；感受酒精度（表现为鼻腔、喉咙和胸腔的热度）的强弱程度：低（酒精度低于10%）、中等偏低（酒精度10%～11%）、中等（酒精度11.5%～12.5%）、中等偏高（酒精度13%～14%）、高(14.5%～15.5%及以上)。感受酸度（留意唾液分泌和回味）强弱程度。最后更为重要的是涩度、酒精度和酸度的均衡感如何，见表11-1。

表 11-1　酒体的平衡

单宁(涩)＋酸	互相加强
甜＋酸	互相抵消
甘油＋单宁(涩)	互相抵消
酒精＋单宁(涩)	互相抵消

(5) 回味,也可以叫做回香。在咽下酒或者吐出酒后,品鉴者要留意酒的余味在口中演变和停留的时间。该停留时间长短,被称为香味持久度,一般用 CAUDALIE 来衡量(1 个 CAUDALIE 相当于 1 秒钟的时间)。

① 没有余香——0 个 CAUDALIE。

② 短——少于 3 个 CAUDALIE。

③ 中等——3～7 个 CAUDALIE。

④ 长——7～10 个 CAUDALIE。

⑤ 非常长——11 个 CAUDALIE 以上。

回味越长,酒质越好。

香味的持久度是判定酒质量及其陈年能力的重要标准。需要在该阶段判断:是否有香气停留和是哪一种类型的香气在口中残留。

(6) 复杂度。感受复杂度是低、中等偏低、中等、中等偏高还是高。复杂度会由香气和风味的多样化而相互影响。

2. 味觉鉴定的技术

各种味道在舌头的反应区:甜味主要体会区在舌尖上;咸味在舌前部;酸味主要在舌头的两侧;苦味在舌根处;涩味主要体会区在牙龈处,见表 11-2。

表 11-2　舌头的感知

主要感知	舌头中的位置	唾液表现
甜	舌尖	厚度和黏性
酸	双侧	丰富与流动
单宁(涩)	牙龈	抑制唾沫分泌

品鉴包括以下步骤。

(1) 抿一小口酒入口,随即反应出对酒味觉的第一印象。

(2) 入口后的发展,将口中的酒绕舌旋转。

(3) 品鉴者抿酒在口中后,吸入适量空气,使酒和空气在口中充分融合。

(4) 将葡萄酒在口中停留几秒,以便体会酒和香味在口中的演变。但要小心,不能停留太久,否则,会因为唾液增加而降低和掩盖了酒的真实感觉。

3. 味觉鉴定的目的

通过味觉鉴定,可以进一步核实视觉鉴定、嗅觉鉴定结论的正确性,可以协助判断葡萄酒的产区,进一步判断葡萄酒的品种,甚至判断葡萄酒的级别。

11.4.4 综合鉴定(结)

在完成观、闻和品三个步骤之后,综合以上鉴定,从整体感受来作出评判。

1. 综合描述

客观描述所观、所闻、所品。熟悉各典型葡萄酒品种的特点与风格。在描述时，记得将以往品鉴的典型性葡萄酒作为参考对象。

2. 初次总结

(1) 通过关键点(酸度、泥土味道和橡木桶的使用)来判断葡萄酒是属于旧世界还是新世界。

(2) 通过关键点(酸度和酒精度)来判断葡萄酒来自寒冷、温和或者炎热的气候。

(3) 通过关键点(葡萄品种和该种葡萄酒的风格)来判断葡萄酒的单一或者混合。

(4) 通过关键点(颜色、酒裙变化、酒的品质与回味)来判断葡萄酒的年龄层次，是1～3年、3～5年还是5年以上。

3. 最后总结

通过以上鉴定，综合判断得出以下结果。

(1) 葡萄品种。

(2) 国家。

(3) 地区。

(4) 质量等级。

(5) 年份等信息。

这样一个完整的葡萄酒品鉴就完成了。使用同样的技巧品评成百上千次的葡萄酒，每一次都记下笔记进行总结和回顾，品鉴的水平就会提高得很快。

11.5 可以练习嗅觉的地方

嗅觉对于品酒是如此的重要，以至于我们需要有意识地进行训练。

(1) 花香：花市或花园充斥着花香。香水也可以练习敏感度，但因为是调配的所以味道不够单一和纯粹。

(2) 香料：在超市买回的香料调味瓶，可时不时放在鼻子下闻一闻。八角、肉桂、茴香、黑胡椒等这些味道还是经常会出现在红葡萄酒中的。

(3) 水果和蔬菜：这些原材料在日常生活中几乎随处可见，随手可得。要想得到更好的体会，可以将这些原材料单个压榨后进行识别。

(4) 植物：将植物在手中摩擦后使其自由地散发出香味。辨别干的植物与新鲜植物的差异。例如有些葡萄酒被形容为“有着雨后森林的味道”，而有的又被形容为“干草垛的气息”。

还有包括面包店里散发出来的烤面包、巧克力、水果糖甚至烧烤的味道。当生活中这些常见的或不常见的味道，通过一点一滴的记忆和学习而成为你脑海里能一一对应的符号时，品酒就又多了许多的乐趣！

11.6　葡萄酒品鉴表格和品酒术语

葡萄酒品鉴表格和品酒术语分别见表 11-3 和表 11-4。

表 11-3　葡萄酒品鉴表格

步骤	信　　息	判　　断
观色	清澈度	不明晰，清澈，有沉淀
	透光度	浑浊的，朦胧的，光亮的，透亮的，闪耀的，耀眼的
	颜色	白葡萄酒：寡淡的，稻草黄，黄色，金黄色，棕黄色 桃红葡萄酒：粉红，三文鱼红，棕红，洋葱皮红 红葡萄酒：紫色，红宝石，砖红，橘色，褐色
	浓郁度	低，中等，强
	酒裙变化	
闻香	黏度	低，中等偏高，一大片或有清晰的挂杯，着色的挂杯
	明显缺陷	干净的，不干净的，TCA，二氧化硫，挥发酸，过度氧化味等
	强度	弱，中等，强劲
	酒龄估计	年轻的，正在发展的，陈年的
	果味	
	非果味	花朵，香料，草本，蜂蜜和其他的味道
	泥土味	土壤，叶子，矿物质，打火石等味道
	木质味	新旧橡木桶——法国橡木桶或者美国橡木桶
品尝	甜度	极干，干，半干，微甜，半甜，甜
	酒体	轻，中等，厚重
	果味	
	非果味	
	泥土/矿物质味	
	酸度	低，中等偏低，中等，中等偏高，高
	单宁	低，中等偏低，中等，中等偏高，高
	酒精度	低，中等偏低，中等，中等偏高，高
	木质味	新旧橡木桶——法国橡木桶或者美国橡木桶
	回味	短，中等，长
	复杂度	低，中等，高
结论		旧世界或者新世界
		冷，温和或者炎热的气候
		葡萄的单一或者混合
		总体的年龄层次
		葡萄品种
		国家
		地区
		质量等级
		年份

表 11-4 品酒术语

外 文	中 文	描 述
Acid,Acidity	酸度	描述葡萄中天然酸产生的味觉感受程度。它与腐败产生的酸截然不同。它既是一种天然的防腐剂,又能产生酒香,适度的酸可使葡萄酒有收结感;缺乏酸度的酒,口感呆滞。但酸度过分则会给人口感上造成尖锐的感觉
Acesecence	尖酸的	指酸味,可能来自醋酸
After-Flavour	余香	残留在口腔和鼻腔中的内在香味,葡萄酒的风格太强烈或太弱都将产生不愉快的感觉。但上等的佳酿余香绵长,令人神驰
Aroma	果香	葡萄酒香气中来自葡萄的部分,无论是具有明显的品种香,还是品酒时隐约所感受的葡萄香,都不同于在瓶中陈酿而获得的那种内在的酒香(Bouquet)
Aggressive	过激	单宁酸过强造成口感上过激的感受
Aromatic	芳香的	来自芳香型葡萄品种馥郁的丰富果香、风味以及馥香。这类葡萄有麝香(Muscat)、雷司令(Riesling)和琼瑶浆(Triminer)等品种
Astringent	收敛感	由于单宁含量高而引起的口腔收缩、令人撮起嘴来的口感。随着葡萄酒的成熟,这种感觉逐渐减少,取而代之的是温和醇厚
Aperitif	开胃酒	用于刺激食欲的葡萄酒,一般在餐前饮用
Baked	枯燥感	一种灼热感,有时伴有似燃烧过的土壤气息。这是由于葡萄在收获时阳光充足或缺雨,炎热而萎缩所造成的。如罗纳河(Côtes du Rhône)炎热年份生产的酒
Balance	平衡感	酒的各种成分、结构都均衡协调
Big	雄壮	酒度、单宁、酸度都较高,且富含果香的葡萄酒
Bitter	苦感	指在舌根部的苦涩感
Blackcurrant	黑醋栗	赤霞珠中的果香之一
Body	酒体	因酒精含量以及其他物质引起的味觉厚重感、年份和出产地域都影响酒体结构是否丰厚,也直接影响酒质与风格
Bouquet	酒香	在发酵和陈酿过程中形成的香气,它与果香共同构成了酒的嗅觉感受
Botrytis	贵族霉	霉菌的一种,全名是"botrytis cinerea",或称"noble rot"。索甸(Sauternes)及德国一些顶级葡萄园的葡萄,在延迟收获时,葡萄皮长这种霉,使葡萄萎缩,降低葡萄中的水分,却提高了糖分的浓度。受贵族霉影响的葡萄,酿成甘香如蜜的酒
Caramel	焦糖味	一种轻微的烤焦味,像太妃糖的香味。如马德拉或波特葡萄酒都有此典型香味
Character	典型性	闻香和品尝术语,它与葡萄酒的性质和风格有关
Clean	纯净的	描述没有异味的葡萄酒
Cloudy	浑浊的	溶液中有悬浮物,使其澄清度和颜色浑暗
Cloying	滞重	描述那些缺乏引起爽口感的酸甜型和加强型葡萄酒
Coarse	粗糙	指酒的质地粗糙;缺乏风格,没有果香或果香不精致
Cork	软木塞味	来自软木塞的软木味
Crisp	爽快的	通常用于描述那些能够给味觉以适度刺激的葡萄酒,也是白葡萄酒最好的特质,结实、清新、有酸度

续表

外 文	中 文	描 述
Deep	深邃	通常描绘酒的色泽、香气、味道深浓
Delicate	雅致	轻柔而均匀的酒的迷人特质
Dry	干型	相对甜型而言，酒中没有剩余的糖分，已完全发酵
Dull	呆滞	酒的外观不明亮，香气及口感都缺乏活力，缺乏诱人之处
Dump	迟钝	发育不完善，但有发展前景，幼年酒常常具有此现象
Decanting	过酒	将葡萄酒换装到其他醒酒瓶的动作。其主要目的是去除年份较久的红酒沉淀物。此外，年份较轻的红酒或白酒口味尚生涩时，也可以借此让酒与空气接触，加快酒香气味的散发
Earthy	泥土气息	来自土壤的气味特色
Eggs	臭蛋	硫黄的气味、异味，虽不好闻但无害，可能是窖藏不善所致
Elegant	优雅	均衡细致，酒质幼细典雅
Fat	丰满	指酒体结构复杂，酒中甘油及精华都高
Fermentation	发酵	把葡萄汁转化成葡萄酒的过程。在该过程中酵母将葡萄糖转化成酒精和二氧化碳
Fermentation alcoholic	酒精发酵	在酵母的作用下，把发酵液中的糖转化成酒精和二氧化碳
Fermentation maloholic	苹果酸乳酸发酵	在酒精发酵过程中，苹果酸在特定细菌作用下转化成乳酸和二氧化碳。因为苹果酸比乳酸涩口，所以在苹果酸、乳酸发酵后，葡萄酒的口感会变得柔和愉悦
Feminine	女性魅力的	用于形容复杂、微妙、优美、富于变化的葡萄酒
Filtering	过滤	从酒中除去不需要的成分，如渣滓和死酵母等的一种操作
Fining	澄清	装瓶前澄清葡萄酒的一种方法。将某种胶体加入酒中，吸附酒中的悬浮颗粒，然后靠重力作用沉降至容器底部。常用胶体有：鸡蛋蛋白、鱼胶和皂土。最后将上清液分离，有时在灌装前需要过滤
Finish	后味、收结	酒在吞咽后于口中产生的持续现象。酒收结不好，就称不上均衡。好的收结是结实、清爽而明确的；反之，短而略的收结是稀松的、味道不能持久。酒的酸度是否正确，决定了酒的收结
Finn	结实	具有完善的结构和平衡感，口感明确
Flabby	松散	用于描述果香太多、酸度太低、通常很粗糙的葡萄酒
Flat	寡淡	描述起泡葡萄酒失去气泡或形容静止葡萄酒的暗淡而缺乏酸度
Flor	福洛酵母	一种可以赋予葡萄酒明显的坚果味的酵母，生长在木桶中雪莉酒的液面
Flowery	花香	令人愉悦的果香——存在于新酿制的年轻葡萄酒中
Fortified	加强葡萄酒	指那些添加葡萄酒精的葡萄酒，如波特酒、雪莉酒等
Forceful	强劲的	通常连带着单宁及酸度
Forward	早熟	成熟度比应有很多年份及酒龄高
Fragrant	芳香、馥郁	来自葡萄原有的诱人而自然的香味
Fresh	新鲜的	用于形容新鲜、酸度刚刚好的酒
Full body	酒体丰厚	酒精浓度、酸味、糖分、单宁等含量丰富。酒的浓醇度可说成 Body；味道浓烈就说 Full Body，也可以说结实 Firm，但以 Full Body 较通俗

续表

外　文	中　文	描　述
Fruity	果香	来自良好、成熟的葡萄的果香和味道
Gentle	轻柔	温和、舒畅，不强劲
Green	青涩的	用于形容刚酿好、酸度还很高的葡萄酒，需要等一段时间才达适饮期。例如说"还很青(Still Green)"是指葡萄酒尚未成熟的意思
Grip	紧凑	形容酸度高、带点涩度的酒，比较年轻、感觉清新，可以适当刺激舌头味蕾的酸味葡萄酒
Generous	浓烈	通常用于描述酒精含量较高的葡萄酒
Gouleyant	畅饮	指清新柔和、易饮、可大口喝的葡萄酒，如博若莱新酒
Great	佳酿	指品质佳，有深度、有个性、丰厚、复杂、芳香、收结悠长，回味佳等优点
Hritty	有渣子	在口中感觉有渣子，粗糙
Harsh	干硬	干型的，近似于苦，不愉快，主要是含有过多的酸和单宁
Heady	上头的	用于描述酒精含量高的葡萄酒
Herbaceous	香草味	用于赤霞珠、黑皮诺等酿成的葡萄酒，通常具有一种草药的气味，有的人很喜欢这种气味，有的人却极为反感这种气味
Host test	东道主试酒	在餐厅等场所点用葡萄酒时，为确保其品质而对葡萄酒的色、香、味的检查
House wine	店酒	在酒店中以平价单杯出售的葡萄酒
Heavy	厚重	酒精含量多、浓郁、口感醇厚的葡萄酒
Legs	挂杯现象	让葡萄酒在杯中旋动起来后，酒液像瀑布一样从杯壁上滑动下来后，还挂在杯壁上的液体。这是由于葡萄酒中的不同液体的挥发性不一样，有时葡萄酒中的甘油也会导致挂杯现象的产生。挂杯在很大程度上与酒精度和糖度有关，与酒质无关
Light	轻快	这是一个容易引起混淆的术语。它可以用于葡萄酒的酒精度，也可以用在描述一种酒体完美的葡萄酒的风味时
Limpid	透明的	指酒液具有清晰的外观
Long	长久	用于描述葡萄酒香味持久的术语，其也可以作为质量的标志
Lively	爽口的	形容新鲜且年轻的葡萄酒。刚酿好的葡萄酒含有少量的二氧化碳，而二氧化碳和酸味会适度刺激口感
Malic Acid	苹果酸	来自葡萄或青苹果中的一种酸，在口中有收敛的感觉
Marc	渣滓	葡萄经压榨成汁后残余的皮和子
Mawkish	淡而无味	用于描述单调的气味和味道
Masculine	具有男性魅力的	用于形容口感强烈、充满男性魅力、风格明显的葡萄酒
Mellow	醇厚	柔和、成熟、发育良好和健全
Mouldy	霉味	一种让人感到不愉快的味道，它可能是由于腐烂的葡萄或未清洁的旧橡木桶所造成的
Mushroomy	蘑菇	这是一种陈年的葡萄酒的独特风味
Nouveau	新酒	用当年收获的葡萄酿制的红酒，而且多半只能在当年饮用，不宜久存。博若莱新酒是最典型的例子
Oak	橡木味	葡萄酒在橡木桶中陈酿而获得的一种香气

续表

外　　文	中　　文	描　　述
Old	老的	可以形容实际酒龄，也可以形容香气与味道因过分成熟而变得缺乏新鲜感
Passed	过期的	已超过适饮期，进入老年期的酒
Pricked	发酸的	描述因挥发性酸引起的不愉快的感觉
Puckering Mouth	敛口	因富含单宁引起的触觉感受
Pungent	扑鼻而来	强烈、浓重的香气，通常显示酒的挥发物含量高，如陈年的马德拉酒
Racking	滗清	为了将酒和酒底分开而采用的一种将酒从一个容器倒入另一个容器的方法
Racy	充满活力的	描述葡萄酒充满活力、品质优良
Raspberries	覆盆子香	酒香的一种，常见于红酒。如酿的好的卢瓦尔红酒，或一些年轻的博若莱酒
Refreshing	清新怡神的	酸度可口、适中，给人一种清新怡神的感觉
Rich	丰厚的	口味馥郁、浓香、均衡。与 Strong 意思接近，表示口感实在、内容丰富
Ripe	成熟的	葡萄酒已完全成熟，达到顶峰
Rough	粗糙的	形容葡萄酒的酒质普通、不精致
Round	圆润的	用于描述酒体和风味协调平衡，一般为成熟葡萄酒的特征
Sharp	尖锐的	形容葡萄酒强烈而突出的酸度
Smooth	平滑的	描述葡萄酒口感轻柔、没有棱角
Soft	轻柔的	描述一些单宁触感绵柔的葡萄酒
Sour	酸败	描述一些不好的、不受欢迎的酸，如挥发酸——醋酸
Spicy	浓香的	描述葡萄酒具有葡萄典型性香气的葡萄酒，如麝香葡萄酒和琼瑶浆葡萄酒
Supple	柔顺的	形容葡萄酒入口充溢，饮时流畅、柔和
Strange	古怪的	描述葡萄酒有不应该有的气味
Strong	强劲的	形容葡萄酒酒精度高、酒体强劲
Sulfury	硫黄味	通常指二氧化硫，葡萄酒酿造过程中最广泛使用的抗腐剂。如果使用不当或过量，会在酒液中残留二氧化硫味
Syrupy	糖浆似的	描述优质的贵腐葡萄酒和干浆果葡萄酒，入口如蜜糖般的口感
Tactile	触觉的	指触觉感受如冒泡、柔滑如丝、灼热等都是触觉感受
Tannin	单宁	存在于葡萄皮、籽及橡木桶中的一种天然防腐剂。它给葡萄酒提供了"骨架"。单宁的存在令酒入口后可使口腔上壁和牙龈处有收敛感
Tart	尖酸的	描述那些来自天然水果类酸所产生的较高酸度
Threshold	临界值	表示感觉香气和味觉的灵敏程度。不同的人灵敏程度不同，每种物质的临界值也不同。多练习可以把临界值降低，容易察觉隐约的香与味
Thin	单薄的	形容葡萄酒酒体有缺陷，似水感、缺乏结构
Ullage	缺量	瓶装葡萄酒，液面到木塞间的空间。也指木桶中葡萄酒液面到桶口的空间
Unbalanced	不均衡的	描述葡萄酒均衡感不佳，如单宁过重、酸度过高、缺乏果味等

续表

外　　文	中　　文	描　　述
Vanilla	香草味	这是橡木桶陈酿的葡萄酒的独有香气
Varietal	品种的	指该种葡萄酒是由单一品种葡萄酿造的，并保留葡萄品种固有的香气
Velvety	如丝绒般的	描述葡萄酒圆润、顺滑如丝般柔和的感觉
Vinegar	醋	葡萄酒已然变质，有醋味的葡萄酒无法饮用
Vinosity	典型酒体	品尝葡萄酒时，用于描述葡萄酒中的葡萄品种特点及酒体结构的显现程度
Viscous	浓稠的	酒质厚腻、挂杯、酒液面的凸起明显。品尝时有质厚的口感
Vigorous	活泼的	描述带有显著酸度风味的葡萄酒，顺口不粗糙
Watery	似水般的	描述葡萄酒缺乏果味、酒精含量低、酸度不足
Weak	柔软的	描述葡萄酒酒精含量低、果味不足、缺乏特性
Withered	过熟的	描述葡萄酒过度成熟、疲态尽现并且如人老珠黄般的酒。已经丧失果味、香气、无质感的葡萄酒
Young	年轻的	描述葡萄酒清新、有酸度，需在酒年轻时就尽快饮用，不宜长存

本章小结

本章讲述了葡萄酒品鉴的含义、品鉴的条件和品鉴的步骤，练习品鉴的基础原则和如何练习嗅觉，以及葡萄酒品鉴表和术语。我们需要知道葡萄酒品鉴的步骤，但更需要知道品鉴步骤每一步的意义，这些步骤能够如何告诉我们信息，以及告诉什么信息，能帮助我们作出什么样的判断。

思考和练习题

1. 如何从香气判断葡萄酒来自新世界还是旧世界？
2. 挂杯可以说明什么问题？
3. 品鉴葡萄酒，为什么要尊重自己的感受？

餐饮搭配

◆ 本章学习内容与要求

1. 重点：餐饮搭配的方式；
2. 必修：西餐与葡萄酒的搭配，中餐与葡萄酒的搭配；
3. 掌握：天然水和葡萄酒的搭配方式，葡萄酒和食物搭配的建议。

葡萄酒与佳肴，如果能适当地搭配，有时会带来意想不到的惊喜。因为葡萄酒能刺激味蕾，诱出食物的美味，而适当的食物搭配又可使葡萄酒的优势表现得更淋漓尽致。

什么是葡萄酒配餐的基本规律，如何做到最好的葡萄酒和奶酪的搭配、和食物的搭配？

其实葡萄酒与菜的搭配不存在一个绝对规则，但我们可以试图寻找一些基本技巧来分析菜与酒之间的联系。需要注意的是，这些基本技巧不是一个僵化的代码，我们必须勇于探索和创新，寻找适合自己的葡萄酒饮用方式，它也涉及我们的感觉与情感。在寻找适合自己独特口味的道路上，酒餐搭配的探讨是一个永远的话题。

所以，葡萄酒和食物搭配的第一条原则就是——没有原则。合适的标准是两者能否产生“相得益彰”的效果。

在我们绞尽脑汁挖掘配餐之道时，不妨也来看看目前对葡萄酒和食物搭配的主流观点有哪些。

12.1 葡萄酒与西餐的搭配

一般葡萄酒和西餐的搭配有两种方式：正搭配和反搭配。

12.1.1 正搭配

葡萄酒与西餐的正搭配即味道相接近的搭配。

分析菜和酒的视觉、嗅觉和味觉的特性来确定它们之间的关系。

例如我们常说的红肉配红酒、白肉配白酒就是正搭配。

红葡萄酒色呈宝石红，优美悦目，含有一定的酚类物质，干浸出物较高、涩度高、酒味道较浓郁，适合调味较重的红肉（如牛排、烤肉、鸭肉、羊肉）和乳制品。一方面可解除肉的油腻感，而且可使菜肴的滋味更加浓厚；另一方面由于干红葡萄酒优美的颜色，更增加了朋友聚会的喜庆气氛。红葡萄酒的单宁与蛋白质结合可使肉质更加细嫩，因为单宁柔顺。

调味较清淡的白肉（如鸡肉、海鲜）适合口味清淡的白酒，因为白酒中的酸度可以去腥味，增加口感的清爽。如果用红葡萄酒，高含量的单宁会破坏海鲜的口味，葡萄酒自身甚至也会带上令人讨厌的金属味。新鲜的大马哈鱼、剑鱼或金枪鱼由于富含天然油脂，能够与体量轻盈的红葡萄酒搭配良好。

其他的正搭配如：

（1）烟熏味的菜，配烟熏味的酒。

（2）极具风味的菜肴，配口味强的酒。

（3）酸味重的菜，配酸度高的酒。

（4）甜醇的菜，配香甜醇厚的酒。

（5）结构明确的菜系，配单宁强的葡萄酒。

（6）菜肴色配对应色的酒（尤为红葡萄酒）等。

12.1.2 反搭配

葡萄酒与西餐的反搭配即味道相对抗的搭配。

利用一些味道的互相抗衡进行菜肴的搭配。咸的菜式要用酒身较轻的红葡萄酒；辣的菜式要用芳香、带辛香的红葡萄酒或甜白葡萄酒；咖喱菜式可以搭配清淡芬芳的白葡萄酒。如肥硕的牡蛎与酸度强的卢瓦河谷密思卡岱搭配。

12.2 中餐与葡萄酒的搭配

以上搭配方法来源于西方，西餐做法以体现食物本身材质为主。而中餐，因为使用多种调料，也有更多烹调方法，食物的烹调方式和配料改变了食材原本的个性，因此左右了葡萄酒的搭配。例如加入了酱料烧烤的海鲜、带辣味的白肉、水煮鱼等，搭配一些红葡萄酒是更合适的选择。由此可见，搭配什么样的葡萄酒，对于中餐而言，更取决于食物烹煮之后的味道而并非食材原本的味道。

所以，对于中餐的搭配，主要要考虑菜肴的口味和葡萄酒酒体的搭配。

菜肴的口味是综合性的，指的是菜肴的材质本身和烹调的调料、烹调方式、香料和酱汁这些综合因素的不同所造成的口味的感受不同，例如，材质从轻到重依次是淡水鱼、虾、螃蟹、鲍鱼、鸡肉、火腿、鸭肉、牛肉；烹调方式从轻到重分别是清蒸、炖、烤、水煮到爆炒；汤汁从清汤到浓汁等。而对于葡萄酒而言，葡萄酒的香气来源于葡萄品种、生长环境、酿酒技术和陈年变化。葡萄酒的酒体是随着酒精度、糖分、香气的增加而增加的。

中餐配酒是研究菜肴的口味与葡萄酒香气、糖分含量、酒精含量和酒体之间的协调，追求餐饮在质感、厚度和入口浓稠感的和谐。

（1）口味浓重、香味浓郁的食物搭配酒体雄厚、果香浓郁的葡萄酒。

（2）口感清淡、香味细致的葡萄酒搭配酒体较淡、清新的葡萄酒。

因此对于中餐，鉴于更多考虑口味而不是仅仅只是食材的因素，一般采用正搭配方法。

12.3 天然水和葡萄酒的搭配

一瓶好酒的酿造，天时、地利、人和，缺一不可，葡萄采摘年份的气候、雨水、土壤构造，决定了一款葡萄酒不同的品质和性格。天然矿泉水与红酒一样，都是大自然馈赠的精华，天然矿泉水由自然而来，经过岩层过滤和沉淀，吸收了丰富的天然矿物质，默默在大山里静候了几十年甚至上百年，历经大自然的滋养孕育出滴滴清泉。

天然矿泉水中的矿物质能开启敏感的味蕾，激发红酒的口感，从而让你更细腻地体味到美酒的绝妙层次。在同一时间品同样的葡萄酒，如果相伴的水不同，酒的口感会不一样。

水的品鉴和葡萄酒类似——观、闻和品。观，有无杂质，有无气体成分；闻，有无特殊气味；而品，主要是感觉矿物质，水中的矿物质含量和成分的不一样，会影响到水的口感和水的健康性。而这个也正是我们矿泉水配葡萄酒、配餐考虑的最主要一个因素。

带气的水是低酸度葡萄酒的理想伴侣，如西万尼酒或灰皮诺酒，这些酒有残糖的甜度，CO_2 可以清新口腔，带出酒的甜度。

微泡的水与酸度高的干白搭配完美。CO_2 能够突出酒中的酸度。

强劲、有单宁质感的红酒适合于平静水，因为后者可以中和单宁；也适合浓郁饱满的白葡萄酒，如在橡木桶中陈酿的酒。

下面是国际侍酒师品尝了世界各国50多款优质天然矿泉水，做的水和葡萄酒的搭配。这个尝试的例子非常有意思，值得去参考一下。

(1) 水果味丰富的干白(Viognier, Chasselas)，选择一款清新和朴素的矿泉水(如瑞士的Henniez)，可以避免在舌尖上的碰撞，这样将不会破坏掉葡萄酒的优雅。

(2) 矿物质口感的干白(Riesling, Chenin Blanc)，适合带汽的水(如科西嘉岛的欧润嘉Orezza天然气泡水)，其清爽而细腻的气泡将会加强矿物质的独特味道，产生共鸣。

(3) 水果味丰富的红葡萄酒(Syrah, Gamay)，适合平衡而丰富的平静水(如中国的昆仑山天然雪山矿泉水)，不过于激进且温和，这样可以提升葡萄酒的水果味道。

(4) 高单宁的红葡萄酒(Cabernet Sauvignon)，带柠檬味道的平静水会打破单宁的约束，使得酒体更加清新，提升葡萄酒的口感。

(5) 甜葡萄酒(Sauternes产区)，甜葡萄酒适合选择一款非常活泼的水，留下干净的口感，如巴黎水(Perrier)，或者用一款复杂的水，如矿物质丰富的矿翠(Contrex)矿物质水。

(6) 对于香槟，最好的水就是避免和香槟或者气泡葡萄酒相近。一款带汽的水或者太过于平静的水都不太合适。

往往越是貌似寡淡无味的水，越是需要更加敏锐的感知能力，对于品鉴人的技能要求自然也就更高了。水与酒的搭配只是为我们打开了另一扇通往和谐之味的大门。在一些基本的规律下，更多更大胆的尝试还在等待我们的发现。

12.4　餐饮搭配小贴士

葡萄酒里面的酸解腥去辣降咸，甜减少咸味，涩去腻怕咸。

拌有姜、醋汁的菜，会钝化口腔的感受，使葡萄酒失去活力，口味变得呆滞平淡，不适合搭配葡萄酒。

甜品用甜酒来配，苦味的菜应由苦味的红葡萄酒来配，比如苦瓜配苦涩味的赤霞珠红酒。

颜色发紫、喝起来生涩的红葡萄酒，忌讳配带甜味(单宁和甜味结合会发苦)和辣味的菜(会越喝越辣)。

如果要品尝葡萄酒的真实风采，喝酒前应保持口气清洁与味觉器官的灵敏，避免受到酸、冷、热、辣的刺激。

奶酪和葡萄酒是天生理想组合，只需注意不将辛辣的奶酪与体量轻盈的葡萄酒相搭配，反之亦然。

饮用葡萄酒先喝清淡的酒，再喝浓郁的酒；先喝不甜的酒，再喝甜酒；先喝白酒，再喝红酒；先喝年轻的酒，再喝成熟的老酒。

本章小结

本章讲述了餐饮的搭配。主要需要了解清楚餐饮搭配的原则和内在关系。需要了解中西餐与葡萄酒搭配的不同之处。最重要的是掌握一定的原则但又不被原则所约束。

思考和练习题

餐饮搭配，留给你时间细细地学习思考，再安安静静地回答。在回答问题后，会提供答案和详细的解释。如果有其他理解，请告诉我，探讨是永远的话题。

问题 1

在舌根底部最能感觉到什么味道？

(　　) 甜

(　　) 苦

(　　) 涩

(　　) 酸

问题 2

对于开胃酒，哪一种是最合适的？

(　　) 基础入门葡萄酒

(　　) 波特(葡萄牙产的波特酒)；Les Muscats de Rivesaltes(鲁西荣的麝香葡萄酒)；或者 Banyuls(鲁西荣的甜葡萄酒)

(　　) 起泡葡萄酒(Les vins effervescents)

(　　) 棕色烈酒，如干邑、威士忌

问题 3

对红肠，建议用红葡萄酒是对还是错？

(　　) 对

(　　) 错

问题 4

主菜前的辣味鹅肝，配什么葡萄酒？

(　　) 甜白葡萄酒

(　　)起泡葡萄酒
(　　)甜红葡萄酒
(　　)单宁柔化的红葡萄酒

问题 5

配鱼肉,如果一个顾客明确表达不喜欢白葡萄酒,那你建议什么红葡萄酒给他?
(　　)年轻的红葡萄酒,活泼的酸度和收紧的单宁
(　　)单宁柔化的红葡萄
(　　)雄壮的红葡萄酒,口感浓郁,单宁丰满
(　　)鲁西荣的甜葡萄酒

问题 6

什么葡萄酒配无调料的带血的红肉?
(　　)过熟的复杂的白葡萄酒
(　　)过熟的 15 年以上单宁柔化的红葡萄酒
(　　)年轻的红葡萄酒,良好的酸度和收紧的单宁

问题 7

理想情况下,什么葡萄酒合适配巧克力蛋糕?
(　　)起泡葡萄酒
(　　)过度成熟的甜白葡萄酒(10 年以上)
(　　)年轻的甜葡萄酒(5 年以下)

问题 8

最后,饭桌上的葡萄酒品尝顺序是什么?
(　　)起泡葡萄酒,白葡萄酒,红葡萄酒,烈酒
(　　)烈酒,白葡萄酒,红葡萄酒,起泡葡萄酒
(　　)起泡葡萄酒,烈酒,白葡萄酒,红葡萄酒

第13章

葡萄酒和健康

◆ 本章学习内容与要求

1. 重点：知道葡萄酒对健康的益处；
2. 必修：了解葡萄酒的抗氧化、弱碱性和健康的关系；
3. 掌握：葡萄酒的营养成分和低热量对身体的好处。

在一般人的观念里，酒精似乎总是与身体健康背道而驰，但医学界向我们证明了，只要不过度饮用，葡萄酒甚至对我们的健康大有好处。

1992年，美国流行病学家区艾利森指出：在法国，人们经常食用富含脂肪类食品，法国人平均胆固醇含量也都不低于其他国家，但法国患心脏病死亡的比例，在各工业化国家中却是最低的，它的发病率只为美国的60%。且平均寿命比美国人长寿的秘方，就在于经常饮用葡萄酒，以及其他饮食和生活习惯的协调。

葡萄酒对健康有益的原因很多。我们可以了解到的有以下几个方面。

13.1 营养成分

葡萄酒由葡萄汁(浆)经发酵酿制的饮料酒，它除了含有葡萄果实的营养，还有发酵过程中产生的有益成分。研究证明，葡萄酒中含有200多种对人体有益的营养成分，其中包括糖、有机酸、氨基酸、维生素、多酚、无机盐等，这些成分都是人体所必需的，对于维持人体的正常生长、代谢是必不可少的。

13.2 酚类物质

1. 具有抑制血小板凝集作用

葡萄酒中的的白藜芦醇存在于葡萄皮上，在红葡萄酒中每升含1μg左右，而在白葡萄酒中只含0.2μg。实验表明：即使将红葡萄酒稀释1 000倍，对抑制血小板的凝集作用仍然有效，抑制率达42%。喝葡萄酒的人，体内血小板不太容易粘在一起，可减少血栓的形成。

2. 抗氧化作用

葡萄酒中的酚类物质和奥立多元素(Oligoe Lement)，具有抗氧化剂功能，可防止人体代谢过程中产生的反应性氧(Ros)对人体的伤害(如对细胞中的DNA和RNA的伤害)，这些伤害是导致一些退化性疾病，如白内障、心血管病、动脉硬化、老化的因素之一。因此，经常饮用适量葡萄酒具有防衰老、益寿延年的效果。根据英国一项研究报告，经常、适量饮葡萄酒可使得心肌梗塞的风险减少 25%～45%。也可以使黄斑变性（黄斑变性是由于有害氧分子游离，使肌体内黄斑受损）的可能性比不饮用者低 20%。

13.3 低热量

每升干葡萄酒中含 525 卡热量，这些热量只相当人体每天平均需要热量的 1/15。饮酒后，葡萄酒能直接被人体吸收、消化，在 4 小时内全部消耗掉而不会使体重增加。同时，葡萄酒的酸度几乎与胃酸相同，因此有助于消化。葡萄酒能刺激胃酸分泌胃液，每 60～100g 葡萄酒能使胃液分泌增加 120mL。葡萄酒中单宁物质，可增加肠道肌肉系统中平滑肌肉纤维的收缩，调整结肠的功能。所以，常常喝葡萄酒可以减肥。

13.4 弱碱性

葡萄酒是所有酒精饮料当中唯一代谢后呈弱碱性的酒精饮料。癌细胞在弱碱性的细胞体液不容易成活。所以常饮用葡萄酒会调整体液的酸碱度，防止癌变。

特别提示：过多吸收酒精，对脑细胞有损伤，喝葡萄酒也不能过量，更不能酗酒。

本章小结

本章讲述了葡萄酒对健康有什么好处以及原因。

思考和练习题

1. 葡萄酒对健康有很多好处，用最简单和通俗的语言指出两点并阐述原因。
2. 思考葡萄酒对身体的坏处。

第14章

法国(French)葡萄酒

◆ 本章学习内容与要求

1. 重点：波尔多、勃艮第葡萄酒的分级，各个产区的主要葡萄品种；
2. 必修：各个法定产区的特点，原产地制度，香槟的酿造方法；
3. 掌握：法国葡萄酒的历史，气候，风土。

14.1 概述

法国无可厚非是世界上最为重要也最为严谨的葡萄酒生产国。几世纪以来从这里输出的葡萄酒无论从数量还是质量上，都是其他国家无法企及的。葡萄酒的文化深入法国人骨髓和血液之中，无论是精英还是百姓，都热衷于葡萄酒的饮用。无论从葡萄酒的风格上还是葡萄酒法规的制定，都是许多新世界国家竞相模仿的对象。可以说法国对于全球的葡萄酒业有深厚的影响。

两个非常重要的因素将法国的葡萄酒推向了制高点：一是不同产区多样化的独特风土(terroir)。这块土地适合种植怎样的葡萄，由当地的微气候和土壤以及地形决定。这便赋予各个产区极具个性化的葡萄酒风格。例如在国际市场上获高度评价的勃艮第产区，正是因其非常细小的地块(climats)酿制出令人惊叹的葡萄酒特性。二是法国葡萄酒原产地命名体系(Appellation d'Origine Contrôlée，AOC)，这一规则明确界定了法国数百个法定产区。小到特定的葡萄园，大到整片大区严格控制葡萄酒的酿造工艺和允许种植的葡萄品种。这一法律的实施，起源于法国历史上最为严重的根瘤蚜虫病。在虫害肆虐下，大批葡萄园被毁，导致了当时葡萄酒交易市场上假酒猖獗。1935 年，法国国家原产地命名与质量监控院(INAO)——法国农业部的一个下属机构成立。由其制定出的法国葡萄酒原产地命名体系成为世界上最完善的葡萄酒分级制度，用以捍卫法国葡萄酒的品质。这也成为后来欧盟葡萄酒法律的基础，许多欧洲国家也均以其分级制度作为范本。

14.1.1 法国葡萄酒的分级制度

自 2006 年以来，法国葡萄酒分级制度就一直在变革，至 2012 年起便开始全面实施最新的分级制度，由原来的四个更改为目前的三个级别(以前的 VDQS 级别已被取消)。

(1) 法国餐酒(Vin de France)：该级别可选用法国境内葡萄酿制并允许在酒标上声明葡萄品种及年份，但不允许出现产区。

(2) 地区餐酒(Indication Géographique Protégée，IGP)：该级别为特定地区所生产的

葡萄酒，表现出该地区特色。IGP 取代了原有地区餐酒(VDP)。

(3) 法定产区(Appellation d'Origine Protégée，AOP)：这个标准界定了酒庄只能以原产地采购的葡萄为原料，遵循原产地标准的生产工艺，在原产地种植和酿造，产量符合标准，同时原产地装瓶。AOP 取代了原有的 AOC 级别。

14.1.2　法国葡萄酒产区

法国传统上分为 11 大产区，分别是波尔多(Bordeaux)、勃艮第(Bourgogne)、博若莱(Beaujolais)、香槟(Champagne)、阿尔萨斯(Alsace)、罗纳河谷(Côtes du Rhône)、卢瓦尔河谷(Vallée de la Loire)、普罗旺斯(Provence)、科西嘉(Corsica)、西南(Sud-Ouest)和朗格多克-鲁西荣(Languedoc-Roussillon)。

14.1.3　法国最主要的葡萄品种

法国葡萄酒产区众多，每一个产区的主要葡萄品种不一(见表 14-1)。

表 14-1　法国各产区主要葡萄品种

产　区	红葡萄酒主要品种	白葡萄酒主要品种
波尔多	赤霞珠、美乐、马贝克、品丽珠、小维多	长相思、赛美蓉、密思卡岱(Muscadelle)
勃艮第	黑皮诺、佳美(Gamay)	霞多丽、阿里高特(Aligoté)
博若莱	佳美(Gamay)	
香槟	黑皮诺、皮诺莫尼耶	霞多丽
阿尔萨斯	黑皮诺	白皮诺、西万尼、雷司令、麝香、灰皮诺、琼瑶浆、萨瓦涅玫瑰
罗纳河谷	西拉、歌海娜、慕合怀特	白歌海娜、克莱尔、玛珊、瑚珊、布尔布兰、维欧尼
卢瓦尔河谷	品丽珠、佳美、果若/果丝洛、高特、皮诺朵尼、黑皮诺	勃艮第香瓜、白诗南、长相思、霞多丽、白福儿
普罗旺斯	西拉、歌海娜、神索、堤布宏、慕合怀特、佳丽酿、赤霞珠	霍利、白玉霓、克莱雷特、赛美蓉、布尔布兰
科西嘉	涅露秋、夏卡雷洛、歌海娜、西拉	维蒙提诺
西南	丹拿、大芒森、小芒森、赤霞珠、美乐和品丽珠、聂格列特	大芒森、小芒森和库尔布
朗格多克-鲁西荣	红葡萄酒、桃红葡萄酒：西拉、佳丽酿、慕合怀特、歌海娜、央多内-伯律(Lledoner Pelut)、神索、阿利坎特(Alicante)、黑皮诺、赤霞珠、美乐、马瑟兰(Marselan)、马贝克、品丽珠	白/灰歌海娜(Grenache Blanc/Gris)、布尔布兰、克莱雷特、皮克葡(Piquepoul)、马家婆(Macabeu)、维蒙提诺、铁烈(Terret)、瑚珊、玛珊、维欧尼、麝香、白诗南、长相思、霞多丽

14.2　波尔多(Bordeaux)

"Bord"，在法语中是边缘之意，eaux 是水，因此 Bordeaux 这个单词的本意就是水的边缘的地方。

波尔多自古便是一个港口城市，它是由加隆河(Garonne)与多尔多涅河(Dordogne)以及两河交汇而成的吉隆河(Gironde)冲积而成。以吉隆河为界,河水向西流,河两边称为“波尔多左岸”和“波尔多右岸”。

波尔多为海洋性气候,夏季舒适,冬季温和。夏末受大西洋的影响,气候变化大。而波尔多每个年份都有自己的个性和特色。这里的土壤以沙砾、石灰质、黏土为主。

红葡萄品种主要为赤霞珠、美乐、马贝克、品丽珠、小维多(Petit Verdot);白葡萄品种有长相思、赛美蓉、密思卡岱。

14.2.1 历史

波尔多历史悠久且几经波折,从公元1世纪至今,历经繁荣衰败和复兴。

1. 起源于一个葡萄品种

比图里卡(Biturica)是一种能抵抗寒冷冬季的葡萄品种,波尔多的葡萄树种植便由它开始。当时在罗马统治下,葡萄种植者的免税政策,使得郊区以及河右岸都被大片葡萄园环绕。蜂拥而至的罗马人让波尔多最初的葡萄酒经济蓬勃发展。后来,随着葡萄种植的衰败,是僧侣保存下了比图里卡并在教堂和修道院周围种植。

2. 12世纪,一桩婚姻改变波尔多命运

1152年,波尔多在内的法国西南部地区阿基坦(Aquitaine)的女公爵埃丽诺(Aliénor)与亨利(Henri Plantagenet)结婚,亨利成为后来的英国国王。波尔多的葡萄酒经销商自此享有在英国免税的特权,大批波尔多红葡萄酒出口到英国,备受英国人喜爱,从生产到销售垄断了整个英国市场。在此后的3个世纪,阿基坦作为英国的一个省份始终保持繁荣昌盛的景象。

3. 15五世纪,大战后繁华落幕

英法百年大战阻断了两国之间兴盛的贸易往来。1453年,法国人夺回阿基坦,波尔多却失去了英国的贸易市场。法国路易十一依旧允许英国的船只停靠波尔多港;1475年,两国之间贸易依旧,但繁荣早已不再。

4. 17世纪,贸易复苏

由于政治和经济稳定,波尔多开始和荷兰人发展贸易,波尔多葡萄酒再一次深受欢迎。各国频繁的贸易往来也带来了很多新发明,如用硫来给酒桶消毒,方便储存和运输。出口的桶装葡萄酒被搬运到码头,并储藏在驻扎于码头附近的经销商那里,这种形式延续至今就成为酒库和出口公司。

5. 18世纪,瓶塞诞生

波尔多以高质量葡萄酒和它的风土条件扬名天下。此时的英国已退为第二位市场,占有10%的出口量,但仍具有影响力——精致细腻的波尔多葡萄酒为伦敦上流社会追捧而身价倍增。

1787年,托马斯·杰斐逊,后来的美国总统,在到访波尔多时,提出设立一个由葡萄酒经纪人和经销商评定的葡萄酒排名,将葡萄酒产业发展壮大。在这一时期,诞生了第一瓶有瓶塞并密封良好的葡萄酒,在运输中瓶装酒逐渐取代了桶装酒。

6. 19世纪,黄金时代下的危机

19世纪初葡萄酒开始了一个全新黄金时代。仅仅十几年,葡萄酒生产量翻番而出口量翻两番。北欧和英国重新成为最重要的买家。拿破仑三世在世界博览会上提议设立著名的1855 年分级制度,也是基于对葡萄酒质量的愈加关注。

这些频繁往来的对外贸易,在发展经济的同时也带来了葡萄病虫害的侵袭。1875—1892 年,葡萄根瘤蚜虫病将所有葡萄园摧毁殆尽。最后将法国的葡萄树嫁接到了不受蚜虫侵袭的美国土生葡萄树根上才总算结束了这场苦难。

7. 20 世纪,关注质量的时代

葡萄酒的迅速发展却伴随着新的危机:假酒横行。1936 年,波尔多的葡萄酒生产者积极行动诞生了国家原产地命名监控委员会,希望能通过提高葡萄酒质量改变现状。正因为如此,才有了如今的波尔多 97%的葡萄酒产区都是法定产区。

至 20 世纪末波尔多食品技术、葡萄种植和葡萄酒酿造领域取得前所未有的进步。这使得波尔多依然是全世界葡萄酒的质量典范。

如今的波尔多创造着世界一流水平的葡萄酒,也从未停止过对新技术的研究与创新。围绕波尔多葡萄酒的旅游业也在蓬勃展开。

14.2.2　葡萄品种

波尔多葡萄酒是一种调配葡萄酒。通常来源于数个葡萄品种、葡萄园和风土条件的联姻。这样的混合使每一部分特质和内在都得到最大限度的表现。各葡萄品种的配比根据每个产区品种的不同而变化,当然也根据不同年份和调配者的敏感度变化。对波尔多红葡萄酒而言,通常是美乐和赤霞珠的细致调配,前者带来了圆润、醇厚和复杂的香气,后者则带给葡萄酒架构、陈酿酒香和陈酿潜力。有时也加入品丽珠,增添一份柔和与优雅。尤其在梅多克,架构十足,颜色亮丽且酒香也更丰富。马贝克(Malbec)是一种早熟的葡萄品种,桃红葡萄酒有时会加入马贝克进行调配。波尔多葡萄酒多为混合品种酿制。

波尔多的长相思体现了优雅和新鲜。它美妙的果香缔造了优质的干白葡萄酒和甜白葡萄酒。赛美蓉是波尔多最重要的白葡萄品种之一,它和长相思一起创造出了上好干白,其细嫩果皮能使贵腐菌完美发展,因此是上好甜白葡萄酒酿造中的主角。

密思卡岱的种植很费精力,但很得葡萄种植者的喜爱。它的丰富香气使它经常成为长相思和赛美蓉调配中不可缺少的角色。

14.2.3　气候

波尔多的气候和地理条件都很优越。位于北纬 45°,正好处于北极和赤道的中间,来自加勒比海的墨西哥暖流带给了波尔多舒适的夏季和温和的冬季。没有它,波尔多的葡萄根本不能成熟。而吉隆河的存在使得这里的地理条件更为优越。加隆河和多尔多涅河以及加斯科尼松林都起着调节气候的重要作用。

14.2.4　分级制度

波尔多每一个分级制度所涉及的是相同地区,甚至同一个法定产区的评级。因每个地区都有其自身特质,故不能在不同地区间进行横向的分级比较。

1. 1855 年分级制度

第一个官方分级制度产生于 1855 年巴黎世界博览会上。当时拿破仑三世要求每个出产葡萄酒的葡萄种植地区建立一个分级制度。这份给纪龙德省的文件结果被递交给了波尔多工商会。出于客观考虑,波尔多工商会要求葡萄酒经纪人工会建立纪龙德省葡萄酒的分级制度。这些元素得到了最周到的考虑,由此开始了价值标识制度的发展史。

在波尔多右岸的利布尔讷工商会缺席的情况下,只有加隆河左岸的葡萄酒在1855年的世博会上被展出并分级。

分级包含1个格拉芙酒庄和60个梅多克酒庄以及27种索甸(Sauternes)和巴萨克(Barsac)地区甜白葡萄酒。

(1) 格拉芙和梅多克地区

一级酒庄(Premier Cru)五个,俗称"五大名庄"。分别为拉菲酒庄(Château Lafite Rothschild)、拉图酒庄(Château Latour)、玛歌酒庄(Château Margaux)、奥比安酒庄(Château Haut-Brion)以及木桐酒庄(Château Mouton Rothschild)。

二级酒庄(Deuxieme Cru)14个。

三级酒庄(Troisieme Cru)14个。

四级酒庄(Quatrieme Cru)10个。

五级酒庄(Cinquieme Cru)18个。

(2) 索甸和巴萨克地区

甜白葡萄酒具有以下分级。

优质一级酒庄(Premier Cru Supérieur)1个,来自索甸的伊干酒庄(Château d'Yquem)。

一级酒庄(Premier Cru)11个。

二级酒庄(Deuxième Cru)16个。

2. 格拉芙分级制度

1855年分级制度产生之后一个世纪,出现了格拉芙的分级制度。它们拥有相似标准。位于佩萨克-雷奥良(Pessac-Léognan)产区的16块格拉芙最好的土地在1953年和1959年接受列级。1953年,一份官方决议建立了第一份列表,这份列表在1959年被修改并全部完成。奥比安酒庄再次被格拉芙分级制度列级。这是唯一被两次列级的波尔多葡萄酒。

在这些生产上等红葡萄酒和白葡萄酒的土地上,分级制度根据村庄和颜色而建立。16个酒庄被列级(Grand Cru Classe),有的根据颜色分级,有的两者都参考。格拉芙酒庄的分级制度仅仅建立一个级别水平,没有等级之分。

格拉芙列级酒庄均聚集在佩萨克-雷奥良法定产区。

红葡萄酒和白葡萄酒列级酒庄6个。

红葡萄酒列级酒庄7个。

白葡萄酒列级酒庄3个。

3. 圣埃米利永(St-Emilion)分级制度

1955年,首个圣埃米利永分级制度在法国原产地命名管理委员会的保护下产生。这一分级制度每10年审核一次。这使得那些酒庄主更加努力以保持他们的头衔。评审团由各个领域的专家(葡萄酒工艺学家、葡萄种植专家、经销商、经纪人、经济界和司法界的代表)组成。

其他严格的准则：酒庄名称使用必须超过 10 年；酒庄必须有专门用来酿制和存放葡萄酒的酒库；酒庄必须拥有至少 50%的可以酿制成为圣埃米利永特级葡萄园法定产区葡萄酒的葡萄树，这些葡萄树的树龄均得超过 12 年；酒庄必须在最近 10 年至少有 7 次丰收，被列为圣埃米利永特级葡萄园法定产区；酒庄需承诺在 10 年内不会改变葡萄园土地的正常状态，装瓶酒生产必须以其列级酒庄的标准来生产。

至今已有 82 个酒庄被列级，其中包括 18 个顶级酒庄。

顶级酒庄 A 组(Premier Grand Cru Classe A)4 个：欧颂酒庄(Chateau Ausone)、白马酒庄(Chateau Cheval-Blanc)、金钟酒庄(Chateau Angélus)(新晋)和帕菲酒庄(Chateau Pavie)(新晋)。

顶级酒庄 B 组(Premier Grand Cru Classe B)14 个。

列级酒庄(Grand Cru Classe)64 个。

14.2.5　法定产区

波尔多法定产区有波尔多大产区(region)、次产区(sub-region)、村庄产区(villages 或 communes)等级别。产区越小，则酒的品质一般更突出。

为了便于学习，我们把所有法定产区分为四大块来理解。分别是波尔多法定产区家族、波尔多山坡法定产区家族、波尔多左岸法定产区家族和波尔多右岸法定产区家族。需要提示的是，一定要理解地理位置和葡萄酒法定产区的差异。

1. 波尔多法定产区家族

波尔多法定产区家族为波尔多法定大产区的集合。

此法定产区葡萄酒由本地区不同的葡萄品种混合调配酿制而成，优雅且充满果香，是波尔多葡萄酒风格的完美体现。这些法定产区出产白葡萄酒、红葡萄酒和桃红葡萄酒，有静态酒也有起泡酒，这类酒通常为了迎合年轻人的口味，具有很高的性价比。

此类法定产区占据了波尔多种植面积的一半。酿造此类葡萄酒的葡萄来源于不同的土壤和品种，但是调配使它们协调和平衡。

(1) 波尔多法定产区(Bordeaux AOP)

波尔多产区的葡萄酒平衡、细腻、优雅，是波尔多地区最重要的法定产区，在世界上出售最多。

波尔多产区葡萄酒遵守由国家原产地命名监控委员会设定的质量标准。因此，想要成为法定产区葡萄酒，每公顷葡萄园的产量不能超过 5 500L 而且酒精含量必须为 10%～13%。

(2) 高级波尔多法定产区(Bordeaux Supérieur AOP)

酿造高级波尔多法定产区葡萄酒所用葡萄必须来自特选的葡萄园地和经年葡萄树，因此它们较波尔多法定产区葡萄酒更为复杂，陈酿的能力也更强。

高级波尔多的香气比波尔多更丰富。此类葡萄酒的口感复杂、浓厚强劲、单宁平衡，通常适合在年轻时享用，当然经过陈酿后也会有相当不错的发展。高级波尔多产区红葡萄酒使用和波尔多产区葡萄酒相同的葡萄品种，但果实根据土壤的质量和葡萄树树龄经过挑选。为了使之更为强劲和拥有更复杂的香气，有时此类葡萄酒是在橡木桶中酿制而成。

虽然高级波尔多法定产区葡萄酒遍布整个波尔多地区，但它们遵守更严格的质量标准，尤其是一项强制性酿制规定，就是在出售前至少经过 12 个月的陈酿。

(3) 波尔多淡红法定产区(Bordeaux Clairet AOP)

波尔多淡红葡萄酒介于红葡萄酒和桃红葡萄酒之间,是波尔多最早出口到英国的葡萄酒。和所有波尔多地方法定产区的红葡萄酒一样,波尔多淡红葡萄酒也是经过调配的葡萄酒。美乐是最经常使用的葡萄品种。

(4)波尔多桃红法定产区(Bordeaux Rosé AOP)

波尔多桃红法定产区涉及整个波尔多地区。和其他所有波尔多法定产区葡萄酒一样,遵守严格质量规范——最多 5 500 升/公顷的产量限制,同时要经过化学分析和官方品鉴才能获得认证。桃红葡萄酒中等酒精含量,宜冷藏饮用。适合搭配各种美食,特别是口味清淡的夏季菜肴和异国料理。

2. 波尔多山坡法定产区家族

产区位于加隆河和多尔多涅河自然形成的山谷和山坡上,这里的风土条件优良,葡萄园朝向经常面南或西南,给葡萄树提供了理想的日照。以个性鲜明的红葡萄酒为主,强劲而酒香浓郁,酒体结构平衡。主要由美乐调配,同时辅以赤霞珠,有时添加品丽珠。

这里某些法定产区出产数量众多的甜白葡萄酒,归功于当地特别的小气候,有利于葡萄延迟成熟。

波尔多山坡家族有八个法定产区,为次产区级别,其产量占整个波尔多的 14%。

(1) 布拉伊法定产区(Blaye AOP)。

(2) 布拉伊-波尔多山坡法定产区(Blaye Côtes de Bordeaux AOP)。

(3) 布尔和布尔山坡法定产区(Bourg & Côtes de Bourg AOP)。

(4) 卡迪亚克-波尔多法定产区(Cadillac Côtes de Bordeaux AOP)。

(5) 卡斯蒂永-波尔多山坡法定产区(Castillon Côtes de Bordeaux AOP)。

(6) 弗郎-波尔多山坡法定产区(Francs Côtes de Bordeaux AOP)。

(7) 韦雷-格拉芙法定产区(Graves de Vayres AOP)。

(8) 圣富瓦-波尔多法定产区(Sainte-Foy-Bordeaux AOP)。

3. 波尔多左岸法定产区家族

(1) 梅多克法定产区(Médoc AOP)

梅多克法定产区涉及波尔多北部、吉隆河左岸的葡萄酒。梅多克这个词语是拉丁语“in medio aquæ”的变形,意为在水中央。

实际上,这个地区是个海角状半岛,西临大西洋,东面吉隆河。特殊的地理位置赋予了它特别温和的气候。梅多克法定产区的土壤以河流冲击带来的沙砾为主,被许多小溪分割成大块状,保证了良好的排水。这种相对疏松的土壤非常适合赤霞珠,而赤霞珠最初就来源于这个地区,也是梅多克最主要的葡萄品种。

梅多克法定产区为次产区级法定产区。

(2) 上梅多克法定产区(Haut-Médoc AOP)

上梅多克法定产区是梅多克最靠近波尔多市中心的地区,包括了 25 个小镇。排水良好的沙砾土壤是赤霞珠最偏好的,而美乐则喜欢更坚实和黏性的土壤。上梅多克法定产区官方规定是非常的严苛,尤其是要求高种植密度(最少 6 500 株/公顷)和低产量(最高 4 800 升/公顷)。

一些葡萄园曾属于某些“中产阶级”(Bourgeois),他们得到英国国王赋予的特权。那里

生产的葡萄酒被称为"梅多克中级酒庄"酒(Cru Bourgeois)。如今,"梅多克中级酒庄"成了一种分级等级,继承了高质量和独特酿制方式的传统。1855 年,经销商和葡萄酒专家还制定了一个分级制度,就是现在的 1855 年分级制度,包括了 61 款梅多克葡萄酒。

上梅多克法定产区为次产区级法定产区。

(3) 圣爱斯泰夫法定产区(Saint-Estèphe AOP)

为村庄级法定产区,是梅多克地区第二大村庄级法定产区,出产强劲厚实的葡萄酒,适合陈酿。

(4) 圣于连法定产区(Saint-Julien AOP)

为村庄级法定产区,该产区葡萄酒酒体强劲,酒香复杂、细腻而纯正。此村庄级法定产区处于梅多克的中心位置,许多顶级酒庄集中此处。

(5) 利斯特拉克-梅多克法定产区(Listrac-Médoc AOP)

为村庄级法定产区,以出产丰满、芬芳的葡萄酒,完美体现了美乐和赤霞珠的和谐调配。

(6) 慕里斯法定产区(Moulis AOP)

为村庄级法定产区,这里的葡萄酒优雅复杂,此产区是梅多克最小的法定产区。

(7) 玛歌法定产区(Margaux AOP)

为村庄级法定产区,自高卢罗马时代以来该产区就享誉全世界。这里是唯一在 1855 年分级制度中占整个一级酒庄 1/3 的产区。

(8) 波亚克法定产区(Pauillac AOP)

为村庄级法定产区,优质的土地、适宜的天气和高超的酿造术,使得这个法定产区具备了酿造特优葡萄酒的所有条件。5 家 1855 年分级制度中的一级酒庄中的 3 家集中于此。

(9) 格拉芙法定产区(Graves AOP)

格拉芙为次产区级法定产区。位于波尔多南部,加隆河左岸。这里的小气候是葡萄园理想的生长环境——大片的松树林保护着葡萄树抵抗恶劣天气,而加隆河(Garonne)起到调节夏季炎热气候的作用。土壤由 4 世纪时河流冲刷带来的冲击层组成,鹅卵石和碎石的底层是纯沙层或者砂岩层(沙子里含有氧化铁沉积)。美乐是调配中最主要的葡萄品种,通常和赤霞珠与品丽珠搭配。格拉芙是梅多克地区唯一产非甜型白葡萄酒的产区,葡萄品种为长相思和赛美蓉。

(10) 佩萨克-雷奥良法定产区(Pessac-Léognan AOP)

格拉芙地区除有格拉芙法定产区外,还有一个村庄级法定产区——佩萨克-雷奥良(Pessac-Léognan),以它的列级酒庄及其平衡优雅的葡萄酒而闻名。

(11) 索甸法定产区(Sauternes AOP)

索甸位于波尔多南部,加隆河左岸,绵延 40 多公里。土壤主要为沙砾土,覆盖在一层石灰质黏土上。在某些村庄,土壤基层为砂岩层,这样的土壤为一流葡萄酒的诞生创造了条件。由于葡萄园被西面的一大片松林所庇护,得以抵抗恶劣的气候。而加隆河生成大量的水汽,在夏末的时候就转变为夜雾。温和气温下这样的夜雾容易滋生灰霉菌,也称为"贵腐"(noble rot),这个霉菌能蚀穿葡萄果皮,使果肉干缩。由此,这里出产的葡萄酒中最有名的就是"贵腐葡萄酒",此地也是世界三大贵腐葡萄酒的优质产地之一。

该地区生产标准极为严苛。特别是所有葡萄采摘都必须手工进行,一颗一颗地挑选,并需要进行多次采摘。每一次都只采几近成葡萄干的贵腐葡萄。最高、离河最远的葡萄园拥有最好的风土条件。因此大部分的列级酒庄都集中于此。葡萄品种主要由赛美蓉调配而成，搭配长相思，有时候添加密思卡岱能带来野生植物的气息。

(12) 巴尔萨克法定产区(Barsac AOP)

在索甸地区里面，还有一个村庄级产区——巴尔萨克(Barsac)法定产区。巴尔萨克位于波尔多东南部西龙河(Ciron)河口处，绵延 40 公里。拥有 10 家列级酒庄。土壤为石灰石，周围建有碎石筑成的矮墙。西龙河冰凉的河水有利于秋季夜雾的形成，创造了特殊的小气候。白天则云开雾散，阳光普照。这样的交替促成了“贵腐”生长灰霉菌，腐蚀葡萄皮并使葡萄干缩，果肉变成金黄色果酱，糖分、果汁和香气都得以浓缩。

葡萄品种由赛美蓉和长相思调配酿制，赛美蓉是主要的调配葡萄品种，有时候还添加密思卡岱。

4. 波尔多右岸法定产区家族

波尔多右岸的法定产区只生产红葡萄酒，共同特点是酒香浓郁、柔和、细腻、优雅，有丝绒般顺滑的单宁。主要的调配品种是美乐。通常和品丽珠搭配使用，少量用到赤霞珠。

这些法定产区的葡萄园位于波尔多东部，多尔多涅河(Dordogne)的右岸。当地地形多变，高地和平地相间，山谷和山坡连绵。土壤也同样多种多样，以石灰质黏土和沙质河泥为主。这里的日照充足，海洋性气候使得冬天温和，适宜的湿度调节气温，非常适合葡萄树的生长。

该地区有 10 个法定产区，占据了波尔多产量的 10%。

(1) 圣埃米利永法定产区(Saint-Emilion AOP)

位于俯瞰多尔多涅河的丘陵地上，葡萄园呈阶梯状分布。圣埃米利永的葡萄园被联合国教科文组织列为世界文化遗产，这个评定肯定了这里特殊的葡萄种植风土条件。气候主要得益于附近的多尔多涅河，起到很好的调节作用。温和的海洋性气候也避免了春冻，秋末阳光的充足尤其对于美乐来说，非常有利于果实的成熟。

整个产区中间是石灰质高地，周围是石灰质土壤混合沙砾黏土(也称“软砂岩沉积”)；而多尔多涅河至南面是由疏松的沙子和沙砾冲积层构成的土壤。

美乐是圣埃米利永法定产区最重要的葡萄品种，和品丽珠搭配使用，少量使用赤霞珠。

(2) 圣埃米利永特级葡萄园法定产区(Saint-Emilion Grand Cru AOP)

圣埃米利永特级葡萄园法定产区和圣埃米利永产区分享同一风土条件，但要遵守更加严苛的质量标准：每公顷的最高产量是 4 000L，这样的低产量标准是波尔多最严苛的标准之一，迫使生产者不得不限制葡萄树的结果量，使得葡萄果实的颜色、单宁和香味都得到浓缩。另外，取得认证前需要经过两次品鉴，其中一次必须在陈酿后 12 个月时进行。1955 年出台了一个分级制度，即圣埃米利永分级制度，这个分级制度是为了将当地葡萄酒带到更高水准。这个分级制度每 10 年要重新排定，所以促使了列级酒庄全力以赴地保证稳定的质量。

(3) 吕萨克-圣埃米利永法定产区(Lussac-Saint-Emilion AOP)

吕萨克-圣埃米利永法定产区出产的是现代风格的葡萄酒——醇厚、强劲而优雅。产区位于圣埃米利永的北面，种植土地从山谷一直延伸到高地上，形成了面南的梯田，自然排水功能强。雨量适度，夏天气温高，小气候特别适于葡萄树的生长。土壤主要是石灰质黏土。葡萄品种主要以美乐调配而成，配合品丽珠。

(4) 蒙塔涅-圣埃米利永法定产区(Montagne-Saint-Emilion AOP)

蒙塔涅-圣埃米利永法定产区的葡萄酒由小型家庭式酒庄出品，醇厚、优雅、出色。位于圣埃米利永北部和东北部的山坡上。温和的海洋性气候，降雨规律，光照充足，夏季较炎热，葡萄更易成熟。土壤主要为石灰质和石灰质黏土，覆盖在一层厚实而多细孔的石灰岩上。主要由美乐和品丽珠调配而成，分别占 60%和 30%。

(5) 普瑟冈-圣埃米利永法定产区(Puisseguin-Saint-Emilion AOP)

普瑟冈-圣埃米利永法定产区位于圣埃米利永地区的高地上，出产的葡萄酒个性独特、丰满醇厚。这里的冬季比较温和，夏季炎热，秋季漫长而光照良好。因此葡萄成熟度高，味道浓烈。土壤为石灰质黏土，某些区域为沙砾冲积土。土壤基层为小石块，多细孔，甚至在干旱的季节，也可以通过水分给葡萄树输送养分。这里的葡萄品种主要由美乐调配而成，搭配品丽珠，后者给葡萄酒带来酒的架构和力量。赤霞珠为辅助品种。

(6) 圣乔治-圣埃米利永法定产区(Saint-Georges Saint-Emilion AOP)

圣乔治-圣埃米利永法定产区位于圣埃米利永的北部。该地区土壤均为石灰质黏土，这种石灰质基层具有海绵般的吸水能力，即使在干旱的夏季也能为葡萄树源源不断地输送水分。另外，缓坡的地势使得葡萄园排水能力强。葡萄品种以美乐为主，搭配品丽珠，出产的葡萄酒单宁强劲却果味浓郁而柔和并且非常适合陈酿。

(7) 波美侯法定产区(Pomerol AOP)

波美侯法定产区位于波尔多东部，多尔多涅河右岸，绵延 50 多公里，邻近利布尔讷市。其土壤表层是沙质沙砾土，覆盖在混合了氧化铁的黏土层上，这样的土壤特点是波美侯葡萄酒独特性的根源。波美侯的葡萄酒产量稀少，酒香浓郁、单宁如丝绒般顺滑。主要由美乐和品丽珠调配而成，有时候美乐的比例甚至达到 100%。该地区本身并无分级制度，仅有柏图斯酒庄(Pétrus)出现在其他的评级中。

(8) 拉朗德-波美侯法定产区(Lalande-de-Pomerol AOP)

拉朗德-波美侯法定产区出产的葡萄酒优雅细腻，酒香浓郁，拥有完美平衡的口感。西部靠近河流的土壤为黏土、沙砾和沙子的混合物。在某些区域，黏土表现得特别坚实。这样的土壤特征非常适合美乐的生长。葡萄品种以美乐为主。

(9) 弗龙萨克法定产区(Fronsac AOP)

弗龙萨克法定产区是由山谷形成的古老的葡萄园。位于多尔多涅河和伊斯乐河的交汇处。多水源促进形成了当地良好的小气候，减少了春季夜间的春冻，也缓和了夏季的酷热。葡萄园位于向阳的斜坡上，光照充足。山坡脚下为冲积土，坡面为石灰质黏土。在某些区域，表层为石灰岩，土壤基层是黏土和砂岩块的混合物。良好的排水性使得这里的土壤很适合美乐和品丽珠的生长，成熟度优良。这里出产魅力非凡、强劲有力、结构平衡的葡萄酒。

(10) 卡农-弗龙萨克法定产区(Canon Fronsac AOP)

卡农-弗龙萨克法定产区葡萄园位于波尔多东部，绵延 40 多公里。丰富的水源减小了四季之间的温差，造就了这里特殊的小气候。斜坡上的土壤光照充足，具有上佳的自然排水功能。石灰质黏土覆盖在密实的石灰岩层上，这样的土壤非常适合美乐和品丽珠的生长。葡萄酒主要以美乐混合品丽珠和赤霞珠，其酿造出的酒是波尔多地区最强劲的葡萄酒之一。

波尔多法定产区见表 14-2。

表 14-2 波尔多法定产区一览表

序号	波尔多法定产区家族	波尔多山坡法定产区家族	波尔多左岸法定产区家族		波尔多右岸法定产区家族
1	波尔多法定产区	次产区	次产区	村庄产区	次产区
2	高级波尔多法定产区	布拉伊法定产区	梅多克法定产区		圣埃米利永法定产区
3	波尔多淡红法定产区	布拉伊-波尔多山坡法定产区	上梅多克法定产区		圣埃米利永特级葡萄园法定产区
4	波尔多桃红法定产区	布尔和布尔山坡法定产区		圣爱斯泰夫法定产区	吕萨克-圣埃米利永产区
5		卡迪亚克-波尔多法定产区		圣于连法定产区	蒙塔涅-圣埃米利永法定产区
6		卡斯蒂永-波尔多山坡法定产区		利斯特拉克-梅多克法定产区	普瑟冈-圣埃米利永法定产区
7		弗郎-波尔多山坡法定产区		慕里斯法定产区	圣乔治-圣埃米利永法定产区
8		韦雷-格拉芙法定产区		玛歌法定产区	波美侯法定产区
9		圣富瓦-波尔多法定产区		波亚克法定产区	拉朗德-波美侯法定产区
10			格拉芙法定产区		弗龙萨克法定产区
11				佩萨克-雷奥良法定产区	卡农-弗龙萨克法定产区
12			索甸法定产区	巴尔萨克法定产区	

14.3 勃艮第(Bourgogne)

勃艮第位于巴黎东南方的丘陵地带，法国乃至世界上的任何一个产区也难以找出一个类似于勃艮第这样的葡萄园。无论从美食、文化还是从葡萄园的风土等方面都有如此丰富的多样性。

勃艮第正好处于地中海气候、海洋性气候和大陆性气候的交界处。冬季寒冷而漫长；春季温和而多雨；夏季阳光充足，炎热而干燥。这一切对葡萄的健康生长起到非常有利的作用。其独特多样的风土，赋予葡萄酒纤巧细致的风格和圆润馥郁的口感。

14.3.1 历史

勃艮第葡萄酒有着悠久的历史。公元前600年，希腊人把葡萄通过马赛港传入高卢(现在的法国)，并将葡萄栽培和葡萄酒酿造技术传给高卢人。勃艮第葡萄园就在高卢罗马人的影响下得以建立。公元500年开始，修道士开始种植葡萄并酿制葡萄酒。为了挑选最好的地块和最合适的葡萄品种，他们精耕细作，将葡萄园工作程序化，这使得勃艮第葡萄酒的品质自此有了大幅提升。在 14 世纪和 15 世纪,勃艮第的瓦卢亚(Valois)公爵坚持不懈地为葡萄酒改良作出贡献。他们大力支持勃艮第葡萄酒的商业化并维护勃艮第葡萄酒在法国的声誉,使得其美酒在欧洲广为流传。至 18 世纪,大资产阶级和贵族开始对葡萄酒产业产生兴趣,逐步收购了没落的修道院成了庄园主。酿酒师这一职业也是在这个时期出现的。1789 年发生了戏剧性的改变,教会的葡萄园被归为国有资产与贵族的庄园一起分割拍卖,这也就造成了为何今日勃艮第一个葡萄园却由百余个庄主所有。

1870—1880 年根瘤蚜危机毁灭了欧洲近乎所有的葡萄种植。在此后的葡萄园复兴中,勃艮第人严格地在最好的土地上重新栽种,使得葡萄种植质量进一步提高。20 世纪早期,为了划分先祖留下的葡萄园区域,首个勃艮第法定产区——莫瑞圣丹尼产区(Morey-Saint-Denis)诞生。法定产区葡萄酒的概念随着法国国家原产地名称管理委员会的成立推出,目的是明确产品的生产标准和质量,以期酿造出世界上最高品质的葡萄酒。

14.3.2 风土

勃艮第的土壤以泥灰岩和侏罗纪石灰石构成,这非常适合黑皮诺和霞多丽的生长。所酿造出的葡萄酒带有独特的细腻口感和矿物香味。由于地质起源和土壤的构成呈现多元化,使得即便在同一个村庄,同一个葡萄园,葡萄酒都表现出不同特性。经过历史演变,这些无数个最好的地块终构成了如今勃艮第复杂又捉摸不透的葡萄园体系。有些葡萄酒产区甚至只有不到 1 公顷的地块,是世界上最小的法定产区。

地块(Climats)是勃艮第地区特有的,是指被法定命名的小块葡萄生长区域,有着特殊的风土条件。勃艮第葡萄种植园拥有 600 多个生产一级葡萄酒的地块。

克洛斯(Clos)是指被石块垒成的围墙所包围起来的"Climat"的葡萄园。克洛斯葡萄园形成了勃艮第特有的葡萄园风光,声名远扬。

14.3.3 葡萄品种

勃艮第以霞多丽和黑皮诺两个葡萄品种为主,阿里高特(Aligoté)和佳美(Gamay)也是这里的主要品种。这里的白葡萄酒更甚于红葡萄酒。石灰岩黏土为常见土壤,霞多丽和黑皮诺在此表现出其独有的矿物特质。其他葡萄品种(约占总种植量的 1%),如长相思、恺撒(César)、白皮诺(Pinot Blanc)、玻侯-皮诺(Pinot Beurot)种植面非常小。

14.3.4 分级制度

1. 地区级法定产区

该地区级法定产区一共有 23 个,葡萄酒名称始终以"勃艮第"这个词起始。

例如勃艮第阿里高特(Bourgogne Aligoté)、勃艮第黑皮诺(Bourgogne Pinot Noir)、勃艮第红葡萄酒(Bourgogne Rouge)等。

2. 村庄级法定产区

葡萄酒生产于葡萄村庄领地,直接以原产地村庄名字命名。一共有 44 个村庄级法定产区。比如以白葡萄闻名的夏布利产区(Chablis)和只产红葡萄酒的玻玛(Pommard)等。

3. 一级葡萄园法定产区

法律规定该级别必须在酒标中标示一级葡萄园(Premier Cru)。这是勃艮第地区独有的分级。葡萄酒生产于村庄内部所明确限定的地块内。

目前，勃艮第大约有600多个一级葡萄园地块。产自这儿的葡萄酒，酒标上会标注村庄名和一级葡萄园“PREMIER CRU”或“1er CRU”的标识，后面还要加上葡萄园名称。例如 Chablis 1er Cru Fourchaume 就是村庄名＋一级葡萄酒＋葡萄园名称的组成。

一些来自同一个村庄内由不同一级葡萄园混酿而成的葡萄酒，则酒标上不会标出葡萄园名称。

4. 特级葡萄园法定产区

特级葡萄园(Grand Cru)是勃艮第最高级别产区。它是由村庄最好地块出产的葡萄酿制而成，该产区大约仅占总体产量的1%。

由于无论是地区名还是村庄名都不会出现在该级别的酒标上，仅声明葡萄园的名称和“Grand Cru”的字样。这就需要对这些特级园所在产区有一个精准的了解。勃艮第目前一共有33个特级葡萄园，32个位于金丘区(Côte d'Or)，如蒙哈榭(Montrachet)、科通(Corton)、密思妮(Musigny)等。此外，夏布利也有一个特级葡萄园(Chablis Grand Cru)，由7个地块构成。

勃艮第法定产区分级见表14-3。

表 14-3 勃艮第法定产区分级

勃艮第法定大产区	数量/个	命名方式	举例
地区级法定产区 Bourgogne AOP	23	以葡萄品种命名	Bourgogne Aligoté AOP
		以酿造方法命名	Cremant de Bourgogne AOP
		以葡萄酒颜色命名	Bourgogne Rose AOP
		以产区位置命名	Bourgogne Cote Chalonnaise Macon AOP
		以酒出产的村庄名命名	Bourgogne Chitry AOP
		以混合不同品种命名	Bourgogne Passe-Tout-Grains AOP
		以一般性品质命名	Bourgogne Grand Ordinaire 或 Bourgogne AOP
村庄级法定产区	44		Chablis AOP，Pommard AOP
一级葡萄园法定产区 Premier Cru 或 1er Cru AOP	684	村庄名＋一级葡萄酒(Premier Cru 或 1er Cru)＋葡萄园名称	Chablis 1er Cru Fourchaume AOP
特级葡萄园法定产区 Grand Cru AOP	33	葡萄园的名称＋Grand Cru	Chablis Grand Cru

14.3.5 法定产区

1. 夏布利地区

夏布利法定产区从低到高依次为小夏布利法定产区(Petit Chablis AOP)、夏布利法定产区(Chablis AOP)、夏布利一级葡萄园法定产区(Chablis Premier Cru AOP)、夏布利特级葡萄园法定产区(Chablis Grand Cru AOP)。

(1) 小夏布利法定产区

小夏布利产区分布在斯兰河(Serein)流域两岸，于1944年成立为法定产区。产区精选位于高原边境的山坡来种植葡萄树，土壤为深褐色石灰岩和砂浆。种植面积约为782公顷。

霞多丽是唯一的葡萄品种。

(2) 夏布利法定产区

自古罗马世纪,人们就开始在夏布利种植葡萄树,葡萄园位于勃艮第的最北部。这里大约有 20 个村庄,霞多丽是该地区唯一葡萄品种,用来酿造闻名全球的夏布利干白。土壤以石灰岩黏土为主。这里每年的日照量与降水量变化很大,使得每个年份的品质和产量都有极大的差别。

(3) 夏布利一级葡萄园法定产区

夏布利一级葡萄园法定产区于 1938 年成立,这一杰出品质的干白葡萄酒为霞多丽葡萄酿造。相较于夏布利产区,一级葡萄园所生产的葡萄酒,酒体会更加丰满、浓郁,酸度偏高,矿物味更加明显。

该法定产区包含了 40 个一级葡萄园。但它们往往在酒标上更习惯于使用 17 个更为知名且较大地块的集合名称:例如禾歌斯(Vosgros)、米利诺(Mélinots)、蒙特托内尔(Montée de Tonnerre)等。

该地区土壤主要为 1.5 亿年前的侏罗纪石灰岩(特别是启莫里阶石灰岩,蕴含大量海洋生物化石),一级葡萄园位于斯兰河的两岸,但右岸由于是靠近特级葡萄园的风土,因此更被人们看好。

(4) 夏布利特级葡萄园法定产区

夏布利特级葡萄园位于斯兰河的右岸,土壤为启莫里阶石灰岩黏土,富含着小牡蛎化石。

它从区域上看是一块整体,但是分成了 7 个独立的地块:布兰修(Blanchot)、宝歌斯(Bougros)、格鲁尔(Grenouilles)、克罗(Les Clos)、普尔日(Preuses)、沃得则(Vaudésir)和瓦密尔(Valmur)。它们的名字会伴随着"Grand Cru"(特级葡萄园)出现在酒标上。

2. 金丘地区

(1) 夜丘区法定产区(Côte de Nuits AOP)和上夜丘区法定产区(Hautes-Côtes de Nuits AOP)

夜丘区葡萄园距今已有 2 000 多年历史,如今已成为世界上最优质红葡萄酒产地之一。葡萄园建在第戎(Di jon)和科歌鲁瓦(Corgoloin)之间约 20 千米的狭长山坡上,宽度仅仅只有两三百米宽。这里是黑皮诺的天堂,生长在中侏罗纪石灰岩的土壤中,创造着世界上独一无二的红葡萄酒。白葡萄品种霞多丽也有少量的种植。

上夜丘区葡萄园背靠勃艮第高原,位于夜丘区之后,黑皮诺和霞多丽选择在最好的坡地上种植。

这两个地区为大陆性气候,夏季炎热,秋季干旱。日照充足,葡萄充分享受着阳光的滋养。除了黑皮诺和霞多丽,红葡萄品种佳美和白葡萄品种霞多丽以及阿里高特均有种植。

夜丘区著名的八大酒村为玛桑内(Marsannay)、菲科赞(Fixin)、哲维瑞-香贝丹(Gevrey-Chambertin)、墨黑-圣丹尼(Morey-Saint-Denis)、香波-蜜思妮(Chambolle-Musigny)、武乔(Vougeot)、沃恩-罗曼尼(Vosne-Romanee)、纽伊-圣-乔治(Nuits-Saint-Georges)。世界上最昂贵的葡萄酒,罗曼尼-康帝特级葡萄园(Romanee-Conti Grand Cru)也位于此。

(2) 伯恩丘(Côte de Beaune)和上伯恩丘(Hautes-Côtes de Beaune)

伯恩丘葡萄园位于拉都瓦(Ladoix-Serrigny)村和马宏吉(Maranges)村陡峭的坡地之

间。在这一占地20公里、只有百余米宽的狭长地带上，葡萄园在东南方向种植，以充分享受阳光的恩泽。这里出产优质的干白葡萄酒和闻名于世的干红葡萄酒。罗曼尼-康帝酒园(Domaine de la Romanée-Conti)的唯一白葡萄酒正是来自于伯恩丘的蒙哈榭村庄。

在伯恩丘之上是海拔400米的高原，山谷耸立其间。这里就是上伯恩丘。大约有20个村庄将葡萄园建在了这片充满阳光的山坡上。勃艮第上伯恩丘(Bourgogne Hautes Côtes de Beaune)地区级法定产区来源于此。葡萄园土壤由石灰岩黏土组成。葡萄品种依旧是勃艮第的传统品种——黑皮诺和霞多丽。

3. 夏隆内丘产区(Côte Chalonnaise)和库硕区(Couchois)

夏隆内丘的葡萄园是勃艮第最漂亮的葡萄园之一。位于伯恩丘北部和马孔区南部之间，主要的葡萄品种为黑皮诺和霞多丽。

夏隆内丘为大陆性气候，共包含五个葡萄园村落：布哲隆(Bouzeron)、吉弗里(Givry)、莫丘里(Mercurey)、蒙塔尼(Montagny)和于利(Rully)。最北部的产区布哲隆其主要葡萄品种是阿里高特；偏东南的于利则以霞多丽为主，这里也是勃艮第起泡酒的重要产区；于利以南，是莫丘里产区，这里生产高品质的黑皮诺；再往南面是夏隆内丘最小的产区吉弗里，以红葡萄酒为主；蒙塔尼产区在最南部，只生产出色的霞多丽葡萄酒。

位于夏隆内西面，索恩-卢瓦尔省(Saône-et-Loire)山坡上的一片葡萄园，一直为追寻葡萄酒的更高品质的努力终获回报：2000年，这里被授予AOC原产地命名——勃艮第库硕丘(Bourgogne Côtes du Couchois)。库硕产区的风土与上伯恩丘非常类似，阳光充沛。黑皮诺有着出色的表现。

4. 马孔区(Mâconnais)

马孔位于勃艮第产区最南面。这里自高卢罗马时代起就开始葡萄树的栽种。大陆性气候令葡萄成熟度非常良好。18世纪时，马孔区种植的葡萄品种以佳美为主。到19世纪初，因其土壤更适宜种植霞多丽而逐渐被其取代。如今，霞多丽的种植率达到80%。其钙化的石灰质土非常适合黑皮诺和陈年能力强的霞多丽。

马孔法定产区于1937年成立，指定其周边的村庄所生产的葡萄酒允许以马孔(Mâcon)、马孔村(Mâcon-Villages)或Mâcon加上某个村庄名字的方式出现在酒标上。其中，来自马孔大区的酒，可选用马孔区内的霞多丽、黑皮诺或佳美来酿制白葡萄酒、红葡萄酒或桃红葡萄酒。而马孔村(Mâcon-Villages)则只来自于马孔区内数个精选村庄所生产的霞多丽干白葡萄酒。酒标上可体现出该村庄的名称，例如Mâcon Prissé或Mâcon Fuisse(亦可不标明村庄名，直接使用统称Mâcon-Villages)。

有一个特例是Serrières村，它是唯一允许使用“Mâcon-Villages”法定产区却可以酿制红葡萄酒和桃红葡萄酒的村庄。

14.4 博若莱(Beaujolais)

博若莱地处索恩河流域，南临里昂，北接马孔地区，西面则与卢瓦尔河谷相接。总面积160 000公顷，其中20 500公顷是葡萄种植区。

博若莱被大部分人所知道,是因为博若莱新酒(Beaujolais Nouveaux)。博若莱新酒是唯一一款当年采摘葡萄当年便可饮用的葡萄酒。正常情况下,当年采摘的葡萄,应在第二年春天以后才装瓶,而要买到该年份酒一般都要在两三年后。博若莱新酒却是由当年 9 月采摘的葡萄酿造而成,经过短暂浸渍及入桶,赶在每年 11 月的第三个星期四那天全球同步出售——这就是著名的"博若莱新酒节"。这个仪式已延续了几十年,那天是一场新老朋友共同举杯欢庆的盛典,也是每个爱酒人不可错过的节日——那一刻身处酒吧或餐馆中的人们,会大口大口饮用博若莱新酒。而弥漫在空气中的,更是每一个热爱葡萄酒的人对大自然的赐予、对葡萄园、对酿酒师一年的辛苦劳作以及对即将到来的圣诞季的赞美。

由于每年博若莱新酒节声名远扬,以至于很多人以为这是博若莱地区所产的唯一类型的酒,实际上真正最受推崇的却是来自博若莱地区的 10 个酒庄酒的法定产区(Crus Beaujolais)。

14.4.1 葡萄品种

博若莱地区种植的葡萄几乎都是佳美(Gamay)。

博若莱地区土壤贫瘠,具有丰富花岗岩层,特别适合佳美的生长,使其成为佳美葡萄酒的特优级产区。佳美葡萄品种口味清新、果香浓郁、价钱合适。

14.4.2 气候

气候与罗纳河谷相似,酿造出来的独特的风格又完全独立于勃艮第地区,使它自成一派。

14.4.3 分级制度

(1) 博若莱法定产区(Beaujolais AOP)。

(2) 博若莱村庄级法定产区(Beaujolais Villages AOP)。

(3) 博若莱酒庄酒法定产区(Les Crus du Beaujolais AOP)。

14.4.4 法定产区

博若莱地区包含 12 个法定产区,其中博若莱区和博若莱新酒区(Beaujolais Nouveaux/Primeurs)与博若莱村庄区(Beaujolais Villages)有不少地区是互相重叠的。

1. 博若莱法定产区(Beaujolais AOP)

博若莱法定产区的葡萄酒以佳美葡萄酿造而成。皮薄,单宁含量少。就像大部分法国法定产区一样,葡萄品种很少标注在酒标上。这里的白葡萄酒的产量只占 1%,葡萄品种为霞多丽和阿里高特。博若莱地区的红葡萄酒,其特点为酒体轻盈,酸度相对偏高。在某些年份,其产量甚至比勃艮第地区的夏布利、金丘、夏隆内和马孔加起来的产量还要高。

2. 博若莱村庄级法定产区(Beaujolais Villages AOP)

博若莱村庄级法定产区的葡萄酒种植在更陡峭的斜坡,由较多片岩和鹅卵石组成的土壤中,蕴藏着能生产出更高品质葡萄酒的潜能。如果所酿造的葡萄均来自于单一的一个葡萄园，则可以将这个葡萄园的名称以附缀名的方式标注在“Beaujolais Villages”原产地命名中。

3. 博若莱酒庄酒法定产区(Les Crus du Beaujolais AOP)

博若莱地区的土壤以花岗岩为主，各产区地貌也不尽相同，各具特色。10 个酒庄酒法定产区从南到北依次为：布鲁依(Brouilly AOP)、布鲁依丘(Côte de Brouilly AOP)、雷妮(Régnié AOP)、墨贡(Morgon AOP)、希露博(Chiroubles AOP)、福乐里(Fleurie AOP)、风车磨坊(Moulin-à-Vent AOP)、谢纳(Chénas AOP)、朱丽娜(Juliénas AOP)、圣-阿穆尔(Saint-Amour AOP)。其中圣-阿穆尔位于博若莱的最北部，在马贡地区的边界处。

(1) 布鲁依

布鲁依是幅员最为广阔的博若莱酒庄酒法定产区，色泽较深，口感醇厚浓烈。酒体呈深红宝石色，具有红色水果、李子、桃子的芬芳，略带些矿物气味。

土壤特性：花岗岩和冲击砂。

(2) 布鲁依丘

布鲁依丘产区分布在布鲁依山体的斜坡上，土壤全部由花岗岩和片岩组成，具有均一性的风土条件特征。相较于布鲁依，这里的葡萄酒浓郁度更高，但泥土味的感觉更少些。酒体呈紫红色，带着新鲜葡萄和鸢尾草的芬芳。

土壤特性：安山岩花岗岩(一种呈蓝色的土质)。

(3) 雷妮

雷妮是近年来受到关注的产区，酒体相对其余酒庄产区更加雄厚。葡萄酒柔和而平衡，酒体呈樱桃红色，带着点点紫罗兰色泽。红醋栗和树莓的风味是其特点。

土壤特性：沙砾状花岗岩。

(4) 墨贡

葡萄园为碎裂片岩质的土壤，创造了墨贡酒特有的饱满口感。经过 5 年陈化，泥土气息会转化为具勃艮第风格的丝滑感受。在博若莱酒庄产区中，这里的葡萄酒酒体颜色最深，最为丰富，且带有杏子和桃子的香气。墨贡产区的葡萄酒内涵丰富，随着时间的陈酿会带来更加饱满而强劲的口感。

土壤特性：碎裂花岗岩片岩。

(5) 希露博

希露博的葡萄园位于酒庄产区中海拔最高的地方，葡萄酒的口感柔和，格调高雅。酒体呈亮红色，醇香中包含了芍药、铃兰、鸢尾草和紫罗兰的香料，细腻且富含水果芬芳，是博若莱最经典的酒品之一。

土壤特性：花岗岩和斑岩。

(6) 福乐里

福乐里产区的葡萄酒口感丝滑，充满花朵和水果的芬芳。在理想的年份里，一款经过熟化的葡萄酒(vin de garde)意味着至少经过了 4 年陈酿，并且能够继续陈酿至 16 年。富有鸢尾草、紫罗兰、凋谢的玫瑰、桃子、红果的味道。

土壤特性：花岗岩粗砂。

(7) 风车磨坊

风车磨坊的葡萄酒风格与邻近的谢纳很相似。可生产博若莱地区最具陈年能力的葡萄酒。一些酒庄会使用橡木来增加葡萄酒的结构与单宁。"fûts de chêne"可能会出现在酒标上,意味着经过橡木陈酿。土壤富含锰元素的地质特点造就了该产区葡萄酒深红宝石般色泽,鸢尾草、玫瑰干花、香料和成熟水果的混合芬芳。这是一款富于架构的葡萄酒,跻身于最上等的葡萄酒之列。

土壤特性:富含锰的花岗岩。

(8) 谢纳

谢纳产区为博若莱最小的酒庄酒产区,内涵丰富,口感柔和。最显著的特点便是石榴红宝石般的色泽、丰富的架构、散发着芳香馥郁的玫瑰气息。

土壤特性:花岗岩砂石。

(9) 朱丽娜

朱丽娜产区葡萄酒饱满鲜香的味道让人联想起牡丹花,还夹杂着桃子与红果的香气,酒体为深邃的宝石红。黏土质土壤让这些雅致的葡萄酒既可以新鲜饮用,也可以陈年储藏,经历时间的沉淀而越发突显其独特魅力来。

土壤特性:片岩和花岗岩,黏土质。

(10) 圣-阿穆尔

圣-阿穆尔葡萄酒有典型的蜜桃香味,鲜活,细腻而且平衡的质感,保留着所有佳美葡萄的特性,它有红宝石般的色泽,樱桃酒以及香料的芬芳。柔和与平衡是它最大的特点。

土壤特性:硅质黏土。

14.5 香槟(Champagne)

位于法国巴黎东部大约150公里的地方,是世界著名的起泡酒——香槟酒的产地。香槟区共包括319个小产区(村庄),分布在5个省:马恩省(Marne 67%)、奥布省(Aube 23%)、埃纳省(Aisne 9%)、上马恩省(Haute-Marne)和塞纳马恩省(Seine-et-Marne)。这些区域范围之外的任何地方生产的酒都不能称为香槟。最著名的香槟产区分别为马恩河谷(Vallée de la Marne)、兰斯山区(Montagne de Reims)和白丘(Côte des Blancs);其次还有南边的西栈区(Côte de Sézanne)和奥布区(Aube)。

14.5.1 历史

香槟地区葡萄酒的历史可追溯到中世纪。僧侣酿造葡萄酒用于圣礼。法国僧侣唐·培里侬(Dom Pérignon,1638—1715年)被尊称为"香槟之父",其对香槟的生产及制作进行了一系列的提升,其中包括使用铁丝将瓶塞固定于瓶口以防瓶内气压将瓶塞弹出。

但亦有记录证明英国物理学家克里斯托弗·梅雷特最先记录了在成品酒中加入糖分致其二次发酵的方法,比唐·培里依到达本僧会修道院早6年,比圣本笃修会的僧侣宣布发明香槟酒早40年。

在欧盟及许多国家,“香槟”一词受到1891年签订的马德里协定的保护,只有在法国原产地命名控制(AOC)的相应区域及符合相关标准的产品才可使用。其他地区出产的使用“香槟制法”酿造的起泡酒,通常标注为“传统制法”。其他国家的酒商用另外的词命名他们的起泡酒,如卡瓦(西班牙)、斯普曼泰(意大利)、阿斯蒂(意大利)和塞克特(德国)。其他法国产酒区即便使用香槟的传统酿造方法也不能使用“香槟”一词,如勃艮第或阿尔萨斯所产的起泡酒叫Crémant(意为“产生细泡”)。

14.5.2 气候和风土

这里的气候以大陆性和海洋性气候为主。大陆性气候带来了夏季充足阳光的同时也带来了冬季具毁灭性的霜冻。而海洋性气候的主要特征是平均温度偏低。冬季温和,夏季不会太过于炎热。凉爽的气候有助于提高葡萄的酸度,为起泡酒的酿造提供了理想的条件。

香槟地区葡萄园的海拔为90~300米,大部分朝阳,坡地呈波浪形起伏,有些地段的坡度倾斜度甚至达到60%。这样的地形条件,既有利于排水,也可使葡萄树充分接受光照。

香槟区的白垩岩由海洋微生物(粒石藻类)的骨骼演化成的颗粒组成,其特征是带有箭石化石(中生代的软体动物)。这种类型的土壤非常有利于排水,同时一些香槟酒中的特殊矿物质味道也得益于此。

14.5.3 葡萄品种

适合香槟地区土壤和气候的三个主要的葡萄品种是:黑皮白肉的黑皮诺和皮诺莫尼耶,白葡萄品种霞多丽(见表14-4)。

黑皮诺的种植面积占39%,在凉爽的石灰岩中表现良好,广泛种植于兰斯山区。皮诺莫尼耶的种植面积占了33%,果香浓郁,口感柔和,给酒增添圆润的口感,特别适合土质偏黏土、霜害严重的马恩河谷。霞多丽的种植面积占28%,其特点有花香、柑橘和矿物质的味道,酸度高,适合陈年,主要产自白山坡种植。

表14-4 香槟地区葡萄品种

品种		特点
黑皮白肉	黑皮诺(Pinot Noir)	主要种植于兰斯山脉(Montagne de Reims)和奥布(Aube)两产区。在香槟调配中赋予酒坚实架构,使酒醇厚浓烈,富含红色水果的香气,赋予香槟完整的酒体
	皮诺莫尼耶(Pinot Meunier)	主要种植于马恩河谷(Vallee de la Marne)和兰斯山脉(Montagne de Reims)。常被看做是三种葡萄中最不重要的品种,但在大多数无年份香槟中都在采用。圆润柔顺,富于果味,香气浓烈,成熟较快
白葡萄品种	霞多丽(Chardonnay)	主要种植在白丘(Côte des Blancs)和西栈产区(Côte de Sézanne)。唯一可用于酿造香槟酒的白葡萄品种。成熟得较缓慢,酒质优雅细腻,具有香槟植物及花类的芳香,时而还带有矿物的味道

14.5.4　香槟分类

香槟的分类见表 14-5。

表 14-5　香槟的分类

按年份来分	按酿酒葡萄来分	按糖分来分	按制造者性质来分	按照分级来分
无年份香槟	黑中白香槟	甜	果农	特级葡萄园(17 个)
年份香槟	白中白香槟	半干	酒庄	一级葡萄园(40 个)
		干	合作社	
		绝干	合作的果农	
		天然	果农联合公司	
		超天然	销售商	
		自然	贴牌生产	

1. 按年份来分

(1) 无年份香槟

大部分香槟为“无年份”香槟，利用多种年份产出葡萄所酿基酒所调配的产品。大部分基酒来自单一年份，但会调配入 10%～15%较老年份的基酒(该比例有时可达 40%)。在质量一般的年份，部分酒庄也会调配只含该年份的香槟，但不会标注年份。

(2) 年份香槟

某一年份采收的葡萄质量超群，酒庄也会出产“年份”香槟，要求是所酿香槟的基酒 100%来自该年份。根据条例，酒庄可以用不超过该年所产基酒总量的 80%调配年份香槟，以保证 20%的好年份基酒可用于无年份香槟的调配。

2. 按酿酒葡萄来分

(1) 黑中白香槟(Blanc de Noir)

黑中白香槟是完全由红葡萄黑皮诺和皮诺莫尼耶所酿基酒所调配的白色葡萄酒。

(2) 白中白香槟(Blanc de Blanc)

白中白香槟所用葡萄品种为霞多丽。

3. 按糖分来分

香槟甜度是由第二次发酵时所加糖分和发酵年份决定的。按甜度可以分为以下 7 类。

(1) 甜(doux)：每升含糖超过 50g。

(2) 半干(demi-sec)：每升含糖 33～50g。

(3) 干(sec)：每升含糖 17～32g。

(4) 绝干(extra dry)：每升含糖 12～17g。

(5) 天然(brut)：每升含糖低于 12g。

(6) 超天然(extra brut)：每升含糖 0～6g。

(7) 自然(brut nature)：对于含糖量低于 3g，而且酒中没有添加任何糖的，也可以用“未添加 pas dosé”或“零添加 dosage zéro”的说明。

4. 按制造者性质来分

按制造者性质来分，可以分为酿酒的果农(RM)、香槟酒庄(NM)、酿酒的合作社(CM)、合作的果农(RC)、果农联合公司(SR)、销售商(ND)以及贴牌生产(MA)。这些首字母缩写可以在酒瓶或者酒标上找到。

5. 按照分级来分

最好的17个村庄被列为特级葡萄园(Grand Cru),仅次的40个村庄则被列作一级葡萄园(Premier Cru)。

14.5.5 法定产区

在法定的香槟大产区名下,可细分为5大法定次产区(见表14-6)。

表14-6 香槟法定产区和特点

次产区	风格特点
兰斯山产区(Montagne de Reims)	山体结构独立,产颜色深、酒体重的葡萄酒。口感浓郁,果香味浓
白丘产区(Côte de Blanc)	几乎只种霞多丽葡萄,是香槟产区中最受欢迎的次产区
马恩河谷产区	白山坡的种植比例较高,酒较为易饮,果香充分,不易于储存
西栈区产区	具有新世界起泡酒的风格,霞多丽葡萄占多数
奥布产区	位于省的南部,酒的风格纯净,质量优良。黑皮诺十分出色

14.5.6 香槟词汇

香槟词汇见表14-7。

表14-7 香槟词汇表

香槟词汇	释义
AIGNES	在香槟区,对压榨后的剩余物(皮、梗、籽等)的称呼,又称马克(MARCS)
AOC	原产地监控命名,以其命名产品的特征真实地来源于该产地
ARÔMES TERTIAIRES	第三类香气。葡萄酒发酵以后,在成熟和陈酿过程中形成的香气
AUTOLYSE	自溶,瓶内发酵后酵母细胞的自我解体
BELEMNITE	箭石,中生代的软体动物,香槟区白垩岩中富含其化石
BELON	贝隆罐,在香槟区,指接收从压榨机流出的果汁的罐子
CAPSULE COURONNE	皇冠瓶盖,用来封瓶的小金属盖,配有一个垫圈,使瓶口完全密封。在起泡和熟化过程中的临时塞子,盖里面同时加一个塑料塞,称为BIDULE
CIVC	香槟酒行业委员会,管理、保护葡萄农和香槟酒商共同利益的半官方机构
COCCOLITE	粒石藻类,海洋微生物,白垩石大部分由这种粒石藻类的骨骼化成的方解石颗粒组成
COLLAGE	澄清,加入添加剂,使悬浮的颗粒沉到罐底,让酒变清澈的过程

续表

香槟词汇	释　义
COULURE	落花/落果，植物生长过程中遇到意外，花和浆果掉落，导致收成减少
CRU	小产区，在香槟区，一个小产区对应一个种植葡萄的村庄
CRYPTOGAMIQUE	真菌病，由于真菌寄生导致的疾病(比如：霉霜病、粉孢菌病)
CUVÉE	在香槟区，这个词有两个含义，一指压榨 4 000kg 一马克的葡萄得到的 2 050L 头汁；二指调配后得到的酒液
DÉBOURREMENT	发芽，春天葡萄苗发出幼芽
ÉBOURGEONNAGE	抹芽，手工去掉不产果的芽
ESTER	酯，酸与酒精融合产生的一种化学元素，酯类有助于葡萄酒香气的形成
FERMENTATION ALCOOLIQUE	酒精发酵，在酵母作用下，将葡萄汁中的糖分转化成几乎等量的乙醇、二氧化碳和其他成分(高级醇类、酯类)的生物化学过程，而这些成分决定了葡萄酒的香气和口感
FERMENTATION MALOLACTIQUE	乳酸发酵，指在乳酸菌的作用下，将二元酸(苹果酸)转化为一元酸(乳酸)
FLACONNAGES	香槟酒使用的不同容积的瓶子：1/4 瓶(200mL)、半瓶(375mL)、瓶(750mL)、MAGNUM(1.5L)、JERO-BOAM(3L)、MATHUSALEM(6L)、SALMANAzAR(9L)、BALTHAzAR(12L)、NABUCHODONO-SOR(15L)
FOURRIÈRE	指葡萄株行两端的土地，规定必须种草
GOULOTTE	导流管，使葡萄汁从压榨机流入贝隆槽的露天或封闭的管
GREFFON	接穗，将带有一个或多个葡萄芽的枝丫嫁接在砧木上，避免根系感染根瘤蚜病
KIESELGUHR	硅藻土，由粉状硅石构成的矿物质，用来过滤酒
LEVURAGE	发酵，在葡萄汁或葡萄酒中接种酵母
LIES	酒渣，主要由死酵母构成，通常聚合沉积在罐底，或二次发酵后沉在瓶中
LIQUEUR DE TIRAGE	装瓶液，传统上由酵母、糖和香槟酒组成，加入瓶中以便发酵起泡
LIQUEUR D'EXPÉDITION	调味液，以香槟酒和蔗糖为原料，除渣工序结束后添加。其含糖量决定了酒的种类(天然、干、半干等)
MAIE	压榨机底部
MARC	马克，在香槟区，这个词有两个含义，一指压榨单位，相当于 4 000kg的葡萄，是传统压榨机一次的压榨能力；二指压榨的剩余物(皮、梗、核等)
MILDIOU	霉菌病，葡萄的一种真菌病
MILLERANDAGE	葡萄果实僵化，植物生长出了问题，浆果不再生长
MINÉRAL	矿物质香气，表示各种矿物质类的气味(白垩石、砾石、石灰石等)
OÏDIUM	粉孢菌病，葡萄的一种真菌病
PHOTOSYNTHÈSE	光合作用，植物利用阳光把叶绿素合成有机物的过程

续表

香槟词汇	释义
PROFIL ORGANOLEPTIQUE D'UN VIN	葡萄酒的感官特征，品鉴葡萄酒过程中，人们感受到的酒自身的成分及其相互间作用带来的视觉、香气、口感各方面的所有特性
RÉSERVE INDIVIDUELLE	个人储备，香槟区由 CIVC 管理的一种措施，在葡萄产量和质量都很高的年份，每个果农都要储备一部分收成。在收成低的年份，CIVC 可以决定释放储备来补足产量。个人储备有三个优点：首先使果农能应对种植收成的不确定性；同时也是经济调节的工具，以降低超产或者减产造成的不利影响；储备还可以很好地提高存酒的质量
RETROUSSE	翻整，两次压榨之间翻整葡萄以便提取葡萄汁，传统压榨机仍使用手工，水平压榨机使用机械方法
SELECTION CLONALE	克隆选种，通过对几千株葡萄苗的生长过程作出的长期科学分析，挑选出健康高质的品种
TAILLE	剪枝，每年人工剪短葡萄苗的枝杈，以平衡植物生长，提高葡萄质量；尾汁，葡萄压榨取得头汁后，第二榨得到的 500L 汁液
TIRAGE	装瓶
VÉRAISON	葡萄始熟期，即浆果开始着色的阶段(香槟区在 8 月)

14.6 阿尔萨斯(Alsace)

阿尔萨斯位于法国东北部，东部与德国接壤，文化较多受到德国的影响。

由于莱茵河船只运输的便利条件，阿尔萨斯葡萄酒在早期是与其他德国葡萄酒一同售卖。第二次世界大战后，阿尔萨斯与德国葡萄酒在风格方面发生了偏移。阿尔萨斯保留完整发酵后的干型到各类糖分含量不等的类型去适用于不同食物的搭配。

在同一时期，葡萄种植者参与了一项质量保护政策，确保选用当地典型的葡萄品种酿制葡萄酒。自 1945 年起，这项政策得以加深巩固：划定葡萄园界线、制定严格的葡萄酒生产和酿制法规。最终，阿尔萨斯在 1962 年、1975 年和 1976 年分别设立了"阿尔萨斯"(Alsace)、"阿尔萨斯特级酒庄"(Alsace Grand Cru)和"阿尔萨斯起泡酒"(Crémant d'Alsace)法定产区的称号。

14.6.1 气候和风土

由于最主要的风从西面吹来，孚日山(Vosges Mountains)就像一个屏障一样为阿尔萨斯避开雨水和海洋性气候的影响，由此，这里相对日照充足，气候炎热干燥，是法国全年降雨量最低的区域之一(每年仅仅 400～500mm)。

阿尔萨斯的葡萄园主要聚集在孚日山东面较低且狭窄的坡地上，海拔大约为 175～420 米。这样的海拔高度令阿尔萨斯葡萄园享受到最充分的阳光。这些优势使得葡萄成熟缓慢，延长成熟期，并赋予葡萄非常细腻的芳香。阿尔萨斯的地形非常多变，葡萄园蕴含着各类土壤。从花岗岩到石灰岩，其中还有黏土、片岩和砂岩。这种极其复杂的土地大约占地 15 000 公顷，其多样性适合种植许多葡萄品种。

14.6.2 葡萄品种

1. **白皮诺**(Pinot Blanc)

白皮诺是黑皮诺葡萄的白色形态。它是一种很有活力的葡萄品种,生长周期规律,可适应深厚土地,冰冷的、多石或者少石的土壤。经常被用于酿造阿尔萨斯起泡酒的基础。

2. **西万尼**(Sylvaner)

西万尼葡萄适合生长在光照强烈,多沙石的土壤环境中。在某些特定的风土条件下,它可酿造出极其精致细腻的葡萄酒。虽然它非常容易受到春天和冬天霜冻的影响,但它仍旧是一种产量很稳定的葡萄品种。

3. **雷司令**(Riesling)

雷司令是继西万尼之后成熟最晚的阿尔萨斯葡萄品种。为了达到成熟阶段,它需要凉爽的夜晚。这种葡萄品种适合排水性好,贫瘠,甚至多石的土壤,丰富的日照利于土壤充分吸收热能。相较那些早熟品种来说,它所酿造的葡萄酒个性更加突出。

4. **麝香**(Muscat)

麝香葡萄最理想的条件是种植在阳光充足的斜坡上。阿尔萨斯地区种植有两种麝香葡萄品种:一种被称为“小颗粒”(à petits grains)或称“阿尔萨斯麝香”(Muscat d'Alsace)的品种;另一种为奥托麝香(Muscat Ottonel)。阿尔萨斯麝香在石灰质的土壤上适应良好;奥托麝香是一种早熟的葡萄品种,酸涩感很低,表现出非常新鲜的水果以及浓烈的香气。这一品种对天气变化极为敏感,这就是为什么它的产量稀少且不规律。奥托麝香适合石灰质黏土的土壤。这两种不同品种的和谐搭配,赋予了葡萄酒精致而持久的芬芳。

5. **灰皮诺**(Pinot Gris)

和雷司令、琼瑶浆和麝香葡萄一样,灰皮诺被用于酿造阿尔萨斯法定产区葡萄酒、阿尔萨斯特级酒庄酒,同时也用于迟摘型葡萄酒和贵腐葡萄酒。它是一个低产却充满活力的葡萄品种。有良好的抗冬季霜冻能力,适合深厚且干燥拥有良好光照的石灰质土壤。但是由于其极其娇嫩的果皮,很容易滋生灰腐。

6. **琼瑶浆**(Gewurztraminer)

琼瑶浆是一个香气馥郁,产量中等且早熟的葡萄品种。它能很好地适应砂质白垩丰富的花岗岩,黏土砂土壤。在良好的阳光照射下能够蓬勃生长。

7. **萨瓦涅玫瑰**(Savagnin rose)

萨瓦涅玫瑰类似琼瑶浆,只有在海利根施泰(Heiligenstein)地区才能找到用萨瓦涅所酿造的海利根施泰-克雷维内(Klevener de Heiligenstein)葡萄酒。这里土壤中含有大量鹅卵石、沙子和黏土,南部和东南部海拔 200~300 米。富含二氧化硅的黏土干燥贫瘠,限制了葡萄的产量。

8. **黑皮诺**(Pinot Noir)

黑皮诺最初来源于勃艮第,是阿尔萨斯唯一被允许种植的红葡萄品种,主要用于生产清淡且富含果香的葡萄酒。除阿尔萨斯起泡酒(Crémants d'Alsace-blancs de Noirs)和桃红起泡酒(Crémants Rosés),如今以黑皮诺酿造的红葡萄酒越来越多,有着重现辉煌历史的势头

(中世纪的阿尔萨斯,红葡萄酒占了半壁江山,当时种植的红葡萄品种多达40多种,黑皮诺为主导地位)。

14.6.3 法定产区

1. **阿尔萨斯法定产区(Alsace AOP)**

阿尔萨斯法定产区生产白葡萄酒、红葡萄酒、桃红葡萄酒,如果在酒标上标注葡萄品种,则这款葡萄酒百分之百由这个葡萄品种酿制而成;如果标签上没有标注葡萄品种,那么这很可能是一款由多种葡萄共同酿成的。此外,还有少数酒庄只是以品牌名字命名。酒标上还会标注一些地理标示,例如村庄、城镇等。

除了少量来自黑皮诺葡萄酿造的红葡萄酒或桃红葡萄酒,阿尔萨斯是白葡萄酒的天下。这里的葡萄酒深受德国影响,大部分来自于香气馥郁的品种。所以一提起阿尔萨斯葡萄酒,就会想到其芬芳花香且具辛辣香味的特性。

传统上来说,阿尔萨斯葡萄酒是干型(这是与德国用着同样的葡萄品种却能形成差别的方式),但为了得到更加浓郁的水果风味,一些酒庄开始生产有残余糖分的葡萄酒。由于这个地区没有官方制度在酒标上标注区分干型到非干型甚至半甜的类型,使得许多消费者非常困惑,只有通过经验去辨别。通常来说,琼瑶浆和黑皮诺在成熟时所达到的天然糖分程度比雷司令、麝香和西万尼更高。

从1972年开始,阿尔萨斯葡萄酒必须在其生产地装瓶。阿尔萨斯的葡萄酒瓶形是非常特殊的流线形,通常法语称为“flûtes d'Alsace”;而在法定产区法规中,准确称谓应该是“Vin du Rhin”莱茵葡萄酒瓶。在许多德国的葡萄酒产区,尤其是雷司令或者是其他传统的白葡萄酒,也都常用这样的瓶形。

几乎阿尔萨斯地区所生产的葡萄酒都是AOC级别,由于这里不属于地区餐酒界定区域,因此AOC级别之外的便是法国餐酒(Vin de France)的级别了。

该法定产区所生产的葡萄酒占阿尔萨斯葡萄酒总产量的70%以上,其中大约90%是白葡萄酒。

2. **阿尔萨斯特级葡萄园(Alsace Grand Cru AOP)**

阿尔萨斯特级葡萄园来自于阿尔萨斯法定产区内精选的51个特优产区,位于海拔200~300米。这些法定产区面积从3公顷到80公顷不等。为达到特级园的标准,除了满足法定产区严格法规外,每公顷年产量还不得高于6 500L,必须来自于特级园中某一单一葡萄园,其葡萄园名字必须标注于酒标上。所有葡萄酒均为白葡萄酒,且来自阿尔萨斯贵族品种:雷司令、麝香、灰皮诺和琼瑶浆(除了个别的葡萄园,葡萄酒必须来自这四种单一品种且在酒标上标明品种名称)。阿尔萨斯特级酒庄葡萄酒的年平均产量约占阿尔萨斯葡萄酒总产量的4%。

2001年1月24日颁布的阿尔萨斯葡萄酒法令加强了葡萄栽培工会的作用,比如对葡萄品种的限定;葡萄采摘的开始日期;对每个产区或每个葡萄品种是否可以酿制比法律规定要高的酒精度数;根据不同产区制定不同的葡萄酒最低储备量等一系列严格的品质控制。

2005年3月21日颁布的法令特许在宗曾堡(Zotzenberg)产区内的西万尼葡萄品种以及伯格海姆-艾腾堡(Altenberg de Bergheim)产区内的酿混酒可被列入特级酒庄酒。

2007 年1 月 12 日颁布的法令中,凯弗高夫(Kaefferkopf)产区内酿造的混合酒也被列入阿尔萨斯特级酒庄酒。

3. 阿尔萨斯起泡酒(Crémant d'Alsace AOP)

阿尔萨斯法定产区起泡酒,主要以白皮诺葡萄为主,其次也会用到灰皮诺、黑皮诺、雷司令或者霞多丽来酿制。阿尔萨斯葡萄种植区气候干燥,光照丰富,山坡朝阳,正是这种独特的地理位置和气候条件赋予每个葡萄品种不可复制的特性,酿造出的起泡酒细腻而精致。

1945 年 11 月 2 日的法令明确划分了阿尔萨斯葡萄酒所使用的葡萄种植范围。根据该法令,只有来自这个区域的白葡萄或红葡萄,才能被用于酿造阿尔萨斯起泡酒。阿尔萨斯葡萄酒专家区域委员会规定了阿尔萨斯法定产区起泡酒的葡萄采摘日期。一般来说,这个日子稍早于阿尔萨斯法定产区葡萄酒的葡萄采摘日期。

20 世纪初,许多阿尔萨斯葡萄酒公司使用香槟的发酵方法来酿造起泡酒。这个传统在 20 世纪上半叶并不兴盛,直到 1976 年 8 月 24 日,阿尔萨斯起泡酒原产地监控命名标准建立。这个法令的实施给了阿尔萨斯酒庄全新的管理框架,依照香槟酒所使用的各种标准和要求,酿造高质量高品质的起泡酒。如今,阿尔萨斯起泡酒制造者联合工会已拥有超过 500 个会员。通过运用香槟的传统酿造方法,经瓶中二次发酵后,阿尔萨斯起泡酒呈现出热烈活泼且精致的风格。

4. 阿尔萨斯葡萄酒的主要类型

阿尔萨斯葡萄酒的主要类型见表 14-8。

表 14-8　阿尔萨斯葡萄酒的主要类型

阿尔萨斯法定产区	90%是白葡萄酒
阿尔萨斯特级葡萄园 51 个	所有葡萄酒均为白葡萄酒,且来自阿尔萨斯贵族品种:雷司令、麝香、灰皮诺和琼瑶浆
阿尔萨斯起泡酒	• 大部分以白皮诺葡萄来酿造阿尔萨斯起泡酒,口感精致且柔顺 • 雷司令葡萄带给起泡酒的特征活泼,果味丰富,优雅而高贵 • 灰皮诺葡萄酿造的起泡酒,内涵丰富,酒体结构饱满紧实 • 霞多丽葡萄赋予起泡酒高贵而清淡的特质 • 黑皮诺葡萄是酿造阿尔萨斯桃红起泡酒的唯一葡萄品种,充满魅力,口感细腻
迟摘型	必须为法定产区特级酒庄酒,必须来自 Alsace 四大贵族品种
贵腐颗粒精选型	最高级的迟摘型葡萄酒

(1) 混合葡萄酒

阿尔萨斯葡萄酒按照惯例会在酒标上标注葡萄品种,这种方式也常见于德国以及新世界的葡萄酒中。但由于并没有强制性规定要求阿尔萨斯的葡萄酒标签上一定要标注葡萄品种,所以只要在该产区葡萄酒标签上没有葡萄名称的,很有可能就是一款混合型葡萄酒。

混合型葡萄酒的类型有高级混合葡萄酒(Edelzwicker)和香提(Gentil)两种类型。高级混合型葡萄酒是以阿尔萨斯的白葡萄品种混酿,不要求各品种所占的比重,不同葡萄品种可混合发酵,也可各自分开发酵。酒标上的葡萄年份也并不强制体现。而香提与其在本质上有所不同,"Gentil"的标示只能出现在阿尔萨斯原产地监管命名下并对混合比例有严格要求,雷司令、麝香、灰皮诺或者琼瑶浆的含量不能低于 50%,对于剩余的比例只能从西万尼、夏瑟拉(Chasselas)或者白皮诺进行挑选。在混合前,每个品种需要各自分开酿造。香提在装瓶并进行品尝确认通过后,才可在市场进行销售。

(2) 迟摘型(Vendange Tardive)

在阿尔萨斯法定产区葡萄酒和阿尔萨斯特级酒庄酒的标签上,可能会标注"Vendange Tardive",意指"迟摘型"葡萄酒。这是指葡萄在收获日时未进行采收而继续保留在葡萄树上长达数周,这段时期由于糖分和水分的逐渐凝聚使得葡萄的风味发生了强烈的变化——其芳香特质变得更为浓烈和突出。迟摘型葡萄酒的风格可以从干型到甜型不等。迟摘型的葡萄必须来自于阿尔萨斯四大贵族品种。

(3) 贵腐颗粒精选型(Selection de Grain Nobles,SGN)

除了迟摘型葡萄酒,在阿尔萨斯法定产区葡萄酒和阿尔萨斯特级酒庄酒的标签上还可能会标注"Selection de Grain Nobles",这是官方最高级的迟摘型葡萄酒,意为"贵腐颗粒精选型",是葡萄在经过贵腐菌感染之后,分数次采收,人工逐颗筛选后所酿造的葡萄酒。

贵腐菌浓缩下的葡萄香气浓烈,具有丰富的层次和圆润的口感。该类葡萄酒为甜型,由于并非每年都有合适的自然条件来生产,因此产量稀少,价格相对昂贵。

贵腐颗粒精选型葡萄在收获时所需的成熟度(葡萄汁的含糖量和潜在酒精度)见表14-9。

表 14-9 贵腐颗粒精选型葡萄在收获时所需的成熟度

葡萄品种	2001 年以后的 SGN	2001 年以前的 SGN
琼瑶浆	糖分浓度 306g/L 或者	潜在酒精度 16.4%
灰皮诺	潜在酒精度 18.2%	
雷司令	糖分浓度 276g/L 或者	潜在酒精度 15.1%
麝香	潜在酒精度 16.4%	

SGN 的标准与德国的逐串采收(Beerenauslese)标准大体相当,但是阿尔萨斯葡萄酒的酒精度相较德国会更高一些,这是因为更加完全的发酵使得葡萄的剩余糖分更少,尤其是对于雷司令和麝香葡萄。

14.7 罗纳河谷(Côtes du Rhône)

罗纳河谷葡萄酒产区位于法国东南部。葡萄园随着罗纳河流域从北部里昂至南部靠近地中海海岸,连绵约 240 公里。这里丰富的土壤类型和微气候赋予了南北之间差异化的葡萄酒风格。

罗纳河谷通常被划分为两个主要的子产区:北罗纳河谷与南罗纳河谷。较小且重品质的北部产区几乎完全以西拉(Syrah)为主要葡萄品种,所生产的红葡萄酒允许混合一定比例的白葡萄,如玛珊(Marsanne)、瑚珊(Roussane)和维欧尼(Viognier);而南部产区不仅葡萄品种更为丰富,且这里生产的葡萄酒大约占整个罗纳河谷产量的 90%以上。葡萄酒类型从白葡萄酒、红葡萄酒到桃红葡萄酒均有生产。这里最突出的品种为歌海娜(Gernache)和慕合怀特(Mourvedre),它们与西拉一起混合后酿制出风格浓郁的红葡萄酒。

14.7.1　质量等级

罗纳河谷没有分级制度，其法定产区分为罗纳河谷级、罗纳河谷村庄级和罗纳河谷特级(见表 14-10)。

表 14-10　罗纳河谷级别

级　别	酒标标示	村庄名
罗纳河谷级	Côtes du Rhône AOP	
罗纳河谷村庄级	Côtes du Rhône-Villages AOP	
	Côtes du Rhône-Villages + 村庄名称 AOP	Rousset-les-Vignes, Saint-Pantaléon-les-Vignes, Valréas, Visan, Saint-Maurice, Rochegude, Roaix, Cairanne, Séguret, Sablét, Saint-Gervais, Chusclan, Laudun, Massif d'Uchaux, Plan de Dieu, Puyméras, Signar, Gadagne
罗纳河谷特级产区	其村庄名称就是法定产区，它们不需要在酒标中注明"Côtes du Rhône"	Beaumes de Venise, Château-Grillet, Châteauneuf-du-Pape, Condrieu, Cornas, Côte-Rôtie, Crozes-Hermitage, Gigondas, Hermitage, Lirac, Rasteau, Saint Joseph, Saint Péray, Tavel, Vacqueyras 和 Vinsobres

1. 罗纳河谷级(Côtes du Rhône AOP)

该级别葡萄酒为罗纳河谷产区中产量最大的，葡萄酒来自罗纳河谷所属的 171 个市镇。盛产简单、轻盈、果味充足的酒，也有少量的白葡萄酒和桃红葡萄酒。

2. 罗纳河谷村庄级(Côtes du Rhône-Villages AOP)

葡萄酒限定在特定的村庄生产，拥有更高品质。该级别均聚集在南罗纳河谷产区。红葡萄酒和桃红葡萄酒中，歌海娜所占比例不得低于 50%，另有 20%的西拉和(或)慕合怀特，剩余的 20%使用该法定产区所允许的其余品种。白葡萄酒则混合了白歌海娜、克莱尔(Clairette)、玛珊、瑚珊、布尔布兰(Bourboulenc)和维欧尼，其余法定品种不得超过 20%。该级别葡萄酒的最低酒精度为 12%。其中仅有 18 个村庄因其特殊的风土和更高的品质允许在酒标中标注该村庄名称。这 18 个特定村庄为：Rousset-les-Vignes、Saint-Pantaléon-les-Vignes、Valréas、Visan、Saint-Maurice、Rochegude、Roaix、Cairanne、Séguret、Sablét、Saint-Gervais、Chusclan、Laudun、Massif d'Uchaux、Plan de Dieu、Puyméras、Signar、Gadagne。

3. 罗纳河谷特级产区(Côtes du Rhône Cru AOP)

该产区有 16 个特级产区，其村庄名称就是法定产区，它们是不需要在酒标中注明"Côtes du Rhône"，而是直接声明它们的村庄名称：Beaumes de Venise、Château-Grillet、Châteauneuf-du-Pape、Condrieu，Cornas、Côte-Rôtie、Crozes-Hermitage、Gigondas、Hermitage、Lirac、Rasteau、Saint Joseph、Saint Péray、Tavel、Vacqueyras 和 Vinsobres。而其中 Beaumes de Venise 又有其加烈酒(Vins Doux Naturels)的法定产区称号。

14.7.2 北罗纳河谷的法定产区

1. 罗帝丘(Cote-Rotie)

罗帝丘位于罗纳河谷最北部,葡萄园海拔为180～325米。这里的大陆性气候与以地中海气候为主的南部差异很大,冬季潮湿,寒冷的密史脱拉风(mistral)一直吹到春季。

在晚春和早秋之际,雾气的产生会给葡萄的成熟带来一定挑战。这里的葡萄园坡度非常陡峭,有时甚至达到60°,使得葡萄得以充分接受阳光的照射。土壤中母岩存在的大量缝隙迫使葡萄树的根茎能努力寻找水源以及生长所需矿物质。罗帝丘只生产红葡萄酒,其优雅细致的结构和复杂的香气是由西拉葡萄混合20%的维欧尼所产生(维欧尼可增加圆润度和香气)。肉香(如培根)和花香这两种似乎矛盾的香气均在优质的罗帝丘葡萄酒中有着完美呈现。

2. 科迪会艾(Condrieu)

科迪会艾法定产区生产100%维欧尼白葡萄酒,葡萄园的朝向令葡萄树在寒冷季节里最大限度获取光照和热能,以确保葡萄充分成熟。这里的土壤蕴含燧石和云母,优质的科迪会艾葡萄酒中矿物质的味道正是得益于此。该法定产区内的歌赫耶酒庄(Chateau Grillet)是罗纳河谷产区中最小的法定产区,仅有大约4公顷种植面积,也是完全由维欧尼酿制的白葡萄酒。这片葡萄园种植于陡峭的呈梯田式的花岗岩悬崖上,葡萄树的平均年龄为40年,因此产量非常稀少。

3. 圣约瑟夫(Saint-Joseph)

圣约瑟夫红葡萄酒和白葡萄酒比例分别占90%和10%。西拉为酿造红葡萄酒主要品种(10%的瑚珊或玛珊也被允许添加)。白葡萄酒则以瑚珊和玛珊混合酿造。这里最好的葡萄酒来自于南部,其葡萄树龄最老的已有100年之久。大部分的葡萄酒还是以新鲜充沛的果味,适合即时饮用为特色。

4. 柯霍兹-艾米塔(Crozes-Hermitage)

柯霍兹-艾米塔法定产区于1937年创建,种植面积约1 500公顷。这里是北罗纳河谷最大的产区,呈半大陆性气候,全年降雨量适中。夏季炎热干燥,日照强烈,冬季较温和。来自于不同冰川时期的鹅卵石与红色黏土构成平原以及梯形坡地。相较于邻近罗帝丘和同名的艾米塔,这里的品质略逊一筹。大约90%的红葡萄酒以西拉为主要品种(允许混合15%的瑚珊或玛珊),另有少部分的白葡萄酒由玛珊或者瑚珊酿成。

5. 艾米塔(Hermitage)

艾米塔的葡萄园种植于罗纳河的东岸朝阳的坡地上。种植面积约136公顷。土壤为云母和片麻岩覆盖的花岗岩沙地以及圆润的冲积石。尽管允许混合15%的瑚珊或玛珊,大多数红葡萄酒还是以100%的西拉酿造而成。艾米塔的红葡萄酒有着北罗纳河谷最强劲的风格,因其厚实的单宁往往需要窖藏长达50年之久,散发着浓郁的皮革、红果、泥土以及巧克力的味道。这里的干白由玛珊和瑚珊混合酿制,与干红一样也有着优异的陈年能力,通常陈酿达15年之久。

6. 高纳斯(Cornas)

高纳斯意为"灼烧过的土地",该法定产区的产量非常稀少,仅有约100公顷葡萄园。这个地区最佳的种植区位于终年享有炙热阳光的斜坡之上。呈梯田式的陡峭朝南的坡地，阻止了土壤流失，也阻挡了冷烈的北部寒风的侵扰。花岗岩的土质非常有利于白天吸收大量热能，到了晚间再逐渐散发出来。而良好的排水性也促使葡萄树扎根更深以汲取养分。西拉是这里唯一允许被种植的葡萄品种，所酿制的红葡萄酒不允许与任何葡萄品种混合调配。来自高纳斯的西拉葡萄酒往往需要长时间的陈酿，但近来一些以果味为主的风格开始慢慢流行起来。不过仍有坚守传统的酒庄至少将其在橡木桶中陈酿 7 年甚至更久才再装瓶销售。可以说来自高纳斯的西拉可作为世界级西拉的一个典型代表也不为过。

7. 圣贝邑(Saint-Peray)

圣贝邑产区是北罗纳河谷最南部的产区，深邃的山谷形成了凉爽的微气候，土壤以花岗岩、石灰岩为主。因产量非常小而鲜为人知。这里不生产红葡萄酒，从平静葡萄酒到起泡葡萄酒均以 100% 的白葡萄品种玛珊和瑚珊酿制。其中约 4/5 的葡萄酒为传统酿制方法酿制(香槟方法)的起泡葡萄酒。更优质的品种被用来酿制干白。

14.7.3　南罗纳河谷的法定产区

南罗纳河谷的气候不似北罗纳河谷的陡峭山地，南部多为平原。更多为地中海气候，冬季温和。由于南部的环境非常适合葡萄的生长，葡萄种类繁多，各产区的葡萄酒风格迥异。例如南罗纳河谷最为著名的教皇新堡产区(Chateauneuf-du-Pape)可混合多达 13 种葡萄品种，而其邻近的一些法定产区甚至混合了更多的葡萄品种。

1. 教皇新堡(Chateauneuf-du-Pape)

教皇新堡是罗纳河谷非常著名也非常重要的产区。这里也是法国最古老传奇的葡萄酒产地之一，由罗马教皇亲自参与和开拓，葡萄园的历史也是宗教皇权之间的斗争史。葡萄酒文化一直在僧侣，特别是主教大力支持下蓬勃发展。1157 年，阿维尼翁(Avignon)大主教杰弗里(Geoffroy)，在他新封的城堡里按照罗马人的方法有组织、有规模地种植葡萄，酿造葡萄酒。这就是最早的新堡村。在 13 世纪，新堡村已经拥有了约 300 公顷优质的葡萄园和近 1 000 名居民。

公元 1308 年，为屈从法国国王不得不从罗马迁到法国阿维尼翁的教皇克莱蒙五世(Clement Ⅴ)，在不断的斗争和失败后，越来越寄情于距阿维尼翁 17 公里的新堡村。他在这里种植葡萄，酿造葡萄酒，直到 1314 年去世。胜利越来越遥远，克莱蒙五世的下一任让二十二世(Jean XXII)教皇索性在新堡村修建了一座避暑城堡。在让二十二世(Jean XXII)第一次命名这个村出产的葡萄酒为教皇新堡时，这才真正开始了教皇新堡葡萄酒的史诗。阿维尼翁的教皇行宫历经七代教皇，无论是经历了战争还是流行疾病等不利因素都未能阻止其葡萄园不断向外扩张的步伐，新堡村的葡萄酒赢得了一个最尊崇的声望。到 1800 年，已经有 668 公顷优质葡萄园了。此时的葡萄酒也已经成为一种重要的交易产品了。

2800 小时的年日照量，加上多石、干燥土壤的日吸阳、晚散热特点，造就了这块土地的天时地利。1933 年 11 月 21 日，教皇新堡正式成为法定原产地产区。有权使用 13 种葡萄：西拉、慕合怀特、神索(Cinsault)、歌海娜、古诺瓦姿(Counoise)、克莱雷特(Clairette)、瑚珊、布尔布兰、琵卡丹(Picardan)、皮珂葡(Picpoul)、莫斯卡丹(Muscardin)、瓦卡尔斯(Vaccarèse)和黑德瑞(Terret Noir)。尽管有 13 种葡萄品种允许使用，但歌海娜仍为主要葡萄品种，其次为西拉和慕合怀特以及神索。

教皇新堡土壤为来自阿尔卑斯山的雪水冲积下来的石英和硅土组成的石块以及石灰岩。不同的土质赋予了葡萄酒不同的个性。石灰岩能产生丰满、香气四溢、新鲜的白葡萄酒；南部黏土混合着鹅卵石所产生的厚重酒体、结构平衡的红葡萄酒。沙土带来轻盈、细致和辛辣的口感。

2. 维奇拉斯(Vacqueyras)

维奇拉斯约产 96%的红葡萄酒，以黑歌海娜(50%)混合西拉和慕合怀特以及其他所允许的罗纳河谷葡萄品种(10%)酿造；另产大约 3%的白葡萄酒和 1%的桃红葡萄酒。

3. 吉恭达斯(Gigondas)

吉恭达斯以生产红葡萄酒为主，这里与维奇拉斯的区别在于红葡萄酒中歌海娜的比例更大，占 80%。由于其中一些产区气温比教皇新堡还高，因此所出产葡萄酒酒精度数甚至接近加烈酒的度数。仅有 1%的产量用于生产桃红葡萄酒。

4. 利哈克(Lirac)

利哈克位于南罗纳河谷的西岸，这里以重酒体的红葡萄酒(歌海娜为主，混合西拉和慕合怀特)和高品质的桃红葡萄酒(神索为主，混合西拉和慕合怀特)为主。此外，由克莱雷特和白歌海娜以及布尔布兰所酿出的浓郁厚重且花香馥郁的白葡萄酒也有少量的生产。

5. 塔维尔(Tavel)

塔维尔与利哈克一样，均来自于南罗纳河谷的西岸，这里是法国唯一只产桃红葡萄酒的法定产区。歌海娜和神索是主要葡萄品种。干燥而炎热的地中海气候，以及较少的降雨量，葡萄得以充分成熟。塔维尔是桃红葡萄酒中颜色最深的，其口感也同样厚实强劲。

6. 波姆威尼斯(Beaumes de Venise)

波姆威尼斯产区出产两种不同类型的葡萄酒，一种为甜型加烈葡萄酒，法定产区名称为“Muscat de Beaumes de Venise”，是以单一的麝香葡萄所酿制的酒精度为 15%的加烈甜型葡萄酒。另一种类型为来自罗纳河谷特级产区，以歌海娜(50%)混合西拉(25%)、慕合怀特和其他允许的品种(不超过 20%)酿制的红葡萄酒。

7. 哈斯图(Rasteau)

哈斯图法定产区最初仅生产加烈甜型的红葡萄酒、桃红葡萄酒，以歌海娜为主要葡萄品种。自 2010 年起，其干型红葡萄酒也被列入法定产区之列，自 2009 年起实施。

哈斯图葡萄酒的酒标上允许出现两个特定名词：“Hors d'âge”意为在上市前至少经过 5 年窖藏；“Rancio”意为该加烈葡萄酒经过了特殊的氧化处理——至少 2 年的橡木陈酿且在自然的阳光照射下熟化。

8. 万索布尔(Vinsobres)

万索布尔葡萄园位于万索布尔山腰上，以岩石和砂质土壤为主。从 1957 年最初被评定为罗纳河谷村庄级到 1967 年被定级为罗纳河谷村庄区万索布尔，直到 2005 年升级为万索布尔原产地命名。以歌海娜(最少 50%)、西拉和慕合怀特为主。

14.7.4　罗纳河谷地区其他法定产区

围绕在南罗纳河谷周边还有一些法定产区,选用相同葡萄品种。因这里的气候略微凉爽,所以生产出的葡萄酒与大部分罗纳河谷产区相比更为清淡一些。它们分别为吕贝龙(Luberon)、旺度(Ventoux)、尼姆(Costières de Nîmes)、格里尼昂雷阿德马尔(Grignan-les-Adhemar)、维沃雷(Côtes du Vivarais)。此外,贝勒嘉德-克莱雷特(Crémant de Die)是以克莱雷特、阿里高特和麝香葡萄,通过香槟的酿造方法生产出的干型天然起泡酒,散发苹果和绿色水果的香气。

14.7.5　罗纳河谷法定产区葡萄品种

罗纳河谷法定产区葡萄品种见表 14-11。

表 14-11　罗纳河谷法定产区葡萄品种

法定产区		葡萄品种	葡萄酒类型	特点
北罗纳河谷	罗帝丘	西拉葡萄混合 20% 的维欧尼所产生	100%红葡萄酒	优雅细致的结构,复杂香气
	科迪会艾	100%维欧尼	100%白葡萄酒	含矿物质的味道
	圣约瑟夫	红:西拉(10%的瑚珊和玛珊也被允许添加)	90%红葡萄酒,10%白葡萄酒	新鲜充沛的果味,适合即时饮用
	柯霍兹-艾米塔	红:西拉+混合 15% 的瑚珊或玛珊;白:由玛珊或者瑚珊酿成		相较于邻近罗帝丘和同名的艾米塔,这里的品质略逊一筹
	艾米塔	100%西拉,允许混合 15%的瑚珊或玛珊		北罗纳河谷最强劲的风格,因其厚实的单宁往往需要窖藏长达 50 年之久,散发着浓郁的皮革、红果、泥土以及巧克力的味道
	高纳斯	西拉是唯一允许被种植的葡萄品种		世界级西拉的一个典型代表
	圣贝邑	玛珊和瑚珊	100%白葡萄酒	
南罗纳河谷	教皇新堡	13 种法定葡萄品种,歌海娜为主要葡萄品种,其次为西拉和慕合怀特以及神索		厚重酒体,结构平衡,轻盈、细致和辛辣的口感
	维奇拉斯	黑歌海娜(50%)混合西拉和慕合怀特以及其他法定葡萄品种(10%)	96%的红葡萄酒,3%的白葡萄酒和 1%的桃红葡萄酒	
	吉恭达斯	歌海娜的比例占 80%	红葡萄酒为主,1%的桃红葡萄酒	所出产葡萄酒酒精度数甚至接近加烈酒的度数
	利哈克			重酒体的红葡萄酒,高品质的桃红葡萄酒,浓郁厚重且花香馥郁的白葡萄酒

续表

法定产区		葡萄品种	葡萄酒类型	特点
南罗纳河谷	塔维尔	歌海娜和神索		法国唯一只产桃红酒的法定产区，是桃红葡萄酒中颜色最深的，其口感也同样厚实强劲
	波姆威尼斯			甜型加烈葡萄酒＋罗纳河谷特级产区红葡萄酒
	哈斯图	歌海娜		甜型的红葡萄酒，桃红葡萄酒，以歌海娜为主
	万索布尔	歌海娜（最少50%）、西拉和慕合怀特		

14.8 卢瓦尔河谷(Vallée de la Loire)

卢瓦尔河谷拥有几千年遗留下来的建筑遗产和历史村落，从自然景观到古老酒庄都流露出独特魅力。卢瓦尔河是法国最长的河流，这里正如同其地理位置一样，是法国文化的中心，同时，它也是法国第三大葡萄产地。

14.8.1 气候

卢瓦尔河谷的气候总体温和，南特和安茹地区属海洋性气候，索米尔到图尔的地区受到大陆性气候的影响，起伏的丘陵阻挡了来自大洋的气流。从图尔地区至中央地区的边界开始，气候逐渐变成半大陆性气候，海洋的影响越来越有限。

在维持众多利于葡萄种植的小气候的存在方面，卢瓦尔河及其支流起到了相当重要的缓和作用，它们对葡萄酒的丰富多样性作出了贡献。它们对气候的缓和作用对酿造发甜和甜烧酒有决定性的影响。安茹为海洋性气候：冬季不冷，夏季炎热且光照充足，温差很小；个别小气候非常干燥，适宜生长地中海植物。

在索米尔，丘陵阻挡了西风，半海洋性气候，四季分明。

图尔也是同样情况，它位于海洋性气候和大陆性气候影响的交汇处，连绵的峡谷呈东西走向，使大陆性气候的影响逐渐衰弱，这有利于对葡萄种植特别有益的小气候的存在。总体说来，该地区的特征还表现为多种多样的小气候，这是受到纬度、山丘走向不同以及或多或少的主要东北冷风的影响。

14.8.2 葡萄品种

本地区的葡萄大品种有几个原产于卢瓦尔河谷，而很多其他品种则来自法国东部和西南部，这种多样性的特点，使葡萄品种与土地之间的和谐关系显得更加非比寻常。

1. 主要的白葡萄品种

(1) 勃艮第香瓜(Melon de Bourgogne)

原产自勃艮第的葡萄品种，是密思卡岱(Muscadet)产区唯一的葡萄品种(这里的密思卡岱是产区而非"Muscadelle"葡萄品种)。酸度高,但经过努力也能实现浓郁的口味。高品质能表现出苹果和柑橘的气息,附有矿物味道。

勃艮第香瓜的主要产区见表 14-12。

表 14-12　勃艮第香瓜的主要产区

类　型	产　　区
干白	Muscadet Muscadet Sevre et Maine Muscadet Cotes de Grandieu Muscadet Coteaux de la Loire

(2) 白诗南(Chenin Blanc)

以其高酸度和极佳的陈年能力而出名。从极干型到舒爽的起泡酒,再到甜酒。采摘季节的末期,葡萄感染灰孢霉菌或风干(葡萄在阳光和风的作用下变干)之后,可酿出半干、半甜和甜型的卢瓦尔河谷葡萄酒,这些酒的保存能力是不同寻常的。一些出色的武弗雷(Vouvray)的甜酒甚至要窖藏一个世纪后才能达到最佳的状态。

(3) 长相思(Sauvignon Blanc)

经典的香味从青草、荨麻、黑醋栗叶到芦笋、青苹果,甚至还会有诸如猫尿和打火石类的味道。而火石味道正是普伊芙美(Pouilly-Fume)这个产区的特点:石灰岩土壤中所高度含有的燧石成分。这种葡萄主要种植于图尔(Tours)和中央地区交界处的葡萄园中。

(4) 霞多丽(Chardonnay)

霞多丽原产自勃艮第,种植于贫瘠、多石、硅石黏土或者石灰岩黏土的土壤中。与白诗南混合后用来酿造卢瓦尔河谷微起泡酒(Crémant de Loire)以及其他新世界风格的起泡酒。两者都是酸度极高的品种,是起泡酒的理想搭配。在索米尔(Saumur)和安茹(Anjou)产区与其他品种混合酿制。

(5) 白福儿(Folle Blanche)

白福儿能适应各种土壤和气候,主要用于酿制南特区(Nantais)的优质地区餐酒。

除此之外的白葡萄品种还有马勒瓦西(Malvoise)、夏瑟拉(Chasselas)和罗莫朗坦(Romorantin)等。

2. 主要的红葡萄品种

(1) 品丽珠(Cabernet France)

品丽珠是安茹-索米尔(Anjou-Saumur)和都兰(Touraine)产区的重要葡萄品种。它可以用来酿造轻盈酒体、单宁清淡、年轻易饮的风格;也可以酿造出具陈年能力、酒体浓郁的酒。

品丽珠见表 14-13。

表 14-13　品丽珠在卢瓦尔河谷

类　型	产　　区
半干型桃红	Rosé d'Anjou Cabernet d'Anjou Rosé de Loire Cabernet de Saumur

续表

类　型	产　区
干型桃红	Bourgueil St Nicolas de Bourgueil Chinon Rosé de Loire Touraine
干红	Saumur Saumur-Champigny Bourgueil St Nicolas de Bourgueil Chinon Anjou Anjou-Villages Anjou-Villages Brissac Touraine Touraine Mesland

(2) 佳美(Gamay)

佳美主要用来酿造安茹和索米尔的桃红葡萄酒以及与其他红葡萄品种混合调配。其更加适应硅石黏土土壤和花岗岩土壤。品丽珠或高特混合酿造的时候,表现非常出色。

都兰产区的红葡萄酒是用100%的佳美酿造而成。从清淡、果味充沛的类型到经较长陈酿、酒体厚重的风格不等。

佳美见表14-14。

表 14-14　佳美在卢瓦尔河谷

类　型	产　区
红葡萄酒	Anjou Touraine Chateau meillant

(3) 果若/果丝洛(Grolleau/Groslot)

果若/果丝洛是卢瓦尔河谷本地特有的葡萄品种,其种植面积仅次于品丽珠和佳美。酸度高,是安茹桃红葡萄酒的主要原料,也可酿造起泡葡萄酒。

果若/果丝洛见表14-15。

表 14-15　果若/果丝洛在卢瓦尔河谷

类　型	产　区
半干型玫瑰红	Rose d'Anjou
干型玫瑰红	Rosé de Loire
起泡酒	Saumur Brut Rosé Touraine

(4) 高特(Côt)

高特亦称为马贝克(Malbec),在卢瓦尔河谷常用来与品丽珠或者佳美混合酿酒。

高特见表 14-16。

表 14-16　高特在卢瓦尔河谷

类　型	产　区
红葡萄酒	Touraine

(5) 皮诺朵尼(Pineau d'Aunis)

皮诺朵尼和果若一样,只生长在卢瓦尔河谷产区,通常在都兰产区酿成混合酒。也可作单一葡萄品种以生产酒体清淡的红葡萄酒。

(6) 黑皮诺(Pinot Noir)

来自勃艮第的红葡萄品种,主要种植于中央-卢瓦尔地区。适应几乎所有的气候,石灰质土壤最能表现其特性。最为著名的是桑塞尔(Sancerre)和默讷图-萨隆(Menetou-Salonand)产区。

黑皮诺见表 14-17。

表 14-17　黑皮诺在卢瓦尔河谷

类　型	产　区
红葡萄酒	Sancerre Menetou-Salon Rouge Reuilly Touraine

卢瓦尔河谷各品种所占比例,见表 14-18。

表 14-18　卢瓦尔河谷各品种的比例

白葡萄品种	所占比例/%	红葡萄品种	所占比例/%
勃艮第香瓜	37	品丽珠	51
白诗南	25	佳美	20
长相思	22	果若	9
白福儿	7	赤霞珠	6
霞多丽	7	黑皮诺	4
其他	2	其他	10

14.8.3　产区

葡萄园种植沿着河流两岸延伸开来,不同气候和各种类型的土壤将卢瓦尔河谷区分为 4 大区域,它们是南特(Nantais)、安茹-索米尔(Anjou-Saumur)、都兰(Touraine)、中央区域(The Central Vineyards),共有超过 60 个葡萄酒法定产区。

1. 南特(Nantais)地区

(1) 密思卡岱法定产区(Muscadet AOP),该产区是法国最大的白葡萄酒产区,每一个酒厂所酿造的葡萄酒必须经过评品委员会的裁定,才能使用该地区名称。密思卡岱法定产区是指除 Muscadet-Sevre et Maine、Muscadet Coteaux de la Loire 以及 Muscadet Côtes de Grandlieu 这 3 个产区之外所生产的葡萄酒。葡萄品种为勃艮第香瓜。

在位于阿尔莫尼干高原地带，有其3个子法定产区：密思卡岱-塞维曼尼法定产区(Muscadet-Sevre et Maine)、密思卡岱-卢瓦尔法定产区(Muscadet Coteaux de la Loire)和密思卡岱-格兰里奥法定产区(Muscadet Côtes de Grandlieu)。除了在地理位置与风土条件的不同外，没有明显的区别。种植密度均要求在每公顷6 500～7 000株。葡萄品种为勃艮第香瓜。这3个区域蕴含大量的花岗岩和辉长岩(gabbro)；在极度的温度与压力之下，由页岩变成的片岩(schist)在持续压力之下矿物质发生变化，又形成石英(quartz)、云母(mica)等；最后随着时间的推移，形成了今天的片麻岩(gneiss)。由此可见密思卡岱地区多样性风土构成了世界上极为罕见的土壤结构。此区域为温带海洋性气候，全年雨量充沛，夏季阳光充足。

(2) 密思卡岱-塞维曼尼法定产区(Muscadet-Sevre et Maine AOP)，该产区覆盖了南特东南部的23个市镇，因流经该产区的两条河流小曼尼(Petie Maine)和塞维特南(Sevre Nantaise)而得名。密思卡岱有大约70%的葡萄树都种植在塞维曼尼(Sevre et Maine)区域，很多时候被看做是三个法定产区中最优质的地区，这很可能是当地良好的风土气候下所产生的葡萄酒有其特殊的品质。

(3) 密思卡岱-卢瓦尔法定产区(Muscadet Coteaux de la Loire AOP)位于卢瓦尔河谷的两岸，在南特的上游。

(4) 密思卡岱-格兰里奥法定产区(Muscadet Côtes de Grandlieu AOP)覆盖了南特西南部19个市镇以及格兰里奥湖周边。葡萄园的土壤被沙石和鹅卵石覆盖。

2. 安茹-索米尔(Anjou-Saumur)地区

(1) 安茹法定产区(Anjou AOP)

安茹葡萄园位于昂热(Angers)城市以南的广阔区域。这里是温带海洋性气候，略微干旱，温差较小。各类型葡萄酒均有生产。红葡萄酒的比例大于白葡萄酒，由品丽珠、赤霞珠、高特和佳美等调配。只有皮诺朵尼和果若这两个葡萄品种，根据当地的标准可以允许单品种酿造。安茹的白葡萄酒以白诗南为主，混合长相思和霞多丽酿造。大部分的葡萄酒在两到三年达到饮用高峰期。安茹村庄(Anjou-Villages)法定产区，来自于曼恩-卢瓦尔省(Maineet-Loire)的43个市镇，为温带海洋性气候。1998年，其区域内的安茹村庄-布吕萨克(Anjou-Villages Brissac)被授予"法定产区"称号。布吕萨克的气候更为干燥。每一块土地和生长条件都经过个别的检验，葡萄酒只能在收成后的一年的9月1日开始装瓶。

(2) 萨韦涅尔法定产区(Savennières AOP)

萨韦涅尔是曼恩-卢瓦尔省其中的一个市镇，位于安茹的西部边缘，遍布石块的葡萄园处在板岩和沙石组成的坡地上。其陡峭的特殊地形，使得机械无法进入葡萄园，必须全部依靠人工。所有的葡萄园都紧挨着卢瓦尔河，温暖的温度和早晨尚未消散的雾气使得葡萄树免受霜冻的侵害。泥土中的石块保留着来自阳光的热度，这正是葡萄树所需要的。该产区曾生产甜型酒，然后随着历史的发展，如今则以生产浓郁香气的干型葡萄酒为主。白诗南是这里唯一的葡萄品种。通过控制低产量，有效保证了品质以及口味的凝聚。为确保采收到足够成熟的葡萄，工人需要数次穿梭于葡萄园，从一些还尚未完全成熟的整串葡萄里获取单粒已成熟的葡萄。不像卢瓦尔河谷其他产区果味充沛的白诗南，萨韦涅尔表现出的是迷人的花香、蜂蜜以及矿物质的香气。半干葡萄酒和起泡酒在这里的产量非常小。

(3) 索米尔法定产区(Saumur AOP)

作为卢瓦尔河谷起泡酒的核心产区，索米尔也生产平静葡萄酒。白诗南有时也混合少部分的霞多丽,用以酿制白葡萄酒(包括起泡酒)。索米尔的红葡萄酒主要来源于品丽珠,例如索米尔-尚皮尼(Saumur-Champigny)法定产区葡萄酒。此外,还有一个非常小的产区索米尔山坡(Coteaux de Saumur)生产来自白诗南的甜型白葡萄酒。

(4) 莱昂山坡法定产区(Coteaux du Layon AOP)

莱昂山坡法定产区生产以白诗南单一品种酿造的甜型贵腐白葡萄酒。它包含两个子法定产区:肖姆-卡尔特(Quarts de Chaume)和邦尼舒(Bonnezeaux)。最好的葡萄园通常位于莱昂河的北岸,那里有着向阳的山坡,葡萄充分享受着阳光的照射。

(5) 桃红葡萄酒法定产区

安茹是卢瓦尔河桃红葡萄酒的著名产区,这里盛产口感清新柔顺的,从干型到甜型的桃红葡萄酒。

卢瓦尔桃红葡萄酒(Rose de Loire AOP),基本来自于安茹地区,为干型。葡萄品种为品丽珠、赤霞珠、果若、皮诺朵尼、佳美和高特混酿而成。

安茹桃红葡萄酒(Rose de Anjou),略甜型,以果若为主,混合少部分的赤霞珠、品丽珠、佳美等本地品种。

安茹-解百纳桃红葡萄酒(Cabernet d'Anjou),半甜型,由赤霞珠、品丽珠混合酿制,是 3 个桃红产区中品质最佳的。

3. 都兰法定产区(Touraine AOP)

都兰产红葡萄酒、白葡萄酒、桃红葡萄酒以及起泡酒。白葡萄酒多用长相思和白诗南酿制,但有时也会混合霞多丽。红葡萄酒则以品丽珠、赤霞珠和黑皮诺为主,有时候也混合高特或皮诺朵尼。该地区聚集了数个卢瓦尔河谷出色的法定产区:武弗雷(Vouvray AOP)以单一品种白诗南酿制出各种类型葡萄酒,充分表现多样性;在它附近的希侬(Chinon AOP)和布尔格伊(Bourgueil AOP)则生产出卓越的品丽珠。

4. 中央区域(The Central Vineyards)

(1) 桑塞尔法定产区(Sancerre AOP)

桑塞尔法定产区是卢瓦尔河谷中央大区最为著名的产区,因其白垩土和燧石土壤成分非常适合酿制出果香充沛的长相思以及优雅的黑皮诺。葡萄园生长在的陡峭山坡上,西部以鹅卵石和石灰岩构成的土壤;东部则是硅黏土为主。每一片土壤所孕育出来的葡萄酒都截然不同。一些酿酒者喜欢从 3 种不同的风土中通过混酿来寻求一种平衡,而有一些则喜欢突出某一种独特的味道。一些经过橡木陈酿的长相思葡萄酒,在装瓶后的数年会发展出特别浓郁的花香。

(2) 普依芙美法定产区(Pouilly-Fumé AOP)

普依芙美法定产区坐落在桑塞尔的对岸,以平衡、富有结构的长相思而闻名。大部分的葡萄树种植在石灰岩、硅石和黏土的土壤中。出自燧石土壤的葡萄酒也带有燧石和矿物质的味道。有适合即时饮用的类型,也有极具珍藏潜力的类型。它所赋予的结构性和平衡性适合与味觉丰满的食物相搭配。

(3) 默讷图萨隆法定产区(Menetou Salon AOP)

默讷图萨隆法定产区葡萄园位于大约 470 公顷的丘陵地带,有着与夏布利相似的土壤——充满了小贝壳、生蚝和海螺的沉积钙化土壤的启莫里阶(kimmeridgean)岩沉积土。

长相思酿制出辛辣而又清香的白葡萄酒；红葡萄酒和桃红葡萄酒来自黑皮诺。

14.8.4 各法定产区的葡萄品种与葡萄酒特点

各法定产区的葡萄品种与葡萄酒特点见表14-19。

表14-19 卢瓦尔河谷各法定产区的葡萄品种与葡萄酒特点

地　　域	法定产区	葡萄品种	葡萄酒特点
南特地区	密思卡岱法定产区	勃艮第香瓜	
	密思卡岱-塞维曼尼法定产区	勃艮第香瓜	被认为是三个子法定产区中最优质的
	密思卡岱-卢瓦尔法定产区	勃艮第香瓜	
	密思卡岱-格兰里奥法定产区	勃艮第香瓜	
安茹-索米尔地区	安茹法定产区	红：品丽珠、赤霞珠、高特、佳美等调配。皮诺朵和果诺可以允许单品种酿造。白葡萄酒以白诗南为主，混合长相思和霞多丽	红葡萄酒的比例大于白葡萄酒，大部分的葡萄酒在两到三年达到饮用高峰期
	萨韦涅尔法定产区	白诗南是这里唯一的葡萄品种	浓郁香气的干型葡萄酒
	索米尔法定产区	白诗南、霞多丽、品丽珠	起泡酒的核心产区
	莱昂山坡法定产区	白诗南	甜型贵腐白葡萄酒
桃红葡萄酒法定产区	卢瓦尔桃红葡萄酒	品丽珠、赤霞珠、果若、皮诺朵尼、佳美和高特混酿而成	干型
	安茹桃红葡萄酒	果诺为主，混合少部分的赤霞珠、品丽珠、佳美等	略甜型
	安茹-解百纳桃红葡萄酒	由赤霞珠、品丽珠混合酿制	半甜型，是三个桃红产区中品质最佳的
都兰地区	武弗雷	白诗南	表现多样性
	希侬	品丽珠	
	布尔格伊	品丽珠	
中央区域	桑塞尔	长相思，黑皮诺	长相思果香浓郁，黑皮诺优雅
	普依芙美法定产区	长相思	平衡，富有结构
	默讷图萨隆法定产区	长相思，黑皮诺	白葡萄酒辛辣而又清香

14.9 普罗旺斯(Provence)

普罗旺斯位于法国东南部，葡萄种植的历史距今至少2 600年。在漫长的葡萄酒历史进程中，来自古希腊、罗马、高卢、加泰罗尼亚等不同文化相继融合，外来的葡萄品种与本土品种相映生辉。

普罗旺斯盛产桃红葡萄酒，其独特瓶形和清爽的口感以及动人的色泽给普罗旺斯增添了几分浪漫。尽管桃红葡萄酒极负盛名，但这里仍生产出品质突出的红葡萄酒和白葡萄酒，产量稀少。

14.9.1　气候

典型的地中海气候带来温和的冬季和少量降雨的夏季。每年这里的葡萄树有多于3 000个小时的日照，是葡萄成熟所需两倍之多。来自北风强劲的密史脱拉风给葡萄树带来了积极影响。它能在气候炎热时给葡萄带来凉爽，让葡萄在雨后及时蒸发掉表皮水分，防止葡萄受到霉菌的感染。在风特别强劲的地区，理想的葡萄园是建在山坡朝南面对大海的位置，山便会形成保护的屏障。由于朝阳的坡地会得到最大限度的光照，因此早熟的葡萄品种适合种植在朝北面的坡地上。

14.9.2　风土

在地质上这里主要有两种结构：北部与西部交界地区主要以石灰质黏土组成，东部则主要为结晶质。由于这里常年种植的多为草本植物，如熏衣草、迷迭香等，所以土壤中并没有多少有机物成分。一些靠近港口的地区，土壤含有更多片岩和石英，靠内陆的地区则含有更多的黏土与沙石。

14.9.3　葡萄品种

风土和地质的多样性为普罗旺斯种植多样化的葡萄品种提供了理想的条件。

1. 红/桃红葡萄品种

（1）西拉：适合陈酿，带来香草、烟熏和水果糖的气息。

（2）歌海娜：起源于西班牙，带来辛辣和肉类的气息。可增强酒体、饱满度和浓郁度。在 Coteaux d'Aix-en-Provence 被广泛使用。

（3）神索：主要用于酿制普罗旺斯桃红葡萄酒，可带来新鲜的果香和平衡的口感。

（4）堤布宏（tibouren）：来自于普罗旺斯本土品种。纤巧而优雅，带来了馥郁的花香。它是与本土品种混酿时的首选。

（5）慕合怀特：最喜爱炎热和石灰岩土壤的生长环境。可酿造出重酒体却轻单宁的风格。年轻时体现出紫罗兰花香；陈年后带来香料、辣椒和肉桂的气息。

（6）佳丽酿：能适应贫瘠的土壤，产量稀少。带来鲜亮色泽和丰厚口感，是调配的最佳选择。

（7）赤霞珠：在普罗旺斯非常稀少，可带来有层次的结构，具陈年潜力，酒体强劲但并不咄咄逼人。

2. 白葡萄品种

（1）霍利（Rolle）：亦称为维蒙提诺（Vermentino），来源于意大利。带来柑橘和梨子味道，酒体丰满，口感圆润而平衡。

（2）白玉霓：来源于意大利托斯卡纳，带来优雅的清透果味。

（3）克莱雷特：来自本土的古老品种，产量稀少。带来花香和白色水果的气息。

（4）赛美蓉：丰产，却容易滋生霉菌。在调配时仅用很少的比例，可带来白色花朵和蜂蜜的味道。

(5) 布尔布兰(Bourboulenc Blanc)也称多隆(Doillon)：晚熟葡萄品种，普罗旺斯的种植量非常稀少，增添优雅和丰满的味觉。

14.9.4 法定产区

普罗旺斯产区在地中海阳光的照耀下给予了葡萄酒芬芳的气息和风格的多样，独特的微气候和葡萄酒酿造技术使得这里的桃红葡萄酒个性独特。

1. 普罗旺斯丘法定产区(Côtes de Provence AOP)

普罗旺斯丘法定产区是普罗旺斯最大的产酒区，产区范围包含了普罗旺斯东部的84个市镇。这里的产量占整个普罗旺斯总产量的75%以上，而其中约89%的产量为桃红葡萄酒。红葡萄酒占8%；白葡萄酒占3%。主要的葡萄品种为佳丽酿、神索、歌海娜、慕合怀特和堤布宏，以及赤霞珠和西拉。一些创新的酒庄开始使用非传统方法酿制桃红葡萄酒，包括使用橡木桶发酵和陈酿。

2. 普罗旺斯-艾克斯法定产区(Coteaux d'Aix en Provence AOP)

普罗旺斯-艾克斯法定产区是普罗旺斯地区第二大的葡萄酒产地，产区位于普罗旺斯西部的石灰岩土壤。这里桃红葡萄酒的产量占81%，干红占15%，干白占4%。主要的红葡萄品种为歌海娜、神索、慕合怀特、赤霞珠；白葡萄品种为布尔布兰、克莱雷特、白歌海娜、霞多丽、长相思和赛美蓉。

在艾克斯内更小的法定产区雷波普罗旺斯(Les Baux-de-Provence AOP)于1995年升级为AOC体系。由于在山谷的环绕，使得这里的气候非常炎热。葡萄园多集中于山顶的村庄，红葡萄酒占80%，此外还有白葡萄酒和干型桃红葡萄酒。占主导地位的品种为歌海娜、慕合怀特，以及西拉。这里的葡萄酒酒体浓郁，与罗纳河谷产区风格相似。

3. 普罗旺斯-瓦尔法定产区(Coteaux Varois en Provence AOP)

瓦尔区集合了普罗旺斯核心区域的28座城镇，葡萄生长于平均海拔为1 200英尺的白垩质黏土中。88%的产量为桃红，9%为红葡萄酒，剩余的3%为白葡萄酒。这个地区在1993年被授予法定产区的称号。

瓦尔位于两个最大的法定产区(普罗旺斯丘和艾克斯)之间，这里更多为大陆性气候。葡萄园的海拔，以及瓦尔区周围石灰石山遮挡了来自海洋气候的影响。相比普罗旺斯的其他地方，这里的气候更为凉爽。这里主要的葡萄品种为歌海娜、赤霞珠、神索、西拉和佳丽酿。

4. 普罗旺斯丘-圣维克多法定产区(Côtes de Provence Sainte-Victoire AOP)

普罗旺斯丘-圣维克多位于圣维克多山脚下，它是普罗旺斯丘法定产区下的第一个子法定产区。这里的土壤排水性很好，微大陆性气候。干燥的密史脱拉风让葡萄树免于病虫的侵害。该地区桃红葡萄酒产量约为80%，干红为20%。圣维克多的桃红葡萄酒有着微妙而优雅的小红果的香味，略带柑橘和香料的气息。

5. 普罗旺斯丘-弗雷瑞斯法定产区(Côtes de Provence Fréjus AOP)

普罗旺斯丘-弗雷瑞斯法定产区坐落于普罗旺斯区海岸线的东端，横跨爱斯特尔

(Esterel)山脚。所有葡萄园都在距海平面不足 330 英尺高的位置。自罗马时代起,这个地区就已开始酿造葡萄酒。它于 2005 年被定为葡萄酒产区。

海洋的影响赋予弗雷瑞斯特有的气候,持续的海风不断吹拂整个葡萄园,使得热量均衡散发。这里冬暖夏凉,有效地防止了葡萄园病虫害的发生。桃红葡萄酒的产量约为 75%,红葡萄酒为 25%。这里出产的桃红有着典型的矿物质和烟熏味道。

6. 普罗旺斯丘-拉朗德法定产区(Côtes de Provence La Londe AOP)

普罗旺斯丘-拉朗德法定产区葡萄园位于莫赫山(Maures)西南的海岸线,由于紧邻海边,冬季与夏季比较温和。全年降雨量非常低(少于 700 毫米/年)。日照时间长,来自海边的微风保持了这里良好的通风环境。这里的风土主要为风化的泥板岩的泥土。桃红的葡萄酒产量约为 70%;红葡萄酒产量为 30%。拉朗德桃红葡萄酒表现出新鲜的覆盆子、玫瑰和白桃的香气。

7. 邦多尔(Bandol)法定产区

邦多尔可谓普罗旺斯产区中的"黑珍珠"。温暖的土壤和沿海的气候非常适合慕合怀特的生长,无论是桃红或红葡萄酒中其比例至少要求为 50%。红葡萄酒是这里最主要的葡萄酒类型,以慕合怀特与歌海娜、神索混酿,而西拉和佳丽酿的使用则不得超过 20%。红葡萄酒口感粗犷,单宁强劲。

8. 卡西斯(Cassis)法定产区

卡西斯位于马赛和邦多尔之间,这里以酒体厚重、散发草本植物气息的白葡萄酒闻名,产量超过总体的 75%。主要葡萄品种为克莱雷特、玛珊、白玉霓和长相思等。

14.9.5　各法定产区的葡萄品种与葡萄酒特点

普罗旺斯各法定产区的葡萄品种与葡萄酒特点见表 14-20。

表 14-20　普罗旺斯各法定产区的葡萄品种与葡萄酒特点

法定产区	主要葡萄品种	葡萄酒类型	特　点
普罗旺斯丘法定产区	佳丽酿、神索、歌海娜、慕合怀特和堤布宏,以及赤霞珠和西拉	桃红 89%,红 8%,白 3%	普罗旺斯最大的产酒区
普罗旺斯-艾克斯法定产区	红:歌海娜、神索、慕合怀特、赤霞珠;白:布尔布兰、克莱雷特、白歌海娜、霞多丽、长相思和赛美蓉	桃红 81%,红 15%,白 4%	普罗旺斯地区第二大葡萄酒产地
普罗旺斯-瓦尔法定产区	歌海娜、神索、西拉和佳丽酿	桃红 88%,红 9%,白 3%	
普罗旺斯丘-圣维多克法定产区	歌海娜、赤霞珠、神索、西拉和佳丽酿	桃红 80%,红 20%	桃红有着微妙而优雅的小红果的香味,略带柑橘和香料的气息
普罗旺斯丘-弗雷瑞斯法定产区	歌海娜、神索、西拉和佳丽酿	桃红 75%,红 25%	桃红有着典型的矿物质和烟熏味道
普罗旺斯丘-拉朗德法定产区	歌海娜、神索、西拉和佳丽酿	桃红 70%,红 30%	拉朗德桃红表现出新鲜的覆盆子、玫瑰和白桃的香气

续表

法定产区	主要葡萄品种	葡萄酒类型	特 点
邦多尔法定产区	慕合怀特与歌海娜、神索混酿，西拉和佳丽酿不得超过20%	红葡萄酒为主	红葡萄酒口感粗犷，单宁强劲
卡西斯法定产区	克莱雷特、玛珊、白玉霓和长相思	白>75%	酒体厚重，散发草本植物气息

14.10 科西嘉(Corsica)

科西嘉是法国位于地中海的一座岛屿，在普罗旺斯和意大利托斯卡纳之间的海域中。尽管这里是法国的领土，然而在葡萄品种以及酿酒传统上都几乎源自邻国意大利。

科西嘉的气候比法国大陆要更加温暖和干燥。在每年七月的生长高峰期，平均温度可达到23度左右。层峦叠嶂的山区，不同的纬度和海拔给予了科西嘉多种多样的微气候。

尽管这里有多达40多种酿酒葡萄，但最关键的品种还是来自红葡萄涅露秋(Nielluccio)、夏卡雷洛(Sciaccarellu)，以及白葡萄维蒙提诺(Vermentino)。涅露秋在意大利也称为桑娇维塞(Sangiovese)。其次的主要品种有歌海娜、西拉、慕合怀特、神索，以及佳丽酿，主要用以酿制科西嘉岛上的地区餐酒(Vin de Pays de L'Ile de Beaute)。这里餐酒的产量几乎是岛上AOC产量的两倍以上。

科西嘉有9个法定产区，生产质量上乘的红、白葡萄酒。其中最闪耀的两个产区分别为北部的帕托莫尼欧(Patromonio)和西南面的阿雅克修(Ajaccio)。然而南部的萨尔泰纳(Sartene)和费加里(Figari)如今也开始生产一部分优质的红葡萄酒。

14.11 西南(Sud-Ouest)

法国的西南产区位于波尔多的南面。从阿基坦(Aquitaine)地区到比利牛斯山南部(Midi-Pyrénées)呈零星分布。这里的葡萄园种植面积总计大约1 600公顷。主要分布于多尔多涅(Dordogne)、加隆河(Garonne)，以及它们支流的上游区域；加斯康涅(Gascony)以及北部的巴斯克(Basque)地区。西南产区以其传统且多样化的风格而自豪，酒庄凝聚着它们的激情以创造出高品质却又平易近人的价格。

14.11.1 气候

西南产区为海洋性气候，春、冬两季寒冷而多雨，夏季炎热，秋季晴朗。

14.11.2 葡萄品种

由于非常靠近波尔多，所栽培的葡萄品种也大体相当，所以其葡萄酒风格也与波尔多相似，如贝杰哈克(Bergerac)和蒙巴利亚克(Monbazillac)产区。再往南延伸的产区，葡萄品种是波尔多所不常见到的，例如丹拿(Tannat)。而靠近比利牛斯山的产区，则更多运用当地特有的葡萄品种进行酿造，如大芒森(Gros Manseng)和小芒森(Petit Manseng)。通过本土葡萄品种的运用形成了一部分西南地区所独有的葡萄酒风格：从朱郎松(Jurançon)爽口的

甜酒到马第宏(Madiran)雄壮的红葡萄酒;从馥郁芬芳简单易饮的风桐(Fronton)产区红葡萄酒到素有"黑酒"之称卡奥尔(Cahors),其红葡萄酒馥郁丰厚、强劲十足,有着辛烈香味和黑浆果味道。而加雅克(Gaillac)纤巧的桃红,爽口馥郁的干白,苹果气息的起泡酒,带着蜂蜜味道的清爽甜白,葡萄酒种类与风格多样化。白兰地著名的产区雅邑(Armagnac)位于西南产区的加斯康涅,这里的葡萄除了用来生产雅邑外,还用于生产加斯康涅丘地区餐酒(Vin de Pays de Côtes de Gascogne),或者与雅邑混合在一起生产出混合酒(Floc de Gascogne),这是一种混合了雅邑的本地加烈酒,自 1990 年定义为法定产区级别。

14.11.3 产区

西南地区的法定产区,从地理位置上,我们把它分为多尔多涅(Dordogne/Bergerac)地区、加隆河(Garonne)地区、加斯康涅(Gascony)地区和贝阿恩(Béarn)地区和巴斯克(Basque Country)地区这 5 大地区。

1. 多尔多涅地区

多尔多涅地区有 Bergerac AOP、Côtes de Duras AOP、Côtes de Montravel AOP、Haut-Montravel AOP、Monbazillac AOP、Montravel AOP、Pécharmant AOP、Rosette AOP 和 Saussignac AOP 法定产区。

(1) 贝杰哈克法定产区(Bergerac AOP)

多尔多涅为西南地区的一条河流,回溯它上游的东面,这里就是多尔多涅地区最大的葡萄酒产区贝杰哈克(Bergerac)。这里从地形、土壤、气候和其他风土条件来看,贝杰哈克可以说是波尔多产区的一个衍生。所以,今天多尔多涅地区的葡萄酒让人很难区分它们与波尔多这个近亲究竟有哪些不同。它们都使用着同样的葡萄品种——赤霞珠、美乐和品丽珠还有些许马贝克。只有在更远的东部地区,红葡萄酒产区佩夏蒙(Pécharmant),因为风土上的细微差异方才能略有些独特性的体现。但这绝不意味着贝杰哈克是廉价的波尔多酒的代名词。就像波尔多的一些小产区一样,这里的小酒庄也能生产出让人为之振奋的好酒。

(2) 蒙巴利亚克法定产区(Monbazillac AOP)

蒙巴利亚克法定产区是多尔多涅最古老也最为人熟知的甜酒产区,它来自于贝杰哈克南部的一座城市。就像波尔多的索甸产区,赛美蓉这一品种有着绝对的支配地位。在好年份时,贵腐菌(Botrytis cinerea/Noble rot)好似给葡萄施了魔法,使葡萄干缩成小颗,高度凝聚着糖分与风味,酿出的金色液体让人为之痴迷。

2. 加隆河地区

加隆河地区有 Buzet AOP、Cahors AOP、Côtes de Duras AOP、Côtes du Marmandais AOP、Fronton AOP、Gaillac AOP 和 Marcillac AOP 等法定产区。

(1) 卡奥尔法定产区(Cahors AOP)

卡奥尔法定产区以红葡萄酒为主,其主要葡萄品种为马贝克。作为混合酒,马贝克应至少占 70%,其余 30%为美乐和丹拿。由于马贝克的特性,卡奥尔在年轻时单宁非常艰涩,需要一定时间的陈酿。这里也会酿制一些白葡萄酒和桃红葡萄酒作为地区餐酒级别出售。

(2) 风桐法定产区(Fronton AOP)

风桐产区距离图卢兹北部 35 公里处,这里是古老的葡萄酒产区。约 85%的葡萄酒是以该地区所独有的不少于50%的聂格列特(Négrette)混合其他品种酿制而成。聂格列特酿造出的葡萄酒果味浓郁而雅致,同时又有强劲且丰厚的单宁,紫罗兰与香草味交织。红葡萄酒大约需陈化7年以达到高峰期。其余的葡萄品种有西拉、马贝克、品丽珠、赤霞珠、费尔-塞瓦杜(Fer Servadou)、佳美、神索和莫札克(Mauzac)。桃红葡萄酒(大约为产量的15%)的特点为酸度低,特别当有聂格列特做调配时需要趁年轻饮用。

(3) 加雅克法定产区(Gaillac AOP)

加雅克位于图卢兹北部,该产区传统的红葡萄酒通常可以保存8~10年之久。类型从餐酒、甜酒到起泡酒都有。葡萄品种主要由品丽珠、赤霞珠、杜拉斯、费尔-塞瓦杜酿造。桃红葡萄酒选用的也是相同的葡萄品种。白葡萄酒有莫札克、长相思或者慕斯卡黛以及本地品种达得勒依(Len de l'El)和欧丹克(Ondenc)。

3. 加斯康涅地区

加斯康涅地区有 Armagnac AOP、Madiran AOP、Pacherenc du Vic-Bilh AOP、Pacherenc du Vic-Bilh Sec AOP 等法定产区。

(1) 雅邑法定产区(Armagnac AOP)

加斯康涅最著名的烈酒产区,除此之外还生产红葡萄酒和白葡萄酒。这里的气候受大西洋影响,夏季凉爽,冬季温和。白葡萄酒拥有非常好的平衡度,适合即时饮用无须陈年。而红葡萄酒则退居二线,但是在下雅邑(Bas Armagnac)和马第宏(Madiran)之间的圣蒙丘(Côtes de Saint-Mont)所生产的红葡萄酒独具个性。

(2) 马第宏法定产区(Madiran AOP)

马第宏地区有两个原产地命名:生产红葡萄酒的马第宏法定产区和生产白葡萄酒的维克-比勒-帕歇汉克(Pacherenc du Vic-Bilh)、干维克-比勒-帕歇汉克(Pacherenc du Vic-Bilh Sec)。这里总计有1 300公顷葡萄园。

马第宏法定产区的葡萄品种以丹拿为主,混合品丽珠、赤霞珠和费尔-塞瓦杜等。一些顶级的葡萄酒则是由100%的丹拿酿制而成。这种酒非常浓郁,单宁强劲,通常需要更久的陈化来达到最佳的饮用状态。近年来一些年轻的庄主开始尝试柔化强劲的风格,让马第宏的葡萄酒可以在年轻的状态去饮用。马第宏的干红因其花青素成分高而被人们认为是最有益于健康的红葡萄酒,花青素对于降低血压和胆固醇以及促进健康凝血有非常积极的功效。

马第宏的白葡萄酒由甜型、干型以及起泡酒组成,主要的葡萄品种为库布尔(Courbu)和小芒森(两种至少占60%),其余的品种为长相思、赛美蓉、大芒森等。

4. 贝阿恩(Béarn)地区

贝阿恩地区有 Béarn AOP 和 Jurançon AOP 法定产区。

朱郎松(Jurançon AOP)位于西南产区比利牛斯山脚,这里生产干白和甜白。葡萄品种有大芒森、小芒森和库尔布。甜白葡萄酒散发热带水果的香气,如凤梨和芒果。葡萄园坐落在陡峭的山坡上,10月和11月之间,为了确保贵腐菌的风味,用来酿制甜酒的葡萄的采收需要手工精挑细选。用大芒森和小芒森酿造的甜酒有着蜂蜜、焦糖和干果的浓郁口味。

所有朱郎松法定产区的葡萄酒都是白葡萄酒，酒标上要么标明甜型(moëlleux)，要么标明干型(sec)。

5. **巴斯克(Basque)地区**

巴斯克地区有伊卢雷基法定产区(Irouléguy AOP)。

伊卢雷基产区位于北部的巴斯克地区，与西班牙交界，是该地区唯一的一个法定产区。红葡萄品种为丹拿、品丽珠、赤霞珠，占总体产量的70%，另有20%为桃红酒，剩余10%为白葡萄酒，葡萄品种为库尔布、大芒森和小芒森。葡萄园通常位于极度陡峭的坡地上。这里的土壤以深邃的红色为特征。

14.11.4　各法定产区的葡萄品种与葡萄酒特点

西南地区各法定产区的葡萄品种与葡萄酒特点见表 14-21。

表 14-21　西南地区各法定产区的葡萄品种与葡萄酒特点

地　区	部分法定产区	葡萄品种	特　点
多尔多涅地区	贝杰哈克法定产区	赤霞珠、梅洛和品丽珠，还有些许马贝克	波尔多风格
	蒙巴利亚克法定产区	赛美蓉	多尔多涅最古老也最为人熟知的甜酒产区
加隆河地区	卡奥尔法定产区	马贝克(>70%)，美乐和丹拿	马贝克的单宁强劲
	风桐法定产区	不少于50%的聂格列特(Négrette)	西南传统品种酿造。果味浓郁雅致。红葡萄酒大约需陈化七年以上达到高峰期
	加雅克法定产区	品丽珠、赤霞珠、杜拉斯、费尔-塞瓦杜	传统的红葡萄酒通常可以保存8～10年之久，从餐酒、甜酒到起泡酒都有
加斯康涅地区	雅邑法定产区	白葡萄酒拥有非常好的平衡度，适合即时饮用无须陈年	最著名的烈酒产区
	马第宏法定产区	以丹拿为主	100%红。非常浓郁，单宁强劲
	维克-比勒-帕歇汉克、干维克-比勒-帕歇汉克	库布尔(Courbu)和小芒森(两种至少占60%)	100%白
贝阿恩地区	朱郎松产区	大芒森、小芒森和库尔布	所有朱郎松法定产区的葡萄酒都是白葡萄酒，酒标上要么标明甜型，要么为干型
巴斯克地区	伊卢雷基法定产区	丹拿、品丽珠、赤霞珠	红70%，桃红20%，白10%

14.12　朗格多克-鲁西荣(Languedoc-Roussillon)

朗格多克-鲁西荣地区位于法国南部地中海沿岸，由5个省组成：奥德(Aude)、加尔(Gard)、埃罗(Hérault)、洛泽尔(Lozère)和东比利牛斯(Pyrénées-Orientales)。这5个省风景各异，气候温和，阳光普照。多元的气候，肥沃与多样化的土地赋予了朗格多克-鲁西荣地区得天独厚的葡萄种植条件，使得这里成为全世界面积最大的葡萄种植区。从红葡萄酒、桃红葡萄酒与白葡萄酒，到单一葡萄品种葡萄酒与混合葡萄品种葡萄酒，以及起泡酒与天然甜葡萄酒，几乎所有类型囊括其中。

14.12.1 葡萄品种

朗格多克-鲁西荣地区种植的葡萄品种超过30个。

(1) 红、桃红葡萄酒：西拉、佳丽酿、慕合怀特、歌海娜、央多内-伯律(Lledoner Pelut)、神索、阿利坎特(Alicante)、黑皮诺、赤霞珠、美乐、马瑟兰(Marselan)、马贝克、品丽珠。

(2) 白葡萄酒：白/灰歌海娜、布尔布兰、克莱雷特、皮克葡(Piquepoul)、马家婆(Macabeu)、维蒙提诺、铁烈(Terret)、胡珊、玛珊、维欧尼、麝香、白诗南、长相思、霞多丽。

14.12.2 土壤

在沿海地区，土壤以沙质、石灰质以及黏土土壤为主；峡谷与山坡上，土壤以板岩、泥灰岩、石阶地类型为主；在鲁西荣地区，土壤以花岗岩沙砾为主。

14.12.3 气候

朗格多克-鲁西荣地区是典型的地中海气候，全年日照时间长。在葡萄生长的季节里，气候干燥而炎热；冬季则温暖潮湿，使葡萄树免于冻伤。强烈的密史脱拉风和来自地中海岸潮湿温暖的季风交替，非常有利于葡萄的生长。

14.12.4 葡萄酒类型

(1) 红葡萄酒：带有野生浆果、泥土、皮革和甘草的气息；此外还有清淡的香料，黑樱桃、茴香、迷迭香的香气。葡萄品种以佳丽酿和歌海娜为主。

(2) 白葡萄酒：主要以霞多丽、长相思和维欧尼带来的清爽花香和饱满果香，适合即时饮用的白葡萄酒为主。

(3) 桃红葡萄酒：清新、果味、口感柔和。葡萄品种以歌海娜、神索、慕合怀特为主。

(4) 起泡葡萄酒：公元1531年，在位于朗格多克-鲁西荣一个叫利慕(Limoux)的小村庄里，圣-希拉尔修道院的修道士第一次通过瓶内二次发酵的方法酿造出了世界上第一瓶起泡酒。这比香槟之父唐·培里侬发明著名的香槟还要早一个世纪。它由莫札克、白诗南和霞多丽混酿调配而成。

(5) 天然甜葡萄酒(Vins Doux Naturels)：大多由麝香或歌海娜酿制而成。蒙彼利埃大学教师阿诺·维尔纳夫(Arnaud de Vilanova)于1285年发明了抑制发酵酿造法(通过添加酒精浓度高达95%的白兰地来抑制酵母菌，从而保留葡萄原有的糖分)，这是法国南部天然甜葡萄酒酿造工艺的起源。除了麝香葡萄酒以及早熟的甜红葡萄酒适宜在其年轻时饮用外，其余的天然甜葡萄酒一般需陈酿1～20年，甚至更久才能得到其最佳香味。

14.12.5 主要法定产区

1. 朗格多克法定产区(Languedoc)

2007 年的法令,将朗格多克山坡法定产区(Coteaux du Languedoc)正式更名为朗格多克(Languedoc)法定产区,经过 5 年的过渡期,朗格多克法定产区于 2012 年起全面使用。白葡萄酒、红葡萄酒以及桃红葡萄酒均有生产。

2. 鲁西荣法定产区(Côtes du Roussillon)

鲁西荣法定产区来自于法国南部的鲁西荣大区,以生产红葡萄酒为主(约占 68%)、桃红葡萄酒(约占 28%)和白葡萄酒(约占 4%)。歌海娜为主要的葡萄品种,其次为西拉、慕合怀特、佳丽酿等。

3. 鲁西荣村庄法定产区(Côtes du Roussillon Villages)

鲁西荣村庄法定产区位于比利牛斯山脚,更好的葡萄酒往往来自于围绕着山谷的坡地上。这里仅产红葡萄酒,与鲁西荣法定产区相比,这里有更为严格的原产地法规。葡萄品种为佳丽酿、黑歌海娜、央多内-伯律、西拉和慕合怀特。来自鲁西荣村庄内有 4 个产区因其独特性和良好的口碑而有权利将村庄的名字标注在鲁西荣村庄产区的酒标上,这 4 个产区为:法国拉图尔(Latour de France),拉尔马尼(Caramany),雷斯盖尔德(Lesquerde),托塔维尔(Tautavel)。

4. 科比埃法定产区(Corbières)

科比埃是朗格多克地区产量最大的产区之一,面积广阔。这里主要生产红葡萄酒,佳丽酿是最主要的红葡萄品种(最高 50%),其次为西拉、黑歌海娜、慕合怀特,央多内-伯律和神索(红葡萄酒中占 20%,桃红葡萄酒占 70%)等。2005 年,在科比埃法定产区内的一个子产区——科比埃·布德纳克(Corbières Boutenac)获得了其独立的法定产区的称号。

5. 菲图法定产区(Fitou)

菲图法定产区葡萄园占地 2 600 公顷,分为两个不同的产地:一个位于地中海沿岸;另一个位于科比埃高原中心。菲图产区的土质以石灰质和页岩构成,葡萄品种以佳丽酿、歌海娜、西拉和慕合怀特为主。受地中海气候的影响,这里的红葡萄酒有浓郁而细腻的风格。

14.12.6 地区餐酒(Vins de Pays)

来自奥克地区餐酒(Vin de pays d'Oc)、奥德地区餐酒(Vin de pays d'Aude)、埃罗地区餐酒(Vin de pays de l'Hérault)以及加尔地区餐酒(Vin de Pays du Gard)相比严格的法定产区葡萄酒来说,对于葡萄品种的混合有了更多的自由。此级别的酒标上允许标明葡萄品种的名称。

本章小结

本章是非常重要的一章,系统地讲述了法国 11 个葡萄酒大产区的历史、气候、风土、葡萄品种、分级制度和法定产区。对 11 个产区要掌握每一个产区的葡萄品种、分级制度和葡萄酒的特点,学会从一些例如分级的单词、法定产区的单词等,对葡萄酒作出一些识别。

思考和练习题

1. 根据波尔多和勃艮第分级制度，对比葡萄品种和葡萄酒特点。
2. 法国产量最大的地区和面积最小的法定产区分别是哪里？
3. 雅邑和干邑的区别和联系是什么？
4. 各个产区最有代表性的葡萄品种和特点是什么？
5. 法国产桃红葡萄酒的产区都有哪些？桃红葡萄酒最有代表性的是哪个产区？

意大利(Italy)葡萄酒

◆ 本章学习内容与要求

1. 重点：意大利的分级制度，酒标名词；

2. 必修：葡萄酒产区里的重点内容及有特色的产区，如皮埃蒙特；典型葡萄品种如桑娇维塞、内比欧罗等；

3. 掌握：历史、其他产区和其他葡萄酒品种。

意大利是最古老也是产量最大的葡萄酒国家之一，不仅其出口量非常惊人，其人均饮用量也位居全球前列。几乎每一片区域都有葡萄树的种植。

意大利的版图好似一只长靴，这里有着不计其数的地形。从意大利长长的海岸线到山脚下的坡地，都是理想的葡萄种植区域。意大利北部的阿尔卑斯山和横贯中部的亚平宁山脉，高海拔的地形带来相对凉爽的气候，非常适宜种植喜寒的葡萄品种。每一个产区都有其独特的微气候，使得意大利的葡萄酒种类丰富多彩。

15.1 历史

伊特拉斯坎人(Etruscan)和希腊人早在公元前2世纪于罗马人之前开始了葡萄树的种植。希腊人在意大利南部和西西里岛安顿下来，为意大利带来了葡萄树的栽培技术。意大利温和的气候在他们看来非常适合葡萄酒的生产。伊特拉斯坎人于意大利的中部定居，他们也生产葡萄酒。但直到罗马人的到来，葡萄酒产业才有了突飞猛进的发展。罗马人在葡萄种植和酿造技术上有丰富的经验，管理井井有条。他们懂得如何利用风土来选择种植最适宜的葡萄，带来了开创性的大规模生产。同时，也带来了葡萄酒储存技术的运用，如橡木陈酿和玻璃瓶储存。

19世纪到20世纪初，尽管产量赶超法国，却在品质上并没能获得国际上的认同。很多地方生产的葡萄酒都较为廉价。政府意识到再不采取措施，意大利的葡萄酒产业很难迎来曙光。于是意大利的原产地名称体系DOCG以及相关的葡萄酒法规政策开始执行，此后葡萄酒的品质开始大为改善！

15.2 分级制度

意大利葡萄酒分级制度一共有四级，其中两个是归属于欧盟的品质酒原产地系统(QWPSR)；另外两个是归为餐酒(Table Wine)范畴。由低到高具有以下分级。

15.2.1 餐酒

(1) 日常餐酒(Vino da Tavola,VDT)。该等级表明葡萄酒来自意大利境内。酒标上仅注明葡萄酒的颜色以及生产商的名字,而葡萄种类、产地和年份都不能体现在酒标上。

(2) 地区餐酒(Indicazione Geografica Tipica,IGT)。该等级的葡萄酒意味着选用特定地区的特定葡萄品种酿成的葡萄酒。该级别于1992年创立,旨在酿制更高品质的餐酒。

15.2.2 品质酒原产地系统

(1) 法定产区酒(Denominazione di Origine Controllata,DOC)。目前已约有319种法定原产地葡萄酒。如同法国的AOP,从品种、栽培方式到产量、陈酿时间等进行严格的控制。

(2) 保证法定原产区葡萄酒(Denominazione di Origine Controllata e Garantita,DOCG)。这是意大利葡萄酒的最高等级,目前已有43种保证法定原产地葡萄酒。要获得该等级的葡萄酒,在装瓶前必须由政府授权的技术人员对该酒分析和品鉴。为防止后期人为篡改,官方认证的序列号被封签于瓶冒或橡木塞上。

15.3 酒标名词

意大利葡萄酒法规还允许在酒标上使用传统型(Classico)和珍藏型(Riserva)。

传统型:葡萄酒来源于一个最初(未扩增)的传统产酒区,如传统基安蒂(Chianti Classico),这一传统的产区命名于1932年7月。

珍藏型:对于某个特定类型的葡萄酒其珍藏型的陈酿时间要更久。

15.4 法定产区

15.4.1 东北部地区

1. 威尼托(Veneto)

威尼托最近代替了普利亚(Puglia)和西西里(Sicily),成为意大利产量最大,同时也是DOC等级葡萄酒产量最多的产区。这里有着凉爽的气候,非常适合白葡萄品种加格奈加(Garganega)——酿造苏瓦韦(Soave DOC)白葡萄酒的主要原料。而温暖的亚得里亚(Adriatic)海岸平原和河谷地区带来了DOC级别的红葡萄酒瓦尔波利塞拉(Valpolicella DOC)和巴多利诺(Bardolino DOC)以及用风干后糖分提高的白葡萄酿造的雷乔托甜酒(Recioto di Soave DOCG)。传统产酒区更多还是以格雷拉(Glera)、维多佐(Verduzzo)等本地葡萄品种为主。随着欧洲和美国市场需求的加大,赤霞珠、霞多丽、长相思、皮诺系列等国际流行的葡萄品种也开始尝试性地种植。

2. 特兰提诺-阿尔托-阿迪杰(Trentino-Alto Adige)

特兰提诺-阿尔托-阿迪杰是意大利最北部的产区。种植了广泛的葡萄品种,包括斯查瓦(Schiava)和维纳奇(Vernatsch),还有著名的泰若迭戈(Terodego)、拉格林(Lagrein),以

及穆勒图高(Müller-Thurgau)等。霞多丽和皮诺、长相思和琼瑶浆(当地称 Traminer Aromatico)酿造的白葡萄酒更为出色。

3. 弗留利-威尼斯朱利亚(Friuli-Venezia Giulia)

弗留利-威尼斯朱利亚大部分种植的为非传统的葡萄品种如长相思、雷司令和白皮诺(Pinot Bianco)。但也有一部分典型的意大利品种如意大利灰皮诺(Pinot Grigio)和独有品种皮科里特(Picolit)。弗留利标志性的白葡萄品种弗留利(Friulano),由托凯(Tocai)更名而来,带有新鲜清爽的气息。维多佐也被广泛种植,它带来了活泼轻快的风格。

15.4.2　北部和西北部地区

意大利北部和西北部地区由伦巴第(Lombardy)、艾米利亚-罗马涅(Emilia-Romagna)、皮埃蒙特(Piemonte)、利古里亚(Liguria)和奥斯塔谷(Aosta Valley/Valle d'Aosta)组成。这 5 个产区加在一起的产量占意大利总产量的 20%,其中 30%为 DOC 级别下面主要介绍前 3 种。

1. 伦巴第

伦巴第位于意大利北部中心区域。这里是意大利人口最密集的地区,其葡萄酒产量约占整个意大利的 1/13。该地区以弗兰奇亚考达(Franciacorta DOCG)和奥尔特劳宝巴维塞(Oltrepò Pavese DOCG)以传统方式酿造的起泡葡萄酒而闻名。伦巴第也生产各类平静葡萄酒,如瓦尔泰利纳产区(Valtellina DOC)的内比欧罗(Nebbiolo)、卢加纳(Lugana DOC)的棠比内洛白葡萄酒(Trebbiano di Lugana)。

2. 艾米利亚-罗马涅

艾米利亚-罗马涅是意大利北部富饶而丰产的地区,也是意大利最大的葡萄酒出口地之一。这里最突出的葡萄酒类型是来自莱布鲁斯科(Lambrusco DOC)葡萄所酿制的红或桃红起泡葡萄酒。主要的葡萄品种为莱布鲁斯科(Lambrusco)、玛尔维萨(Malvasia)、棠比内洛、巴贝拉(Barbera)、伯纳达(Bonarda)和桑娇维塞(Sangiovese)。有起泡酒(spumante)或微泡酒(frizzante)两种类型。阿尔巴纳-罗马涅(Albana di Romagna DOCG)是意大利第一个以白葡萄酒获得保证法定原产区的产地。葡萄品种来自于阿尔巴纳(Albana),生产干型、半干到甜型白葡萄酒。

3. 皮埃蒙特

皮埃蒙特常因其数量多且规模小的家庭酿酒厂而被形容为"意大利的勃艮第"。这里著名的葡萄品种内比欧罗并非是种植面最广,但却是对此地葡萄酒的声誉贡献最大的。以它酿制的皮埃蒙特的 4 个 DOCG 级别葡萄酒分别为巴罗洛(Barolo DOCG)、巴巴瑞斯科(Barbaresco DOCG),这两地出产意大利最优质的红葡萄酒;此外,还有罗埃罗(Roero DOCG)和格天那(Gattinara DOCG),内比欧罗也非常出色。

白葡萄品种麝香(Muscato)是意大利起泡酒的主要品种,在这里主要用于酿制出阿斯蒂麝香(Moscato d'Asti DOCG)和阿斯蒂起泡酒(Asti Spumante)。其他的白葡萄酒类型还有来自佳维(Gavi DOCG)的白葡萄品种歌蒂斯(Cortese),以及来自科里托托尼斯(Colli Tortonesi DOC)和歌蒂斯阿尔托蒙费拉多(Cortese dell'Alto Monferrato DOC),以歌蒂斯和亚内斯(Arneis)以及费沃瑞它(Favorita)混合酿造的白葡萄酒。

巴贝拉(Barbera)是这里种植面最广的葡萄品种,以它酿制的DOC级葡萄酒有(Barbera del Monferrato DOC)、(Barbera d'Asti DOC)和(Barbera d'Alba DOC)。多赛托(Dolcetto)也是这个地区大部分的红葡萄酒的主要来源。

15.4.3 意大利中心区域

6个位于中心区域的产区分别是托斯卡纳(Tuscany/Toscana)、拉齐奥(Lazio)以及被陆地包围的翁布里亚(Umbria)、马尔凯(Marche)、阿布鲁佐(Abruzzo)和莫利塞(Molise)。这几个产区的产量不到意大利总产量的1/4,却有1/3的酒为DOC或DOCG级。这主要得益于非常优异的气候条件——充足的阳光以及温和的气候。

(1) 托斯卡纳是世界上最著名的葡萄酒产区之一。基安蒂红葡萄酒(Chianti DOCG)、蒙塔尔奇诺布鲁诺(Brunello di Montalcino DOCG),以及珍藏蒙特维贵族葡萄酒(Vino Nobile di Montepulciano DOCG)均以桑娇维塞(Sangiovese)为主要品种酿造,而维纳西亚(Vernaccia)则酿制出意大利最优质的白葡萄酒之一——圣吉米尼亚洛维纳西亚(Vernaccia di San Gimignano DOCG)。托斯卡纳除了DOC和DOCG级别外,还有超级托斯卡纳(Super Tuscans)。这一类型葡萄酒的生产酿造因不受规则的束缚,赤霞珠和梅洛大行其道。它们通过与本地葡萄品种混酿以及运用新橡木桶的方式,增强了品质,其风格在传统产品中迅速脱颖而出。

(2) 拉齐奥以其出色的白葡萄酒而闻名,特别是来自弗拉斯卡蒂(Frascati DOC)产区的棠比内洛(Trebbiano)以及玛尔维萨(Malvasia)。现代酿酒技术的运用令这里的白葡萄酒酒体轻盈,适合即时饮用,伴随着非常尖锐的酸度,是当地美食的最佳搭配。

(3) 翁布里亚如同中部地区的马尔凯和拉齐奥一样,以其白葡萄酒而闻名。这里有近60%的产量是白葡萄酒。以棠比内洛为主要品种的奥维多(Orvieto DOC)是翁布里亚最大的DOC产区,占该地区总产量的80%。

(4) 马尔凯尽管有品质突出的红葡萄酒,然而其白葡萄酒却更为人所知。棠比内洛和维蒂奇诺(Verdicchio)是主要的白葡萄品种。马尔凯最优质的红葡萄酒主要以蒙蒂普尔查诺(Montepulciano)和桑娇维塞混合或单独酿制而成。

(5) 阿布鲁佐最为著名的葡萄酒是以红葡萄品种蒙蒂普尔查诺所酿制的阿布鲁佐蒙蒂普尔查诺(Montepulciano d'Abruzzo DOC)以及阿布鲁佐棠比内洛(Trebbiano d'Abruzzo DOC)。

(6) 莫利塞的比费洛(Biferno DOC)产区生产红、白和桃红葡萄酒。白葡萄酒主要为棠比内洛,红葡萄酒主要以蒙蒂普尔查诺和少部分的艾格尼科(Aglianico)与一些棠比内洛混合酿制而成。

15.4.4 意大利南部及其岛屿

南部及岛屿在内一共有6个葡萄酒产区。其产量大约占整个意大利总产量的40%,但是DOC级别大约仅占7%。它们分别是坎帕尼亚(Campania)、巴斯利卡塔(Basilicata)、普利亚(Puglia)、卡拉布里亚(Calabria),以及西西里岛(Sicily)和撒丁岛(Sardinia)

(1) 坎帕尼亚有三个保证原产地法定产区,即以艾格尼科葡萄酿成的图拉斯(Taurasi DOCG)红葡萄酒,有"南部巴罗洛"的美称。另外两个DOCG分别为菲艾诺阿韦利诺(Fiano

di Avellino DOCG)和托福格莱克(Greco di Tufo DOCG),前者略带柑橘气息且具有一定的陈酿能力,而后者则更加年轻,带有辛辣和草本的味道。

(2) 巴斯利卡塔的产量非常小,其中仅有约 3%的葡萄酒为 DOC 级别。艾格尼科得尔沃尔图尔(Aglianico del Vulture DOCG)是巴斯利卡塔产区中的佼佼者,于 2011 年起从原有的 DOC 级升级为 DOCG 级。其生产的一些红葡萄酒已跻身意大利最优质葡萄酒的行列。

(3) 普利亚以生产红葡萄酒为主,尤其以内格罗玛洛(Negroamaro)和普米蒂沃(Primitivo,即仙粉黛)酿出的醇厚而浓郁的风格为特色。

(4) 卡拉布里亚的红葡萄酒主要以佳留普(Gaglioppo)这一红葡萄品种酿制而成。西罗产区(Cirò DOC)的红葡萄酒以重单宁、重酒体和丰富的水果气息为特点。通常在装瓶后 3～4 年饮用,但为了达到柔滑单宁的作用往往可以陈放更久。

(5) 西西里岛是意大利最大的葡萄酒产区之一,这里主要是以生产西西里地区餐酒(IGT Sicilia)为主。西西里岛的首个 DOCG 产区是于 2005 年成立的维多利亚切拉索罗(Cerasuolo di Vittoria DOCG),此类型的葡萄酒带有明亮、樱桃红的色泽,以新鲜红果和平衡的酸度收尾。法帕多(Frappato)品种给葡萄酒带来了鲜明的特色,而黑阿沃拉(Nero d'Avola)则为葡萄酒增加了酒体,带来了果香。

(6) 撒丁岛的本土品种卡诺纽(Cannounau)与卡瑞纳罗(Carignano)的混酿或单一酿造的葡萄酒非常受欢迎(前者被认为是歌海娜,后者为佳丽酿)。在撒丁岛甚至还有一个 DOCG 产区——加卢拉维蒙提诺(Vermentino di Gallura DOCG),这里的葡萄品种以法定至少 95%的白葡萄品种维蒙提诺以及剩余 5%可能来自萨萨里省(Sassari)官方所准许使用的非香型白葡萄品种混合酿制而成。

本章小结

本章讲述了意大利葡萄酒的历史,分级制度,各个法定产区的特点。重点是需要掌握意大利葡萄酒的分级和几个重点产区和有特色的葡萄品种。

思考和练习题

1. 意大利最典型的葡萄品种是什么？有什么特点？
2. 如何解读意大利葡萄酒的酒标？

西班牙(Spain)葡萄酒

◆ 本章学习内容与要求

1. 重点: 西班牙葡萄酒的分级制度，里奥哈优质原产地法定产区;
2. 必修: 卡瓦酒、雪莉酒、添帕尼诺葡萄品种;
3. 掌握: 西班牙葡萄酒的历史、气候和产区。

西班牙有着悠久的葡萄酒酿造历史，其葡萄酒产区面积是世界最大的，但出口量却在法国和意大利之后，位居世界第三。这很大一部分原因可能是来自于干旱贫瘠的土壤中，老龄葡萄树广泛分布但却产量稀少。

16.1 历史

西班牙的葡萄酒历史距今至少有 3 000 年，在公元前 1100 年，腓尼基人就在今天的雪莉产区种植了葡萄。沿着阳光灿烂的地中海岸线和寒冷的大西洋沿岸，葡萄酒被罗马人用来日常饮用和进行贸易往来。但是随着公元 711 年穆斯林摩尔人的到来，伊斯兰教饮食规则明令禁止葡萄酒的贸易。随着西班牙的收复失地运动，葡萄酒出口贸易才又恢复。比尔宝(Bilbao)当时作为一个巨大的贸易港口，将西班牙的葡萄酒源源不断地输入到英国。一些品质优异的美酒得以浮出水面。

1942 年，由于收复失地运动的成功以及在西班牙王室资助下，哥伦布发现了新大陆，这又给西班牙葡萄酒的出口贸易打开了另一扇大门。而与此同时，英王亨利八世与其西班牙妻子的离婚使得两国之间的关系恶化，致使出口至英国的贸易一落千丈。在此形势下，西班牙将目光转向本国的殖民地经济，包括向美洲出口西班牙葡萄酒。而当时的墨西哥、秘鲁、智利和阿根廷等国家正在崛起的葡萄酒产业对于西班牙来说是一种威胁，于是西班牙国王菲利普三世下令铲除殖民地葡萄园且停止葡萄酒的生产。尽管这一命令在许多国家被忽略，但对当时阿根廷国家的经济发展造成了阻碍。

19 世纪中期，西班牙葡萄酒迎来了一个重要的转折点，欧洲尤其是法国遭受了历史上最严重的葡萄根瘤蚜虫病的肆虐，许多法国的酿酒师(他们多数是来自波尔多)来到了西班牙的里奥哈(Rioja)、纳瓦拉(Navarre)和加泰罗尼亚(Catalonia)等地区，带来了他们的葡萄酒酿造技术与经验。这一时期，由于法国葡萄园因根瘤蚜虫病而被大面积铲除，葡萄酒紧缺也使法国从西班牙进口了相当数量的葡萄酒。19 世纪末，加泰罗尼亚的起泡酒卡瓦(Cava)

迅速崛起，通过努力，在 20 世纪取得了与香槟同等的地位。20 世纪 90 年代，在一些飞行酿酒师的影响下，国际性的葡萄品种如赤霞珠、霞多丽被允许使用。禁止灌溉的法令被解除也令葡萄酒酿造者更好地控制产量和挑选适宜的栽种地。西班牙生产高品质葡萄酒的数量和质量不断提高，很快取代了在国际市场以“日常廉价葡萄酒”出现的形象，成为 21 世纪国际葡萄酒市场中一个举足轻重的葡萄酒出口国。

16.2　风土和气候

西班牙有着多样的风土和气候条件。葡萄产区从半干旱的南部延伸至潮湿的北部，而中央高原地区则需要适应极度寒冷和干燥的冬季气候。

西班牙的葡萄园主要位于北纬 36～43 度的中央高原地带，几条主要的河流贯穿其间。向东流向的布罗河(Ebro river)流经里奥哈(Rioja)和加泰罗尼亚(Catalan)的几个葡萄酒产区；杜埃罗河(Duero)在穿越著名的葡萄牙波特酒产区杜埃罗河谷(Douro Valley)之前，流经西班牙的杜埃罗河岸(Ribera del Duero)；塔霍河(Tajo)经过拉曼查(La Mancha)；在生产雪莉酒的村庄桑卢卡尔-德巴拉梅达(Sanlúcar de Barrameda)；瓜达基维尔河(Guadalquivir)在此汇入大西洋。

除了中央高原，科迪勒拉(cordilleras)山系(纵贯南北美洲大陆西部，世界上最长的褶皱山系)也为这里的葡萄园带来了影响。由于远离海岸，阳光充裕，红葡萄品种以及用于酿造白兰地的葡萄品种阿依仑(Airen)非常适合在此种植。

北部葡萄园受大西洋影响，清淡干型而新鲜充沛的白葡萄酒表现突出，而那些靠近地中海的葡萄园，则酿制出酒体饱满、高酒精度的红葡萄酒。有一个例外是位于东北部高海拔的加泰罗尼亚葡萄园，这里生产传统香槟酿制方法的著名起泡葡萄酒卡瓦。

在南部的安达卢西亚(Andalusía)，大西洋和地中海气候的交相影响下，这里是世界上最好的烈酒产区之一——西班牙雪莉酒的故乡。

16.3　葡萄品种

有数据显示西班牙的葡萄品种超过了 400 种，但几乎所有的葡萄酒也就只用了 20 种常用的品种。种植面最广的为白葡萄品种阿依仑，在西班牙的中央地区非常普遍，许多年来都是作为西班牙白兰地的原料。用这个品种酿制出来的葡萄酒酒精度数高。红葡萄酒添帕尼诺(Tempranillo)近年来超越歌海娜，成为西班牙种植面排名第二的品种。添帕尼诺和歌海娜所酿造出来的厚重酒体让人们联想起里奥哈、杜埃罗河和佩内德斯(Penedès)产区。在西北部的下海湾产区(Rías Baixas)和卢艾达产区(Rueda)则分别广泛种植了白葡萄品种阿依伦和青葡萄(Verdejo)。在加泰罗尼亚以及其他生产卡瓦酒的产区，主要的葡萄品种有马卡贝奥(Macabeo)、帕雷亚达(Parellada)和沙雷洛(Xarel-lo)，用于生产起泡酒和其他平静白葡萄酒。在南部雪莉酒和马拉加(Malaga)酒的安达卢西亚(Andalucía)产区，主要的葡萄品种为帕洛米罗(Palomino)和佩德罗-希梅内斯(Pedro Ximénez)。随着西班牙葡萄酒现代化的变革，许多国际流行的葡萄品种如赤霞珠、霞多丽、西拉、梅洛和长相思也在酿制出混合或单一的葡萄酒。此外，其他西班牙本土的葡萄品种还有卡利涅纳(Cariñena)、格德约(Godello)、格拉西亚诺(Graciano)、门西亚(Mencia)、罗雷拉(Loureira)和特雷萨杜拉(Treixadura)。

16.4 分级制度

1972年，西班牙农业部借鉴法国和意大利的成功经验，成立了原产地命名委员会(Instito de Denominaciones de Origen，INDO)。该部门相当于法国的INAO，同时建立了西班牙的原产地名号监控制度(Denominaciones de Origen，DO)。

(1) 日常餐酒(Vino de Mesa，VdM)：这一级别的葡萄酒来自于未经分类的葡萄园或者是选用了法律规定外的葡萄来混合酿制。类似于20世纪末兴起的意大利超级托斯卡纳(Super Tuscans)，一些酿酒商故意将他们的葡萄酒降级以更加灵活的方式来创造出个性独特的酒。

(2) 地区餐酒(Vino de la Tierra，VT 或 VdlT)：这一级别的品质高于日常餐酒级别，类似于法国的地区餐酒(Vins de Pays)，葡萄酒有一个特定的产区，但是对于葡萄品种、产量、位置或者是陈酿时间没有特别的要求。截至2012年，共计有46个VdlT。

(3) 优良地区餐酒(Vinos de Calidad con Indicación Geográfica，VCIG 或 VC)：这一级别是地区餐酒经过至少五年的观察才有可能升级成为DO级的过渡期。随着新的欧盟法取消法国VDQS级别(该级别正是向AOC级别过渡)，欧洲其他国家有望能更加简化其分级制度，这一级别或许也会在不久的将来被取消。截至2012年，Cangas、Valles de Benavente、Valtiendas、Sierra Salamanca、Granada和Legrija产区被评为该级别。

(4) 原产地法定产区(Denominación de Origen，DO)：这一级别类似于法国的AOP法定产区级别，所有的DO均是行业管理委员会(Consejos Reguladores)所认定的高品质葡萄酒产区，选用官方指定的葡萄品种，产量受到严格控制，葡萄的栽种方法、酿造工艺和陈酿时间也都受到管制。目前共有69个DO。

(5) 保证原产地法定产区(Denominación de Origen Calificada，DOC 或 DOCa)，在加泰罗尼亚被称为DOQ：该级别要求至少具备10年的DO级基础，并满足行业管理委员会施加的质量控制体系。里奥哈于1991年第一个获得此级别，接下来是2003年的普里奥拉(Piorat)和2008年的杜埃罗河谷产区(Ribera del Duero)。

(6) 庄园葡萄酒(Vinos de Pago，VP)：2003年一个重要改变是DO Pago级别的创立。它不仅意味着葡萄酒品质又上了一个新的台阶，而且还开创了一个完全不同的质量分级方式。它是西班牙最高等级的葡萄酒。Pago在西班牙文的意思为葡萄园，所以DO Pago可简单理解为庄园葡萄酒。这里指的庄园必须是西班牙最好的葡萄园之一，有着显著的风土条件。西班牙目前共有14种庄园葡萄酒(见表16-1)。

表 16-1　西班牙庄园葡萄酒(Vinos de Pago)

葡萄园名称	所属区域	所属产区	成立年份	种植面积/公顷
Dominio de Valdepusa (Marquis de Griñón)	Toledo	Castilla-La Mancha	2003	50
Finca Élez (Manuel Manzaneque)	Albacete	Castilla-La Mancha	2003	39
Guijoso	Albacete	Castilla-La Mancha	2004	99
Dehesa del Carrizal	Ciudad Real	Castilia-La Mancha	2006	22
Arínzano	Navarra	Navarra	2007	128
Prado de Irache	Navarra	Navarra	2008	16
Otazu	Navarra	Navarra	2008	92
Campo de la Guardia	Toledo	Castilla-La Mancha	2009	81
Pago Florentino	Ciudad Real	Castilla-La Mancha	2009	58
Casa del Blanco	Ciudad Real	Castilla-La Mancha	2010	93
Pago Aylés	Ayles	Cariñena	2010	70
Finca Élez	Valencia	Valencia	2011	62
Pago de Los Balagueses	Requina	Utiel-Requina	2011	18
Chozas Carrascal	San Antonio de Requena	Utiel-Requina	2012	40

16.5　酒标名词

西班牙葡萄酒常常会根据葡萄酒陈酿的时间在酒标上予以说明。

新酒(Vino Joven)：当酒标上注明 vino joven 或 sin crianza，意为新酒，指没有或者经过很少的橡木陈酿。

佳酿酒(Crianza)：红葡萄酒必须经过至少两年的陈酿，其中至少有 6 个月在橡木桶(里奥哈的部分产区需要至少 12 个月)，于第三年上市销售；白葡萄酒和桃红葡萄酒必须陈酿至少一年，其中在橡木桶的时间不少于六个月，于第二年上市销售。

陈酒(Reserva)：红葡萄酒必须窖藏至少 3 年，其中一年为橡木陈酿，于第四年上市销售；白葡萄酒和桃红葡萄酒至少两年陈酿，其中 6 个月在橡木桶中，于第三年上市销售。

特陈酒(Gran Reserva)：只有在最好年份满足这一级别的陈酿要求才能被归为此类别。红葡萄酒必须经过至少五年的陈酿，其中一年半在橡木桶，另外 3 年半在瓶中陈酿，于第六年被准予出售；白葡萄酒和桃红葡萄酒则至少经过四年窖藏，其中至少有 6 个月在橡木桶中，于第五年上市销售。

16.6　主要葡萄酒产区

世界上所有优秀的葡萄酒产区都有一个共同的特点，那就是在不同的微气候的影响下葡萄得以缓慢地成熟，从而展现出独特且吸引人的风味。西班牙的大部分葡萄园是干燥而炎热的气候，但不会持续太长的时间。到了夜晚气温骤降，但葡萄树会在第二天又一次缓慢升温。

16.6.1 加利西亚(Galicia)主要产区

加利西亚自治区位于西班牙的西北部。凉爽潮湿的大西洋气候使得这里的葡萄酒口味清爽。葡萄品种主要为西班牙本土品种,其中最出名的要数下海湾产区所出产的阿尔巴利诺(Albariño)白葡萄酒。

加利西亚自治区的下海湾地区(DO Rías Baixas)由一个个深入内陆的海湾组成,这一地区的河流在坎巴多斯(Cambados)附近流入大西洋,而河流两岸的峡谷是西班牙最潮湿和最寒冷的葡萄种植区之一,这里所种植的葡萄在整个西班牙都是独一无二的。组成下海湾地区的三个区域均位于蓬特维拉省(Pronvincia de Pontevedra)境内:其中,萨尔内斯峡谷(Val do Salnés)位于坎巴多斯周围的海岸地区;罗萨尔(O Rosal)位于葡萄牙西边海岸边界的一角,而特亚伯爵领地(Condado do Tea)则位于米尼奥河(Minho)沿岸的内陆地区。

这里的气候在大西洋的作用下,整个下海湾地区较西班牙北方大部分的地区更寒冷和潮湿,而萨尔内斯峡谷则是下海湾地区最寒冷的地方。

阿尔巴利诺是当地主要的葡萄品种,在罗萨尔和特亚伯爵领地通常还种植特雷萨杜拉(Treixadura)和白罗雷拉(Loureira Blanca)。此外,这一地区还种植了一些非常罕见的红葡萄品种,其中包括布兰赛亚奥(Branellao)和红凯尼奥(Caiño Tinto)。

下海湾地区以来自萨尔内斯峡谷的新鲜爽口的阿尔巴利诺白葡萄酒而闻名,罗萨尔和特亚伯爵领地生产口感略柔和的葡萄酒(阿尔巴利诺至少占70%)。这一地区的红酒产量极少。

16.6.2 埃布罗河谷(The Ebro River Valley)主要产区

埃布罗河谷是里奥哈——西班牙最著名的葡萄酒产区的故乡,也是西班牙重要的葡萄品种添帕尼诺和歌海娜的起源之地。

1. 卡拉塔尤德原产地法定产区(DO Calatayud)

卡拉塔尤德位于萨拉戈萨省(Provincia de Zaragoza),是阿拉贡自治区(Aragón)四个法定原产地中最大且最西面的一个。

当地气候为明显的大陆性特征,部分地区处于半干旱状态,但横穿整个山谷的风使这一地区的气候较清凉。

卡拉塔尤德主要的红葡萄品种是红歌海娜(Garnacha Tinta,占62%),但除此之外,还种植了添帕尼诺、马苏埃拉(Mazuelo)和慕尔韦度(Monastrell)。白葡萄品种有维尤拉(Viura)和莫维赛亚以及少量的白歌海娜。

当地出产的葡萄酒大部分属即时饮用型。白葡萄酒以维尤拉为主要原料,红葡萄酒主要由红歌海娜酿成。此外,卡拉塔尤德还出产优质桃红葡萄酒,通常是用百分百红歌海娜制成。在加工过程中,歌海娜将被浸泡足够的时间,以便从果皮中获取适量的色素。佳酿酒(Crianza)和陈酒(Reserva)的生产正在扩大。

2. 卡利涅纳原产地法定产区(DO Cariñena)

卡利涅纳是阿拉贡自治区内历史最悠久的法定产区,早在1960年已获得原产地称号的认定。以该产地命名的葡萄品种十分有名,但卡利涅纳葡萄在当地葡萄园中的面积却很少。

该地区属于大陆性气候,夏季炎热,冬季寒冷,雨量少。

尽管卡利涅纳有着生产甜味葡萄酒和陈年葡萄酒的悠久历史,但如今较有特色是以下三种:由约 90%维尤拉酿成的即时饮用干白新酒;主要由红歌海娜酿造的,较阿拉贡区内其他葡萄酒更醇厚的桃红葡萄酒以及用红歌海娜和添帕尼诺酿造的红酒。

3. 那瓦勒原产地法定产区(DO Navarra)

那瓦勒葡萄酒全部是产自那瓦勒自治区(Navarra)境内。该产地分为以下五个区域:位于北部的瓦尔迪萨尔贝(Valdizarbe),那瓦勒法定产区的中心;位于西北部的埃斯特亚地区(Tierra Estella);位于中部的上河岸地区(Ribera Alta);位于东北部的下山脉地区(Baja Montaña)以及位于南部的下河岸地区(Ribera Baja)。这一地区最南端地处埃布罗河(Rio Ebro)平原,位于里奥哈自治区(La Rioja)和阿拉贡自治区(Aragón)之间,北部地区的地势沿比利牛斯山脉的方向逐渐上升。

最北的三个地方受到比利牛斯山脉的影响,气候炎热,大陆性气候特征较为明显。从上河岸地区向南,气候变得更干燥,下河岸地区的某些地方呈半干燥状态。

红歌海娜是那瓦勒地区种植面积最大的葡萄品种,主要用于酿制著名的纳瓦拉桃红葡萄酒。但 20 世纪 80 年代后期,当地制定了新的葡萄品种种植比例,现在,总面积的 42%用于种植歌海娜;29%为添帕尼诺;9%为赤霞珠,维尤拉则占 6%。

那瓦勒桃红称得上是世界上最好的桃红葡萄酒之一,白葡萄酒则与桃红葡萄酒类似,通常适合即时饮用。

4. 索蒙塔诺原产地法定产区(DO Somontano)

从葡萄酒的风格上看,索蒙塔诺不同于西班牙其他任何法定产区。这里所种植的本地葡萄独一无二,气候条件与土壤状况也有所差异。索蒙塔诺地区可以说是研究和开发新型葡萄酒的基地,其突破传统的葡萄酒在国际市场上也取得了不同凡响的佳绩。

从总体上看,这里的气候属于大陆性气候,但在比利牛斯山脉的遮挡下,索蒙塔诺的葡萄种植区得以免受寒冷北风的侵袭,气候条件有所好转。这里的部分地区也处于半干旱状态,自北而来的干燥冷风(Cierzo)使这里的冬天有时候非常寒冷。

索蒙塔诺传统的白葡萄酒是用维尤拉和阿尔卡农(Alcanón)混合酿制而成,干型且果味浓郁。但某些新类型的白葡萄酒也取得相当不错的成绩,例如,完全以新引进品种酿造或与传统品种相搭配的葡萄酒。

传统的红酒是用马苏埃拉和歌海娜共同酿制的即饮型葡萄酒。但以添帕尼诺替代歌海娜或用添帕尼诺与赤霞珠酿制出的红葡萄酒也很受欢迎。

5. 里奥哈优质原产地法定产区(DOC/DOCa Rioja)

里奥哈葡萄酒产地分为三个主要区域:位于里奥哈地区西北的上里奥哈(Rioja Alta);阿拉瓦省(Provincia de Alava)境内靠北的阿拉瓦里奥哈(Rioja Alavesa)以及位于里奥哈和纳瓦拉自治区南部的下里奥哈(Rioja Baja)。

里奥哈的气候在北方凉爽湿润的大西洋型气候与南方炎热干燥的气候之间,最好的葡萄酒一般来自于朝北和朝西的地势更高的葡萄种植区。

里奥哈地区最主要的葡萄品种是添帕尼诺。这种葡萄是西班牙最重要的品种,不论在哪里种植都可被用来酿造上等的葡萄酒。位于里奥哈北部气候最寒冷地区的葡萄园在酿酒时，除添帕尼诺，通常还在原料中加入格拉西亚诺、歌海娜以及马苏埃拉。这些葡萄使得葡萄酒在陈化过程中表现出鲜明的特点：色深味浓，加重陈酒的口感。里奥哈的混合型葡萄酒可以含有70%的添帕尼诺、20%歌海娜和5%的马苏埃拉和格拉西亚诺。

16.6.3 卡斯蒂利亚-莱昂(Castillay León)主要产区

卡斯蒂利亚-莱昂自治区位于西班牙的首都马德里的北面。这里的土壤贫瘠，葡萄树因此必须努力扎根以获得重要的养分。由于杜埃罗河流经此地，从而为葡萄园提供了良好的水源。

1. 比埃尔索法定产区葡萄酒(DO Bierzo)

由于北面的坎塔布里亚山脉(Cordillera Cantábrica)和南面的莱昂山脉(Montes de León)宛如两道天然屏障，令比埃尔索地区的葡萄树免受恶劣气候的影响。连绵的群山和避风的山谷使这里的气候温和，大陆性特征也更明显。

主要的红葡萄酒来自葡萄品种门西亚(占整个种植面积的65%)，歌海娜则酿制出醇厚香浓的桃红葡萄酒。比埃尔索出产的白葡萄酒通常是新酒(Joven)，白葡萄品种以帕罗米诺为主(占15%)；其次为白夫人(Dona Blanca，占20%)和莫维赛亚(占3%)。

2. 杜埃罗河岸优质原产地法定产区(DOC/DOCa Ribera del Duero)

杜埃罗河岸地区面积虽然不大，但所出产的葡萄酒却获得了国际上高度的评价。2008年继里奥哈和普里奥拉之后，杜埃罗河岸成为西班牙第三个优质法定产区(DOC/DOCa)，被认为是杜埃罗河岸地区条件最得天独厚的葡萄酒原产地之一。这里的葡萄园，是西班牙海拔最高的葡萄种植区之一。在这样的高度下，葡萄种植者在夏季无须担心霜冻的出现，葡萄树得以健康成长。杜埃罗河岸地区为大陆性气候，夏季短暂而炎热，冬季寒冷。当地的土壤中富含白垩。

杜埃罗河岸地区出产桃红和红酒。有些桃红葡萄酒(部分产品经过储存后可达到佳酿酒的等级，即需要在橡木桶中储存6个月)的品质非常优异，但该地区赖以成名的却是红葡萄酒，被称为"精红"(Tinto Fino)或称"国之红"(Tinto del Pais)是这里的红葡萄酒得以成功的关键。它是地势较高地区的自有品种，其生长期较短。好的酿酒商只需稍作加工，便可生产出品质出众的葡萄酒。赤霞珠和红歌海娜也有种植。尽管法定产区命名不包括白葡萄酒，杜埃罗河岸地区仍然种植了一些阿尔比约(Albillo)。独特的葡萄品种、富含白垩的土壤和较高的海拔高度为当地酒厂提供了生产极具潜力的优质葡萄酒的可能性。

3. 卢艾达原产地法定产区(D. O. Rueda)

卢艾达地区位于卡斯蒂利亚-莱昂自治区，是一片位于中央高原让杜埃罗河以南的起伏平原。该地区只生产白葡萄酒。

当地的气候属于大陆性气候，夏季炎热，冬季寒冷，降雨大多集中在春秋两季。

尽管卢艾达地区依然生产以雪莉葡萄(Palomino Fino)为原料的加烈葡萄酒，但使卢艾达葡萄酒取得成功的却是青葡萄，它已成为卢艾达优质葡萄酒的主要来源。在酿造优质葡萄酒时，除了青葡萄外，还会搭配使用维尤拉。另外，这一地区还种植了长相思，这种葡萄主要用于生产需要在橡木桶中陈化的葡萄酒。

卢艾达葡萄酒的法规于 1992 年通过了最后的审定。根据该项规定,卢艾达葡萄酒分为以下几类。

(1) 卢艾达葡萄酒(Rueda):至少含有 50%的青葡萄;可以即时销售,也可以在橡木桶中储存(储存期为 6 个月)。

(2) 卢艾达上等葡萄酒(Rueda Superior):至少含有 85%的青葡萄;可以即时销售,也可以在橡木桶中储存(储存期为 6 个月)。

(3) 卢艾达起泡酒(Rueda Espumoso):不少于 85%的青葡萄;按照传统方法加工而成。这种酒在上市前最少储存 9 个月。

(4) 卢艾达淡色葡萄酒(Pálido Rueda):原料中至少含有 25%的青葡萄;经过自然发酵后,酒精含量应不低于 15 度。在第一年中,葡萄酒的表面形成了一层酵母菌薄膜。酿成后至少还要在橡木桶中储存 3 年。

(5) 卢艾达金色葡萄酒(Dorado Rueda):原料中青葡萄的比例不少于 25%,经过轻微加烈后,酒精含量不低于 15 度。这种酒通常要在橡木桶中储存相当的时间(不少于两年),直到第四年才上市。

4. **托罗原产地法定产区(D. O. Toro)**

托罗是卡斯蒂利亚-莱昂自治区(Castilla-León)杜埃罗河(Río Duero)沿岸的法定产区中最靠西的一个。这里属大陆性气候。主要的葡萄品种是托罗红(Tinta de Toro)葡萄,占葡萄种植面积的 58%。托罗红葡萄最初曾是西班牙北方地区传统的添帕尼诺,但经过几个世纪的独立发展,这种葡萄的果皮变得更厚,葡萄成熟得也比原始品种更早。除托罗红葡萄以外,这一地区还种植了红歌海娜、青葡萄和莫维赛亚。

托罗葡萄酒之所以能够取得今天的声望,主要归功于它的红葡萄酒。其葡萄原料中至少应含有 75%的托罗红葡萄,经过自然发酵后,酒精含量可达到 15 度。托罗出产的白葡萄酒与桃红葡萄酒都属于口味清淡、新鲜爽口、适合即时饮用的干型果味葡萄酒。白葡萄酒通常来自于青葡萄和莫维赛亚,桃红葡萄酒则以歌海娜酿造。

16.6.4 地中海海岸

地中海海岸位于西班牙东面,从北部与法国接壤的地区至南部安达卢西亚。这里受沿海性气候的影响出产着各种类型和风格的葡萄酒,从清爽而香气馥郁的起泡酒卡瓦到浓厚干型的白葡萄酒,再到由歌海娜、卡利涅纳、莫尔韦度等葡萄所酿制出来朴实厚重的红葡萄酒。

1. **加泰罗尼亚原产地法定产区(DO Cataluña)**

加泰罗尼亚法定产区建立于 1999 年。此法定产区成立的初衷是有利于酿酒商用产自加泰罗尼亚境内不同法定产区的葡萄进行混合酿造。混合后的葡萄酒可以以加泰罗尼亚的法定产区冠名(DO de Cataluna)。加泰罗尼亚法定产区拥有地中海式气候。气候较温和清爽,气温由北至南递增。可以使用法定批准的 27 个葡萄品种来酿制出白、红和桃红葡萄酒。

2. **卡瓦原产地法定产区(DO Cava)**

卡瓦(Cava)是以香槟的酿造方法所酿制的起泡酒。主要产自加泰罗尼亚与巴塞罗那(Barcelona)。西班牙除此之外的卡瓦起泡酒主要位于阿拉贡(Aragón)、纳瓦拉(Navarra)、里奥哈(La Rioja)和瓦伦西亚(Valenica)等地。卡瓦酒的生产工艺应严格遵循有关的酿酒法规。

最早的卡瓦酒于1872年产自巴塞罗那省,虽然是按照"传统方法"酿造而成,但与香槟不同的是,卡瓦所选用的葡萄及其特殊的口味是独一无二的。卡瓦酒主要是用马卡贝奥和沙雷洛、帕雷亚达葡萄酿制而成。各酒厂可根据需要,将上述三种葡萄按照各1/3的比例到5∶3∶2的比例自行搭配。在加泰罗尼亚境内有些卡瓦酒中霞多丽的比例甚至高达90%。卡瓦桃红起泡酒是用红歌海娜和慕尔韦度混合酿造的。

卡瓦起泡葡萄酒从类型上可分为白葡萄起泡酒和桃红起泡酒,但前者又可按含糖量另行划分。糖分最低的卡瓦酒被称作超天然(Extra Brut),糖分低于每升4克;其后随糖分增加,依次分为天然(Brut),每升含糖6~15克;绝干(Extra Seco),每升含糖12~20克;干(Seco),每升含糖17~35克;半干(Semi-Seco),每升含糖33~50克;甜(Dulce),每升含糖量超过50克。出口市场上最常见的是Brut和Semi-Seco。尽管根据最低标准,葡萄酒应在酒窖中储存9个月,但最好的卡瓦酒通常都会在上市前储存2~3年。

3. 塞格雷河岸原产地法定产区(DO Costers del Segre)

塞格雷河岸地区为大陆性气候,这里生产白、红和桃红葡萄酒。从风格上,有传统型葡萄酒,如马卡贝奥、帕雷亚达和沙雷洛酿造的白葡萄酒以及添帕尼诺和红歌海娜酿成的红葡萄酒,也有新型葡萄酒类型,如以霞多丽和帕雷亚达单一酿造或混合酿造的白葡萄酒,或以赤霞珠和添帕尼诺混合酿成的红葡萄酒。

4. 佩内德斯原产地法定产区(DO Penedés)

佩内德斯位于加泰罗尼亚地区,这里长久以来被认为是继里奥哈之后最佳的产酒区之一。同时,这里也是欧洲最古老的葡萄种植区之一。

佩内德斯以高品质、果味突出的干白而闻名,主要由帕雷亚达、沙洛雷和马卡贝奥酿成。在加工过程中有时还会加入少量的霞多丽或赤霞珠以增加酒的味道和香气。

在炎热潮湿的海岸平原,以添帕尼诺和红歌海娜酿制的西班牙传统葡萄酒以及用赤霞珠、梅洛和黑皮诺与添帕尼诺混合酿制的红酒越来越普及。

5. 塔拉戈纳原产地法定产区(DO Tarragona)

塔拉戈纳产区是加泰隆尼亚自治区最大的法定产区。几乎超过70%的葡萄品种是用于酿制卡瓦的白葡萄品种。该产区分为两大区域:占整个法定产区总面积70%的塔拉戈纳原野地区(Tarragona Campo)和更靠近内陆的法尔赛特区(Falset)。

大部分的酿酒商如今都在生产更现代化的葡萄酒,只有极少数的酒庄仍在坚持生产该地区的传统类型葡萄酒。

(1) 原野白葡萄酒(Campo Blanco)和原野玫瑰红(Campo Rosado):适用于即时饮用的干型果味葡萄酒。原野红葡萄酒(Campo Tinto)基本上都是用歌海娜葡萄酿成,但也可以用这一地区所种植的其他任何葡萄品种为原料。此种红酒中既有即饮型,也有在橡木桶中储存过酒龄较长的葡萄酒。添帕尼诺用于酿制最好的以及需要陈酿的葡萄酒,其比例甚至高达100%。

(2) 法尔赛特红葡萄酒(Falset Tinto):完全是用歌海娜或卡利涅纳酿制而成,非常适合陈酿。

(3) 古典烈性葡萄酒(Clásico Licoroso):是一种传统的塔拉戈纳甜味酒,通常是用100%的歌海娜酿成。经过自然发酵后,酒精含量应在13度以上,并且应至少在大橡木桶中储存12年。

(4) 陈年葡萄酒(Rancio):是一种无甜味的氧化酒,也是用歌海娜酿成,但有时也会加入少量的卡利涅纳。经过自然发酵后,酒精含量应达到13.5度。

6. 瓦伦西亚原产地法定产区(DO Valencia)

瓦伦西亚位于西班牙的东海岸,长期以来一直作为西班牙最大的葡萄酒出口集散地。沿海的葡萄园受地中海气候的影响,而越往内陆延伸,大陆性气候特征就越明显。瓦伦西亚的葡萄品种以白葡萄为主,有梅尔塞格拉(Merseguera)、普兰塔菲纳(Planta Fina)、佩德罗-希梅内斯、香葡萄莫维塞亚和罗马麝香葡萄(Moscatel Romano);而红葡萄的主要品种有慕尔韦度。

常见的葡萄酒类型有:适合即时饮用的新酒(Jóvenes),以添帕尼诺为主要品种的佳酿级红酒(Crianza),经过氧化工艺的陈年甜酒(Vinos de Licor Rancio)以及用罗马麝香葡萄酿制的陈年甜酒(Vinos de Licor Moscatel)。

7. 普里奥拉托优质原产地法定产区(DOC/DOCa Priorat)

普里奥拉托是加泰罗尼亚地区历史最悠久的葡萄种植区之一。大部分葡萄园均位于蒙特桑特山脉(Montańasdel Montsant)山坡的梯田之上。这一地区夏季较长而炎热,冬季寒冷,但霜冻现象并不多见。

普里奥拉的土壤在当地被称为“llicorella”,是由红黑相间的带状石英岩和板岩构成。这种土地在加泰罗尼亚自治区绝无仅有。

歌海娜是最常见的葡萄品种,其次是卡利涅纳。白葡萄酒的主要品种有马卡贝奥、佩德罗-希梅内斯和白歌海娜。

16.6.5 中央高地(Meseta)

西班牙几乎2/3的葡萄酒源于这个干旱的高原。就在几年前葡萄酒专家还认为这里没有高品质葡萄酒时,西班牙最初的三种优质庄园葡萄酒(DO Pagos)却出现在这里:它们是Dominio de Valdepusa、Finca Élez和Guijoso。目前阿伦依仍然是最广泛种植的品种,种植面超过70%。这里值得一提的是拉曼恰作为原产法定地产区,却几乎有一半的葡萄园不能在酒标上标注其原产地命名(DO),因为仅仅是来自于某个法定产区,却并不意味着葡萄酒就一定达到了原产地的标准。

1. 拉曼恰原产地法定产区(DO La Mancha)

拉曼恰是西班牙最大的法定产区,大部分地区为平原,属大陆性气候。白葡萄品种阿依仑(Airén)在拉曼恰平原被广泛种植。其余白葡萄品种有马卡贝奥、青葡萄、小粒麝香葡萄(Moscatel de Menudo)。森希贝尔(Cencibel)是当地的主要红葡萄品种,此外莫拉维亚和歌海娜也有种植。

拉曼恰以白葡萄酒为主,新发酵技术使得阿依伦酿造的葡萄酒果味更浓,味道也更加爽口。白葡萄和红葡萄混合酿造或用100%的莫拉维亚葡萄酿制的桃红,与白葡萄酒类似,大部分都属于新鲜爽口、价格低廉的即饮型。

红葡萄酒则是用红葡萄与一定比例的白葡萄混合酿造的，适合即时饮用，果味清淡，但当地的酒厂也开始生产年份更长的葡萄酒，其中用100%的森希贝尔葡萄酿造的佳酿酒(Crianz)颇受欢迎。

2. 瓦尔德佩涅斯原产地法定产区(DO Valdepeñas)

与拉曼恰法定产区相比，瓦尔德佩涅斯地区生产高品质葡萄酒的历史更悠久。中央高原的地势从这里开始逐渐下降，属典型的大陆性气候。这里主要的葡萄品种是白葡萄阿依伦和红葡萄森希贝尔。

瓦尔德佩涅斯的白葡萄酒是以百分百的阿依伦酿成，适合即时饮用。红葡萄酒则更为出名，一种属于简单即饮的类型，另一种则是由100%的森希贝尔酿制，需要在橡木桶中储存的红葡萄酒。

16.6.6 安达卢西亚自治区(Andalucía)

这个西班牙古老的西南部产区早在3 000年以前就开始了葡萄的种植，但由于被摩尔人和回教徒控制了很长时间，葡萄酒酿造业的发展在当时受到了严重的阻碍。

西班牙著名的雪莉酒就来自于这里炎热干旱、崎岖坚硬的土地中。突增的海拔也为这个产区带来了惊艳的马拉加甜酒(Málaga Dulce)。

雪莉是一种由产自西班牙南部安达卢西亚的白葡萄所酿制的加强葡萄酒。在西班牙法律中，所有标识为雪莉“Sherry”的葡萄酒都集中在加的斯(Cádiz)省赫雷斯-德拉弗龙特拉(Jerez de la Frontera)和桑卢卡尔-德巴拉梅达(Sanlúcar de Barrameda)城市周边。

最好的土壤位于上赫雷斯地区(Jerez Superior)，被称作白土地(Albariza)。富含白垩的土壤可以有效地反射阳光，促进光合作用。因其土质非常吸水和紧密，可以抵御赫雷斯炎热干旱的夏季。

雪莉的酿造方法是在葡萄汁发酵完成后，使用经蒸馏的葡萄酒(通常来自拉曼查，La Mancha)所得到的烈酒，首先混合成熟的雪莉酒，得到1∶1的混合物，称为mitady mitad(一半一半)，然后mitady mitad以适当比例混合年轻的雪莉酒。分两个阶段的程序进行强化，目的是使高度数的酒精不会影响年轻的雪莉酒并破坏其风味。因为强化过程是在发酵结束之后进行的，多数雪莉酒最初都是干的，而其甜味都是后期添加；而葡萄牙的波特酒则是在发酵进行到一半时加入烈酒，因酒精将剩余的酵母菌杀死而中止发酵过程，使得部分糖分得以保留。

雪莉是在索莱拉(solera)系统中进行陈酿。这个系统的目的在于将每一层堆叠的木桶内的老酒与新酒进行持续且稳定的混合。首先新酒被装入最上层也最年轻的木桶组中(称为criadera)，每一个酒桶被填入5/6满，给酒花得以生长的空间。酒桶可堆置3～9层高，越往下，陈酿的时间则约久。每年从最老、最底层的木桶组(称为solera)中取出一定比例的酒装瓶销售，然后再从倒数第二层的木桶中轻轻移取补进底层的木桶中继续混合。根据不同类型的酒，每次转移的酒大约为5%～30%。这个过程被称为“跑标尺(running the scales)”，因为每层桶被称为一个标尺。雪莉酒需在索莱拉系统中陈化至少3年。

目前生产雪莉酒的葡萄品种主要有三种：雪莉葡萄(Palomino Fino，亦称作“上等雪莉葡萄”)是生产干型雪莉酒的主要品种，约占种植总量的90%；佩德罗-希梅内斯(PX)用于添加来生产甜型的雪莉(Jerez Dulce)，这些葡萄在收获之后通常在阳光下干燥数天，以凝聚糖分,它的甜度甚至能达到 400g/L;麝香同佩德罗-希梅内斯的作用一样,但不常用。

(1) 菲诺雪莉(Fino)是在其表面生成了一层酵母菌薄膜,也被称为酒花(Flor),酒在薄膜的覆盖下进行陈酿,避免与空气接触。它是所有雪莉类型中最干型的。酒龄为 5~9 年。

(2) 曼查尼拉(Manzanilla)是菲诺的一种特殊的清淡的品种,产自桑卢卡尔-德巴拉梅达(Sanlúcar de Barrameda)港口附近。曼查尼拉与菲诺一样,是比较脆弱的类型,通常在开瓶后需要立即喝掉。

(3) 阿蒙提亚多(Amontillado)是菲诺或者曼查尼拉在漫长的陈化过程中,酒花被消耗殆尽后暴露于空气中进一步氧化的雪莉酒。这种酒比菲诺色泽更深,但是又不及欧洛罗索。酒味略干,有时还带有轻微或中度的甜味。

(4) 帕罗-克塔多(Palo Cortado)是非常罕见的雪莉类型,它最初是以菲诺的方法进行酿造,然而却无法形成酒花。这导致了它具有阿蒙提亚多的氧化的香气,却在口感上更类似于干型厚重的欧洛罗索雪莉。

(5) 欧洛罗索雪莉(Oloroso)是一种比菲诺或阿蒙提亚多氧化时间更长的雪莉酒,酒龄为 10~15 年。拥有更加厚重的色泽。酒精浓度通常为 18~20%,这也是度数最高的雪莉酒。和阿蒙提亚多一样口感略干,通常加入佩德罗-希梅内斯葡萄以制作成甜味的奶油雪莉(Cream Sherry)。

欧洛罗索和阿蒙提亚多因存放时间较久,或是更甜的品种如佩德罗-希梅内斯以及奶油雪莉酒,开瓶后能够存放几个星期甚至几个月之久。

本章小结

本章讲述了西班牙葡萄酒的历史、风土气候、葡萄品种、分级制度和葡萄酒产区。对加烈酒雪莉酒也进行了简述。掌握几个主要产区和特点葡萄品种。

思考和练习题

1. 里奥哈法定产区的葡萄酒的特点是什么?
2. 简述雪莉酒的酿造方法和种类。
3. 西班牙最有代表性的葡萄品种有哪些?

葡萄牙(Portugal)葡萄酒

◆ 本章学习内容与要求

1. 重点：葡萄牙的葡萄酒分级；加烈葡萄酒的种类；
2. 必修：认识酒标上的单词；各产区葡萄酒的特点；
3. 掌握：葡萄牙葡萄酒的产区、品种和气候。

葡萄牙作为旧世界葡萄酒国家，是橡木塞的主要生产国家，素有“软木之国”的称号。葡萄牙的葡萄种植和葡萄酒酿造历史距今已有 4 000 多年的历史，如今葡萄酒产业也早已成为葡萄牙的优势及支柱产业之一。长久以来，这个国家最让人熟悉的是波特和马德拉以及清淡的白葡萄酒，但目前的一种新趋势是越来越多丰满而成熟的干型红葡萄酒开始受到关注。

17.1 风土与气候

葡萄牙的气候以海洋性为主。从高山到河谷，从沙石土壤的滨海平原到富含石灰岩的海岸山地，多变的地形为在此生长的葡萄树提供了微妙的风土条件。受到西面大西洋的影响，降雨量的增多为葡萄园带来了增产的好处，然而在一些通风不足够好的地方却也带来了滋生霉菌的风险。

17.2 葡萄品种

葡萄牙的葡萄品种复杂多样，除了许多本土生长的特色品种如国产多瑞加(Touriga Nacional)，还有一些源于西班牙的品种如添帕尼诺(Tempranillo)，在葡萄牙被称为罗丽红(Tinta Roriz)。尽管赤霞珠、霞多丽这些国际上流行的葡萄品种也在最近的几十年里发展起来，但葡萄牙依旧保持旧世界葡萄酒的风范，以体现传统葡萄品种的特色为主。

17.3 葡萄酒种类

从葡萄酒种类来看，葡萄牙共有 7 类葡萄酒，分别为佐餐用红葡萄酒、佐餐用白葡萄酒、桃红酒、绿酒、起泡酒、波特酒和慕斯卡黛葡萄酒(麝香葡萄酒)。目前，葡萄牙产量最大的是佐餐用干红和干白葡萄酒。其中，杜罗河(Douro)流域和阿兰特茹(Alentejo)的红、白葡萄酒品质均很高；葡萄牙绿酒(Vinhos Verdes)也较有特色，清淡而酸度较高，主要产于北部米尼奥(Minho)地区;麝香葡萄酒甜美醇厚,其中以赛图巴尔半岛(Peninsula de Setubal)产区尤为著名,大多数麝香葡萄酒都在刚刚成熟而富含果味的时候出售,但随着储存时间的增长会产生坚果和无花果的味道;波特酒是葡萄牙特有的一类甜葡萄酒,该类酒多产于杜罗河谷,主要作为开胃酒和餐后酒。

17.4 葡萄酒分级

葡萄牙原产地控制体系(Denominação de Origem Controlada)类似大部分欧盟国家,葡萄牙的原产地法定产区共分为四个级别。

(1) 法定产区(Denominação de Origem Controlada,DOC):意为该品质葡萄酒生产于特定的葡萄园,等同于法国的 AOP 法定产区。

(2) Indicação de Proveniência Regulamentada(IPR):该级别是在地区餐酒级别之上向 DOC 级别过渡的一个等级,类似于法国的 VDQS。

(3) 地区餐酒(Vinho Regional,VR):类似法国的地区餐酒,酒标上标示出特定的区域名称。

(4) 日常餐酒(Vinho de Mesa,VM):酒标上只显示生产者和产品名称。

17.5 葡萄酒产区

从地理区域上看,葡萄牙共有 11 个大的葡萄酒产区,包括大陆 9 个产区,亚速尔群岛(Azores)和马德拉群岛(Madeira)产区。大陆产区中的贝拉斯(Beiras)又分为 4 个小产区,其中以道(Dão)最为出名。此外,11 个大产区又可细分为 29 个原产地,最有名的原产地是杜罗(Douro)和波尔图(Porto)、阿兰特茹和道(Dão)。

17.5.1 绿酒法定产区(DOC Vinho Verde)

绿酒产区是西班牙最大的产区,位于凉爽多雨的西北部。葡萄园生长在潮湿肥沃的花岗岩土壤中。绿酒区的酒在葡萄还没有成熟就采收酿造,所以是一款清淡而酸度高,稍带气泡的白葡萄酒。它是葡萄牙出口量仅次于波特酒之后的品种。尽管这里也生产一些红葡萄酒,甚至是桃红葡萄酒,但在葡萄牙最受欢迎的依旧是白葡萄酒。

阿瓦里诺绿酒(Vinho Verde Alvarinho)完全由阿瓦里诺葡萄酿造,于法定的子产区蒙桑(Monção)种植生产。其酒精度通常为 11.5°～14°,高于其他品种。大部分绿酒口感清淡而爽口,富有香气,在口中有微起泡和略甜的感觉。

17.5.2 杜罗和波尔图法定产区(DOC Douro 和 Porto)

杜罗河谷产区同时拥有加烈葡萄酒波特酒(法定产区为 DOC Porto)和平静葡萄酒(法定产区为 DOC Douro)两个法定产区,它们产量几乎各占该地区总量的一半。

杜罗和波尔图产区位于葡萄牙的北部,它的名字来源于自东向西汇入大西洋的杜罗河。它主要由三个子产区组成,从西向东依次为科尔戈支流下游(Baixo Corgo)、科尔戈支流上游(Cima Corgo)和杜罗河上游(Douro Superior)。

科尔戈支流下游产区是杜罗最西边的子产区，这里的气候凉爽潮湿，以生产简单的普通波特酒为主；科尔戈支流上游产区则是波特酒的种植中心，它是三个子产区中面积最大的，产量也几乎占到一半，这里也盛产许多优质的平静葡萄酒；杜罗河上游产区冬夏两季气候极端，这里的占地面积虽然是三个子产区中最大的一个，但是其葡萄园面积却是最小的。

杜罗和波尔图产区有丰富的本地葡萄品种，一些葡萄园保留下来的老龄葡萄树，其稀少的产量凝聚了丰满而复杂的口味。传统的方法可能会将不同的葡萄品种混合种植，而现代的葡萄园则将各品种区分种植。用来酿造波特的主要品种为：国产多瑞加(Touriga Nacional)、弗兰克多瑞加(Touriga Franca)、罗丽红(Tinta Roriz)、巴洛卡红(Tinta Barroca)和卡奥红(Tinto Cão)。

17.5.3 道法定产区(DOC Dão)

道产区的海拔较高，葡萄成熟缓慢，酿造出的葡萄酒有良好的结构和陈年的潜力。土壤由贫瘠的花岗岩和一些片岩风化形成。

道产区大部分的品质葡萄园多位于海平线上150～450米。海拔的升高有利于葡萄园最大限度地接受阳光的照射。

17.5.4 百拉达法定产区(DOC Bairrada)

百拉达介于道和大西洋之间，有潮湿的海洋性气候和充足的降雨量。葡萄园多位于平坦的地带，以石灰岩黏土和沙地为主。

这里是葡萄牙起泡酒的重要产区，其凉爽的气候使得葡萄的酸度能得到最大的发挥。巴格(Baga)是传统的本地红葡萄品种，未完全成熟时会带来强烈的酸度，良好的成熟度则能带来圆润饱满、充满果味的复杂口感。

17.5.5 丽巴特茹法定产区(DOC Ribatejano)

丽巴特茹是葡萄牙第二大产区，这里产量最高的为以本国消费为主的白葡萄酒，而以本土的卡斯特劳弗兰克(Castelao Frances)以及国际性的赤霞珠等葡萄酿造的红葡萄酒则主要用于出口市场的消费。

17.5.6 阿兰特茹法定产区(DOC Alentejo)

阿兰特茹位于里斯本的东南，整个大区以生产阿兰特茹地区餐酒(Alentejano Vinho Regional)为主，其中红葡萄酒占大多数。这里结合了地中海和大陆性气候，土壤由花岗岩黏土组成。

阿兰特茹从北至南由8个子产区构成：Portalegre、Borba、Redondo、Evora、Reguengos、Granja-Amareleja、Vidigueira、Moura。

17.5.7 马德拉法定产区(DOC Madeira)

马德拉是位于葡萄牙的岛，这里以生产加烈葡萄酒马德拉酒而闻名。品质较高的作为干型的餐前酒和餐后的甜酒，品质较低的常用于烹调中。

制造马德拉酒的葡萄品种比较甜，与波特酒一样，在发酵后掺入高酒精度的酒来停止发酵过程,使得酒保持其甜度。但是特别之处在于马德拉是通过加热来使酒精度提高,然后再次掺入白兰地。马德拉酒的酒精度约为 18%～21%。

1. 品种

马德拉酒的葡萄品种主要来源于黑莫乐,大部分马德拉酒都以它来酿造,是岛上最常见的品种。黑莫乐在发酵完成后,呈现淡红的色泽,带有中等糖分和高酸度,可以被快速氧化成类似坚果的棕色。

另外还有四个传统的贵族葡萄品种,也用来生产不到 10%的马德拉酒。分别为塞西尔(Sercial)、维德和(Verdelho)、布阿尔(Bual/Boal)和玛尔维萨(Malvasia/Malmsey)。这些葡萄品种的比率必须至少达到 85%,同时在酒标上以这些葡萄品种的名称来代表其各自的风格。

(1) Sercial:主要以塞西尔酿造。马德拉酒接近完全发酵,呈干型,颜色清淡,酸度高,残余糖分非常少。

(2) Verdelho:主要以维德和酿造。马德拉酒发酵成半干,有烟熏味,酸度高。

(3) Boal:主要以布阿尔酿造。马德拉酒有半甜的口感和干型的余味,颜色深黑,中等丰满的酒体,有葡萄干的典型香气。

(4) Malmsey:主要以玛尔维萨酿造。玛尔维萨是马德拉酒中最甜的类型,因其酸度非常高,所以没有甜腻的感觉。色泽深黑,酒体丰满,烟熏和焦糖的香气明显。

2. 酒标名词

(1) Reserva:珍藏级,选用任一贵族葡萄品种来酿制的马德拉,最少需陈酿 5 年时间。

(2) Special Reserve:特别珍藏级,葡萄酒通常经过自然陈酿,而并非人工加热,至少陈酿 10 年。

(3) Extra Reserve:额外珍藏(超过 15 年),这一类型的产量非常稀少,有一些酒庄会陈酿至 20 年以生产年份酒或者寇黑塔(Colheita),额外珍藏马德拉有着更加丰满的酒体。

(4) Colheita:寇黑塔,这一类型代表了马德拉酒来自于一个单一的年份,但是与年份马德拉相比,其陈酿时间要短。酒标上可以标注年份,但必须附加上“Colheita”的单词以与年份马德拉区分开来。

(5) Vintage:年份马德拉,酒标上标注出单一的年份。该类型的马德拉必须陈酿至少 20 年。

17.6 波特葡萄酒

波特酒典型的特点为甜型的红葡萄酒,通常作为餐后甜酒饮用。目前在许多国家,如澳大利亚、南非、加拿大和阿根廷等也生产此类型的葡萄酒,但是基于欧盟原产地保护条例,只有来自于葡萄牙的波特酒才能在其酒标上标明“Port”或者“Porto”。不过美国是个例外,在其酒标上的“Port”,只能说明它有可能来自于世界上任何一个地方;而特别标出“Dão”、“Oporto”、“Porto”或者“Vinho do Porto”,才是真正指明为来自葡萄牙的波特酒。

17.6.1 波特酒的产区

科尔戈支流下游(Baixo Corgo)产区通常生产便宜的红宝石波特(Ruby Port)和茶色波

特(Tawny Port)。科尔戈支流上游(Cima Corgo)夏季的平均温度要略高,降雨量则少于200毫米,葡萄被种植在这个区域被认为是高品质的体现,这里通常生产年份波特 Vintage Port 和迟装瓶年份波特酒 Late bottled vintage(LBV);杜罗河上游(Douro Superior)靠近西班牙的边境,这里是杜罗产区最为干旱和温暖的地方,平坦的地形使得葡萄园的机械化作业更加便利。

17.6.2 波特酒的种类

1. 白波特(White Port)

白波特是以白葡萄品种酿造的,它的种类从干型到甜型皆有。普通的白波特往往作为调制鸡尾酒的最佳基酒,而那些经过更好的陈年白波特则更适合冰镇后单独品尝。当白波特经过长时间的橡木陈酿后,颜色会由浅变深,到一定程度时甚至很难从颜色上判断是来自于红波特还是白波特。普通白波特通常在橡木陈酿2~3年装瓶出售,没有年份。

2. 红宝石波特(Ruby Port)

这是红波特种类中最年轻且最便宜的一种,没有年份。通常至少在经过3年橡木陈酿后装瓶出售。它的名字来源于它所呈现的红宝石色泽。大部分是甜型且酒精度比较高。品质更高的红宝石波特在其酒标上会标明"Ruby Reserva",意为珍藏红宝石波特。它是指混合了若干年的更高品质的红葡萄酒,至少经过5年的橡木陈酿。酒体丰满,有着丰富的果香且酒精度更加和谐。由于已经过滤,它们一经装瓶即可饮用。

3. 茶色波特(Tawny Port)

茶色波特由红葡萄品种发酵后经橡木陈酿而得。在逐渐醇化的过程中呈现出了金褐色的光泽,并给葡萄酒带来坚果的风味。茶色波特有甜型和半干型,通常用于餐后甜酒的饮用。

通常来说它有两种类型:一种是混合了白波特和年轻红宝石波特的便宜的商业流通酒,酒体边缘(酒体与酒杯交界处)通常呈现粉红色;另一种则是珍藏茶色波特(Tawny Reserva),经过至少7年的橡木陈酿,口感更加柔滑,酒体边缘则呈现出更深的黄褐色或茶色。

茶色波特因其混合了不同年份的葡萄酒酿制而成,在酒标上可以标注出10年、20年、30年甚至是40年的年龄,但这些年龄均是所混合的各年份的平均年龄。酒标上也必须标出装瓶时间,因为这些酒一旦装瓶后就会很快消失其新鲜度。有年份标示的茶色波特是茶色波特中品质最佳的类型,装瓶后即可饮用无须过滤,可散发出巧克力、咖啡和焦糖的香气。

4. 酒垢波特(Crusted Port)

酒垢波特是英国特有的波特酒类型,由于未经过滤而带有厚重的沉淀,在饮用前需要倒入其他容器内以除去渣滓。酒垢波特在准予销售前必须在瓶中陈酿至少3~4年,因此无须额外地陈酿,购买回来即可饮用。

5. 迟装瓶年份波特(Late Bottled Vintage Port)

迟装瓶年份波特通常简称LBV,最初这些酒是用来酿制年份波特,然而由于陈酿的时间不足以达到年份波特所需要的长度,因此就以迟装瓶年份波特出售。目前有传统风格和现代风格两种类型的LBV,它们都需要在装瓶前经过4~6年的陈酿,不需要标注出特定的年份。所谓传统类型是指未经过滤,且在开瓶后几年内需饮用完。现代类型则是装瓶前已经过滤,开瓶即可饮用。迟装瓶年份波特来自于一个单一的年份,相较年份波特而言,酒体更加清淡。通常来说,传统未经过滤的 LBV 通过较长的木桶陈酿来增强品质,而现代风格的 LBV 则通过更长时间的瓶中陈酿来获得品质的提升。

6. **寇黑塔**(Colheita Ports)

来自单一年份的茶色波特酒称为寇黑塔波特,这一类型的波特在葡萄牙非常受欢迎。寇黑塔在装瓶出售前需要经过至少 7 年的橡木陈酿,有些可能长达 20 年甚至更久。寇黑塔也会少量生产。此类型的酒标上需要标明特定的年份以及装瓶日期。饮用时无须换瓶去渣。

7. **年份波特**(Vintage Ports)

年份波特是由来自于数个优质的葡萄园所特定的单一年份的葡萄酿制而成,在装瓶前至少经过两年的橡木陈酿,此外仍需要 10～40 年的瓶中陈酿来达到最佳的饮用时期。特定的年份倒没有统一的标准,这是由各个酒庄自行决定的。因为橡木陈酿的时间不长,因此保留了它深红宝石的色泽和新鲜的果香。特别优质的年份波特在装瓶后的几十年之后仍能维持复杂和美妙的口感。由于厚重的沉淀,年份波特在饮用时需要换瓶去渣,开瓶后于数日内饮用。

8. **单一酒园年份波特**(Single Quinta Vintage Ports)

Quinta 的意思为葡萄园。单一酒园年份波特是由同一个葡萄园的葡萄酿制而成。大部分的波特酒生产商会选择在一些还不足够好到制作年份波特酒的年份里,选取最好的葡萄园的葡萄去酿制成单一酒园波特,酒标上依然会标注年份。葡萄园的名称也会出现在酒标上。

本章小结

本章讲述了葡萄牙葡萄酒的风土气候、葡萄品种、葡萄酒的分级和产区,特别讲述了波特葡萄酒。

思考和练习题

1. 比较波特葡萄酒和马德拉酒的相同和相异之处。
2. 比较葡萄牙葡萄酒的分级制度和法国葡萄酒的分级制度。

德国(Germany)葡萄酒

◆ 本章学习内容与要求

1. 重点：德国葡萄酒的分级制度，特别是优质高级葡萄酒的六个等级；德国和其他欧洲国家的分级制度的比较；
2. 必修：德国的葡萄酒品种和产区；
3. 掌握：德国葡萄酒的历史、风土和气候。

德国葡萄酒的产地主要位于德国的西边，沿着莱茵河和它的支流。葡萄的栽种历史可以追溯至古罗马时代。许多人把德国的雷司令看成是世界上最优雅的白葡萄酒之一，它的香气与充沛的果味，无论是清爽的干型还是馥郁的甜型都能表现得淋漓尽致。如今德国雷司令已是全世界最好的餐厅酒单中不可或缺的一部分。其他德国葡萄品种，如皮诺家族成员(黑皮诺、灰皮诺、白皮诺)、西万尼(Silvaner)和塔明娜(也称琼瑶浆)也越来越受到国际市场的关注。

18.1 历史

公元前50年，古罗马人征服了日耳曼。葡萄园沿摩泽尔(Mosel)河与莱茵(Rhein)河被开垦。

公元1618年，三十年战争开始前，德国葡萄园面积达到历史最高点(约300 000公顷)。战争开始后，农村的破坏和人口的剧减导致了葡萄种植极端萎缩。

1830年2月11日，首次冰酒采收发生在靠近莱茵黑森(Rheinhessische)宾根的多茹斯海姆(Bingen Dromersheim)。

1971年，首个葡萄酒法为德国葡萄酒分级打下基础，这个系统直到今日还有广泛影响。它设立了当时的11个生产优质葡萄酒的产区。1971年这个年份同时也是德国葡萄酒的一个极佳之年。

1990年，德国统一后，优质葡萄酒产区的数量增加至13个，包括两个东部的葡萄种植区萨勒-温斯图特(Saale-Unstrut)和萨克森(Sachsen)。

在过去10年间，莱茵河、摩泽尔河，以及它们三角洲的这些地方，创造出整个德国酿酒历史上最成功的时期之一。

18.2　风土和气候

德国的13个产区拥有不同的土壤和气候条件,大约160个集合葡萄园和2 650块单一葡萄园。数以千计的葡萄种植者和酿酒师为他们自己的葡萄酒塑造与众不同的特性,并赋予这些葡萄酒不同的质量和类型。这些因素保证了德国葡萄酒多样性、典型性,以及传统与创新的葡萄酒风格。作为世界最北种植区之一的德国,被划入"凉爽气候"葡萄酒产酒国的范围。那里的葡萄能够生长和成熟主要归功于墨西哥暖流。

18.3　分级制度

自1971年开始,每一款德国优质葡萄酒必须经由品鉴委员会进行化学分析和感官测试。官方质量控制检测码(A.P.号)必须出现在酒标上。A.P.号是葡萄酒的身份证明。所有葡萄酒中若拥有相同的质量控制检测码则都是同一款酒。检测码同样验证了酒标上最重要的声明是否正确和葡萄酒是否无缺陷。

德国从低至高包括以下分级制度(见表18-1)。

表 18-1　德国葡萄酒分级类型的对照

德国餐酒	地区餐酒	高级葡萄酒	优质高级葡萄酒
100%葡萄来源	至少85%的葡萄来源	100% 葡萄来源	
德国葡萄园	地区餐酒区	13个特定葡萄园产区	
最低起始葡萄汁重量			
44～50度予思勒	47～55度予思勒	55～72度予思勒	70～154度予思勒
允许加糖			不被允许
遵从食品法规定		遵从官方质量控制测试	
最低的酒精度			
8.5%		7.0%	5.5%(从BA级别开始)
总酒精度			
最高15%			
可能的类型			
所有	干或半干	所有	

18.3.1　德国餐酒(Deutscher Wein)

这一级别取代了以前被使用的一个类别"餐酒"(Tafelwein)。该级别葡萄酒只能来自于德国境内,以法律所认可的葡萄品种去酿造。自2009年起,葡萄品种的名称允许出现在酒标上。

18.3.2　受地理标志保护的地区餐酒(Landwein)

至少85%的葡萄品种来源于酒标上标注的地区(必须声明)。地区餐酒可以是干型葡萄酒也可以是半干型。所有地区餐酒的最低天然酒精度比德国餐酒至少高 0.5%，约为4 度予思勒(Oechsle)。

18.3.3 受原产地名称保护的高级葡萄酒(Qualitatswein)

受原产地名称保护的高级葡萄酒与优质高级葡萄酒(Pradikatswein)一起占德国葡萄酒的最大份额。它们必须 100%来自 13 个产区里的一个；每款高级葡萄酒或优质高级葡萄酒的最低天然酒精含量根据产区和葡萄品种的不同而不同。根据产区、品种和质量水平，最低起始葡萄汁重量为 55～154 度予思勒。高级葡萄酒(Qualitätswein)和地区餐酒一样允许在发酵前加糖(Chaptalisation)；浓缩葡萄汁也是被允许的，但必须受到法律限制。

所谓予思勒是指葡萄成熟度越高，果汁中的糖分含量也就越多。所以，测量果汁糖分重量(含糖量)就可以推断葡萄的成熟程度。如今测试的标准为予思勒(Oechsle)的度数。1 度予思勒表明 1 升葡萄汁比 1 升水重一克。有些年份，贵腐精选葡萄甚至有 200 度的予思勒。在发酵过程中，大部分天然糖分转化为酒精。葡萄越成熟，酒精度也就能越高。发酵之后果汁中保留的糖分，被称为残糖度。予思勒的名字来源于佛茨海姆的金匠和其发明人——克里斯蒂阳·德纳德·予思勒(Christian Ferdinad Oechsle)(1774—1852 年)，他当初研制成功了确定果汁糖分重量的果汁秤。

18.3.4 优质高级葡萄酒(Pradikatswein)

优质高级葡萄酒(Pradikatswein)必须满足比高级葡萄酒更多的要求。加糖、使用橡木桶等都被禁止。

优质高级葡萄酒按照葡萄收获时的成熟度依次递增的次序分为以下 6 个等级。

(1) 珍藏酒(Kabinett)通常酒体轻盈，由成熟的葡萄酿造，酒精度相对低。可以是干型、半干或者甜型。

(2) 晚摘酒(Spätlese)是酒体饱满的酒，由完全成熟的葡萄酿造；因为需完全成熟，所以常常要被留在葡萄株上更久，这些葡萄一般晚收。可以是干型、半干或者甜型。

(3) 逐串精选酒(Auslese)由完全成熟的葡萄酿成；被有选择地采收(不成熟或有病害的葡萄会被去除)。通常为甜型(略有贵腐的风味)，但半干和干型也会生产。干型的酒精度会更高。

(4) 逐粒精选酒(Beerenauslese，BA)是酒体饱满、充满果味的葡萄酒，由过熟的葡萄(通常已被贵腐菌感染)酿成；被有选择地采收(单独精选葡萄粒)，所酿出的酒为甜型。

(5) 冰酒(Eiswein)是在零下 7 度的环境中采收和压榨葡萄；由天然浓缩的葡萄酒被压榨而出酿成。这类的甜酒风味特别，因为是由几乎完全没有受到贵腐菌感染的葡萄在冰冻的环境下酿制而成。未发酵的葡萄汁中的含糖量至少达到 BA 的级别。

(6) 枯萄精选酒(Trockenbeerenauslese，TBA)是非常浓缩的甜葡萄酒，通常由被贵腐菌感染的几近干萎的葡萄干酿成；被有选择地采收(单独精选葡萄粒)。由于糖分浓度非常高，很难进行正常的发酵，所以酒精度通常不超过 6°，并且需要陈年 10 年以上。世界上最贵的白葡萄酒之一的“伊贡-米勒枯萄精选”(Egon Müller TBA)就属于此类。

18.4　葡萄酒的类型

(1) 干型(Trocken)：所含残糖量为 4(极干)～9g/L。

(2) 半干(Halbtrocken)：含残糖量为 12～18g/L。

(3) 比较甜(Lieblich)：所含残糖量为 18～45g/L。

(4) 很甜(Süss)：所含残糖量至少为 45g/L。

自 2009 年 8 月 1 日起，欧盟酒法允许以上所有提到的风格其残糖量可以±1g/L。

其他被允许使用的词汇有“半干”(Feinherb)，它说明葡萄酒比上面提及的半干风格可以多点或少点残糖量。

18.5　葡萄品种

德国的葡萄品种种类广泛，约 35 种适合酿造红葡萄酒；超过 100 种适合酿造白葡萄酒。然而更常用的大约只有 24 种。最重要两个白葡萄品种是雷司令和穆勒塔戈(Müller-Thurgau，又称雷万娜，Rivaner)，它们的种植面积大约占德国总种植面积的 36%。其次是西万尼(Silvaner)，它的风味特点被视为是白皮诺和灰皮诺的结合。另外，还有克尔娜(Kerner)、巴克斯(Bacchus)，以及灰皮诺(Grauburgunder)、白皮诺(Weiβburgunder)和舍尔贝(Scheurebe)。

由于气候的影响，不同的区域有各自出色的品种。例如德国的北部地区，主要以种植雷司令为主，而南部地区则黑皮诺变成为主角。超过了 78%的莱茵高(Rheingau)葡萄园种植雷司令，摩泽尔(Mosel)产区亦如此；而皮诺家族，特别是黑皮诺则被广泛种植于巴登(Baden)；红葡萄品种如托林格(Trollinger)、莫尼耶皮乐(Schwarzriesling)和林伯格(Lemberger)对于符腾堡(Württemberg)来说更为重要；葡萄牙美人(Portugieser)则更多被种植于法兹(Pfalz)。尽管德国的葡萄酒市场上并不乏优质红葡萄酒，但由于产量不高使其更多用于本国消费，其国际市场上的竞争能力与白葡萄酒相比显得势单力薄(见表 18-2)。

表 18-2　德国最重要的葡萄品种(前 15 位)

葡萄品种	2010 年葡萄园面积/公顷	2010 年葡萄园面积百分比/%
雷司令(Riesling)	22 601	22.1
穆勒塔戈(Müller-Thurgau)	13 554	13.3
黑皮诺(Spätburgunder)	11 334	11.1
丹菲特(Dornfelder)	7 952	7.8
西万尼(Silvaner)	5 217	5.1
灰皮诺(Grauburgunder)	4 705	4.6
白皮诺(Weissburgunder)	4 106	4.0
葡萄牙美人(Portugieser)	4 098	4.0
克尔娜(Kerner)	3 474	3.4
托林格(Trollinger)	2 403	2.4
莫尼耶皮乐(Schwarzriesling)	2 263	2.2

续表

葡萄品种	2010年葡萄园面积/公顷	2010年葡萄园面积百分比/%
莱根特(Regent)	2 090	2.0
巴库斯(Bacchus)	1 943	1.9
林伯格(Lemberger)	1 768	1.7
舍尔贝(Scheurebe)	1 624	1.6
总葡萄园面积	102 196	100.0
白葡萄品种	65 557	64.0
黑葡萄品种	36 639	36.0

18.6 葡萄酒标

18.6.1 规定的信息

每个酒标上都必须包含以下数据，即产品等级(德国葡萄酒、地区餐酒、优质葡萄酒或高级优质葡萄酒)，分级(珍藏酒、晚摘酒等)，酒精含量(百分比的方式)和容量。对于优质葡萄酒和高级优质葡萄酒还必须标明官方检测号码(A.P. 号)。地区餐酒、优质葡萄酒、高级优质葡萄酒和一定产区生产的起泡酒还需要给出地区以及产区的名称。装瓶的酒庄、酒厂的名字也要标出。2006年以来，亚硫酸盐含量也要注明。

18.6.2 其他可能出现的单词

1. 经典酒(Classic)

这个标志从2000年开始引入。经典葡萄酒是指具有产区特点，属于经典的葡萄品种，口味稳定和谐的干型优质葡萄酒。在这种酒标下，没有其他的口感说明。

2. 特级葡萄酒(Erstes Gewächs 或 Groβes Gewächs)

莱茵高产区的葡萄酒标上，人们会发现特级葡萄酒(Erstes Gewächs)字样。对于这种葡萄酒，有相当严格的质量规定，如产量少、人工采摘和剪枝。此外，还限制了葡萄园，只有经过详细界定的小块葡萄园中生长的葡萄才能称为特级葡萄酒。而且，对葡萄品种也有限制，只有雷司令和黑皮诺才能酿造这种酒。每升葡萄酒最多含有13克残糖量，说明这种酒更多是干型口味。冠以这种称号的酒还必须首先经过感官测试。除莱茵高，这种顶尖级干型葡萄酒(也有从其他产区的典型葡萄品种酿造)根据德国顶级酒庄联合会的等级规定，可以作为特级葡萄酒。在酒标上，可以见到缩写成GG的字样。

3. 地区餐酒(Landwein)

德国的地区餐酒是个地理标志，即能简单说明其产地特色的地区餐酒。这种简单的酒有干型和半干型两种口味。2009年8月1日以来，德国有26个法定的餐酒地区，其中还有最新确认的石荷州(Schleswig-Hostein)的地区餐酒。石荷州是德国最北的州，几乎与思乐特(Sylt)岛在一个纬度，在那里有10公顷的葡萄园。

4. 德国葡萄酒(Deutscher Wein)

德国葡萄酒是没有具体产地标志的德国葡萄酒,只允许产自经过批准的葡萄种植地和被批准的品种。与世界上其他葡萄种植国家相比,这类酒的产量很小。在所有德国葡萄酒产量中,地区餐酒只占5%左右。

5. 装瓶者和生产商(Abfüller und Erzeuger)

每个(背标)标上必须注明装瓶者信息。有时,装瓶商不一定与葡萄生产者的名称相同。酒厂购买葡萄或者葡萄酒,进一步加工,并打上某个商标销售这些葡萄酒。酒庄也可能是装瓶商。合作社和酒庄通常是生产商,因为他们酿造自己种植的葡萄。有些时候,酒农也购买一些葡萄。

18.6.3　酒标上的其他信息

1. 消费者在酒标上注意的内容

消费者很可能看年份和葡萄品种。这两个信息一般都在酒标上,然而,年份和品种却并不规定必须注明。有一点很清楚,葡萄(至少85%)是在该年收获的,而且产自所标注的品种。

2. 位置名字

同样允许,但不是必须给出的信息:葡萄园的名称。如今,如果葡萄酒的特色由酒园决定,酒园位置很重要,大部分酒农都会将酒园的名字注明在酒标上。一旦注明酒园名称,那么必须100%产自该酒园的葡萄酿造。位置名称有地方和酒园名称,因为单个葡萄园始终属于某乡镇,如属于福斯特乌格豪尔园(Forster Ungeheuer),或者贝茵卡斯泰的医生园(Bernkasteler Doctor)。

3. 口味类型

干型、半干型葡萄酒,口味类型总会在酒标上注明。如果酒标上没有说明,那么一般情况下,葡萄酒是甜型或贵腐甜酒。通过控制发酵过程,酿造者可以提供不同口味的葡萄酒。例如,如果当所有的糖分还没有完全转化为酒精,通过冷却终止发酵,那么天然的残糖就保留在葡萄酒中。

4. 法律规定的口感类型

(1) 干(Trocken):每升葡萄酒中的残糖量达到4克,或者如果葡萄酒中的酸度不超过2克,每升葡萄酒的残糖量最多可到9克。

(2) 半干(Halbtrocken):每升葡萄酒中的残糖量达到12克,或者如果葡萄酒中的酸度在10克之内,每升葡萄酒的残糖量最多到18克。

(3) 半甜(Lieblich):每升葡萄酒中的残糖量超过半干,最多达45克。

(4) 甜(Süss):每升葡萄酒中的残糖量超过45克。

葡萄酒的口感,很大程度上取决于葡萄酒中的果酸含量,因为,酸度把甜味吸收了。所以,带有残余糖分的酒喝起来可能如半干型的葡萄酒。这些葡萄酒,可以定义为细致酸度。由于对细致酸度没有一法律的界定值,所以也被当作半干的同义语使用。

因为起泡酒含有碳酸,像果酸在葡萄酒中一样,碳酸也把糖的味道抵消了。起泡酒口味的界定值有另外的规定。

18.7 葡萄酒产区

13个生产优质葡萄酒的产区主要位于德国的西南部。土壤类型、区域气候，以及传统葡萄品种的差异化都成就了德国葡萄酒的多样性。由于气候变化，近些年能够进行葡萄种植的区域已经慢慢向往北部延伸。除西北之外，于最北端的萨勒-温斯图特(Saale-Unstrut)产区，靠近波茨坦(Potsdam)西边8公里的一块6公顷大小的土地——维德那赫瓦赫特贝格(Werderaner Wachtelberg)是欧洲最北的葡萄园，欧盟批准这个地区作为优质葡萄酒的酿造地。

1. 阿尔(Ahr)

阿尔区是整个西部最北的葡萄种植区，也是德国最小的产区之一。特别是这里的红葡萄酒备受欢迎。在爱菲尔山(Eifel Hills)的保护下，热量在狭窄的河谷里聚集，外加来自科布伦茨-新维德盆地(Koblenz-Neuwied)的柔风吹送使这里的红葡萄，特别是黑皮诺得到很好的成熟(见表18-3)。

表18-3 阿尔产区

地理位置	与西北部的阿尔山接壤，受艾菲尔山保护
气候	暖和宜人(科隆低地)，在斜坡地的某些区域非常炎热和潮湿
土壤	在下河谷处有深厚且肥沃的黄土；在中部河谷区，则有多石含一些板岩和火山岩的土壤
葡萄园面积	约560公顷(1 400英亩)；1个子产区，2个集合葡萄园，43块单一葡萄园
葡萄品种	黑皮诺、雷司令、葡萄牙美人

2. 巴登(Baden)

巴登区位于德国最南部，也是全德国排名第三大的产区，约15 800公顷。这个区域从特劳伯弗兰肯(Tauberfranken)开始，越过海德堡(Heidelberg)，沿着莱茵河一直到波登湖(Bodensee)，拥有将近16 000公顷的葡萄园，共分为9个子产区：波登湖(Bodensee)、马克格拉菲兰德(Markgräflerland)、图尼贝格(Tuniberg)、凯撒斯图尔(Kaiserstuhl)、布莱斯高(Breisgau)、奥特瑙(Ortenau)、克莱氏高(Kraich-gau)、巴登山道(Badische Bergstraβe)和特劳伯弗兰肯(Tauberfranken)。总地来说，该区域是整个德国最暖和的地方之一(见表18-4)。

表18-4 巴登产区

地理位置	从波登湖往北到上莱茵平原；沿着巴登山道一路往北到特劳伯弗兰肯
气候	阳光充足、暖和；凯撒斯图尔是德国最暖和的地区
土壤	波登湖周围为蓄热碛沉淀物；凯撒斯图尔地区和马克格拉菲兰德地区为第三纪土壤、黏土和泥灰岩、许多黄土的沉淀土、火山岩；克莱氏高和特劳伯河沿岸则为壳灰岩与泥灰岩
葡萄园面积	约15 800公顷(39 000英亩)；9个子产区，16个集合葡萄园，306块单一葡萄园
葡萄品种	黑皮诺、穆勒塔戈、灰皮诺、白皮诺、雷司令、古德尔(Gutedel)

3. 法兰肯(Franken)

法兰肯是大肚瓶葡萄酒(Bocksbeutel，具当地特色的一种扁平、圆形带有很短瓶颈的瓶子)的故乡。在所有法兰肯葡萄酒中,以强劲有力、带有泥土气息的西万尼或穆勒塔戈酒最为出名,这些葡萄酒常被酿成干型。红葡萄品种主要种植于该产区的西部——靠近比格施塔特(Bürgstadt)和克林根堡(Klingenberg)两个地区(见表 18-5)。

表 18-5　法兰肯产区

地理位置	在阿沙芬堡(Aschaffenburg)和施魏因富特(Schweinfurt)之间,位于美因河(Main)朝南的斜坡地和其支流山谷
气候	大陆性气候占主导地位:干燥、暖和的夏天和寒冷的冬天
土壤	西部的美因菲尔艾克(Mainviereck)区域是风化原岩和彩色的砂石土;中部的美因戴翰艾克(Maindreieck)区域为黄土性壤土和壳灰岩
葡萄园面积	约 6 100 公顷(15 100 英亩);3 个子产区,23 个集合葡萄园,216 块单一葡萄园
葡萄品种	穆勒塔戈、西万尼、巴库斯(Bacchus)、雷司令、多米娜(Domina)、黑皮诺

4. 黑森山道(Hessische Bergstrasse)

440 公顷的黑森山道是德国葡萄产区中最小的产区之一。这个古老的罗马贸易通道——"山道"位于黑森州和巴登-符腾堡州(Baden-Württemberg,巴符州)的边界。在 1971 年德国葡萄酒法里,黑森州的一部分成为独立的葡萄酒产区;葡萄园往南延伸到巴登区,这个区域就称为黑森山道区。这个产区内,雷司令是个非常重要的葡萄品种,几乎占了整个产区葡萄种植面积的一半。大多数为干或半干型葡萄酒(见表 18-6)。

表 18-6　黑森山道产区

地理位置	依偎在内卡河、莱茵河和美因河之间;被奥登森林的山麓保护
气候	最适宜的太阳照射和充足的降雨
土壤	带有不同比例黄土的轻质土
葡萄园面积	约 440 公顷(1 100 英亩);2 个子产区,3 个集合葡萄园,23 块单一葡萄园
葡萄品种	雷司令、黑皮诺、灰皮诺、穆勒塔戈

5. 中部莱茵(Mittelrhein)

中部莱茵在波恩(Bonn)和宾根之间,是莱茵河的壮观延伸,被称为"莱茵峡谷"。许多葡萄园种植在非常漂亮但需大量人工作业的陡峭板岩峭壁上。2000 年,宾根与科布伦茨(Koblenz)之间长 65 公里(40 英里)的中部莱茵被列入联合国教科文组织的世界文化遗产名录中。这里的气候温暖,有阳光的日子很多,而莱茵河则是巨大的储热器,这对雷司令——该产区主要的葡萄品种来说是个理想的生长条件。和阿尔一样,该区域和当地葡萄种酿者得益于繁荣的旅游业(见表 18-7)。

表 18-7　中部莱茵产区

地理位置	位于莱茵河两岸,从那赫到靠近波恩的七峰山,共 100 公里(620 英里)
气候	日照强烈;被山保护的葡萄园免受风的危害;莱茵河当做储热器
土壤	风化的板岩和杂砂岩;被零碎分散的黄土;北部地区,以火山岩为土壤源
葡萄园面积	约 460 公顷(1 100 英亩);2 个子产区,10 个集合葡萄园,111 块单一葡萄园
葡萄品种	雷司令、黑皮诺、穆勒塔戈

6. 摩泽尔(Mosel)

摩泽尔产区位于由摩泽尔河和它的支流萨尔(Saar)、鲁文(Ruwer)形成的河谷地带;这里也是德国最古老的葡萄酒产区之一;古罗马人把葡萄种植大规模地带入摩泽尔。该产区是酿造传统雷司令的著名产区,它能享誉国际和在全世界拥有大批爱好者都是因其高品质的雷司令葡萄酒。陡坡是制胜的关键,世界上没有哪个地方能比这个德国第五大产区拥有更多的陡坡种植区。不来门内卡拉莫特(Bremmer Calmont)以65°倾斜度成为全欧洲最陡峭的葡萄园(见表18-8)。

表 18-8 摩泽尔产区

地理位置	在爱菲尔山(属于莱茵板岩山)和洪斯吕克(Hunsrück)之间;沿着摩泽尔河以及其支流萨尔河与鲁文河
气候	在斜坡地和河谷中,温度和雨水达到最理想平衡
土壤	靠近卢森堡(上摩泽尔区)为壳灰岩和泥灰岩;萨尔与鲁文河谷区是德文郡板岩土壤;策尔(Zell)以南,是柔软的页岩和富硅的硬砂岩
葡萄园面积	约8 900公顷(22 000英亩);6个次产区,19个集合葡萄园,524块单一葡萄园
葡萄品种	雷司令、穆勒塔戈、克尔娜

7. 那赫(Nahe)

地处莱茵河与摩泽尔河之间的那赫区,在德国葡萄种植区中面积中等。虽然葡萄自古罗马时期就被种植于此,但直到1971年德国葡萄酒法颁布,那赫区才宣布成为独立的产区。这里的土壤结构的多元化特性通过复杂多变的香味融和在葡萄酒中。雷司令是最重要的葡萄品种,那些来自产区陡坡板岩葡萄园的葡萄酒位于德国最优质葡萄酒之列(见表18-9)。

表 18-9 那赫产区

地理位置	主要位于那赫河旁的河谷
气候	平衡,温和无霜冻
土壤	靠近莱茵河比较低的河谷有石英岩、板岩;中央河谷有斑岩、暗斑岩和彩色砂石;在巴迪克罗诺茨那赫(Bad Kreuznach)附近有风化土壤和层层叠叠由砂石、黄土和肥土组成的黏土
葡萄园面积	约4 100公顷(10 000英亩);1个子产区,6个集合葡萄园,284块单独葡萄园
葡萄品种	雷司令、穆勒塔戈、丹菲特、西万尼、黑皮诺

8. 法尔兹(Pfalz)

拥有23 400公顷葡萄园的法尔兹区是德国面积最大的产区之一,排名第二,仅次于莱茵黑森。在国内市场,每三瓶德国葡萄酒被售出就有一瓶来自法尔兹区。与莱茵黑森一样,这里有数量庞大的小型、家庭经营的葡萄酒庄、享有盛誉的大酒庄以及酿酒合作社。邻近阿尔萨斯、欣欣向荣的旅游业,以及自信且成功的酿酒师,这些都让他们在法尔兹区酿造出许多类型不同的葡萄酒。这个产区也是德国最大的红葡萄酒产区,大约种有9 000公顷的红葡萄,其中超过3 000公顷为丹菲特(见表18-10)。

表 18-10 法尔兹产区

地理位置	从沃尔姆斯(Worms)的南部到法国边境;在法尔兹森林山脚往东到莱茵平原
气候	充沛的日照,暖和,易变的气候
土壤	彩色砂石、带有白垩土的肥土、黏土,以及泥灰岩、壳灰岩等
葡萄园面积	约23 400公顷(58 000英亩);2个子产区,25个集合葡萄园,323个单一葡萄园
葡萄品种	雷司令、丹菲特、穆勒塔戈、葡萄牙美人、黑皮诺、灰皮诺、克尔娜、白皮诺

9. 莱茵高(Rheingau)

莱茵高拥有最高比例的雷司令(近 80%),它也是出口量最大的产区。这个产区以带有高酸度的雷司令,以及饱满酒体的黑皮诺红酒而出名。这里的葡萄能完全成熟,主要得益于沿莱茵河畔的土壤地质结构和理想的气候条件——即使在夏季,也有充足的水分供给葡萄(见表 18-11)。

表 18-11　莱茵高产区

地理位置	从靠近美因河汇入莱茵河之地,靠近威斯巴登往西延伸至吕德斯海姆(Rüdesheim)和莱茵河右岸的洛尔希豪森(Lorchhausen)
气候	受到陶努斯山(Taunus)保护;温和的冬天和温暖的夏天
土壤	板岩、石英、沙砾和砂石;深厚的,大部分为白垩土的土壤中包含沙黄土或黄土;鳞片状板岩(适合红葡萄)
葡萄园面积	约 3 100 公顷(7 700 英亩);1 个子产区,11 个集合葡萄,129 块单一葡萄园
葡萄品种	雷司令、黑皮诺

10. 莱茵黑森(Rheinhessen)

就面积而言,莱茵黑森是德国最大的,也是一个拥有很多出口量的葡萄酒产区。这里有许多的葡萄品种。"千丘陵之地"反映出这里总的地貌为起伏的山丘。沿着"莱茵露台"(Rhine Terrace)的酒镇耐肯海姆(Nackenheim)、尼尔施泰因(Nierstein)、奥本海姆(Oppenheim)均在国际酒圈里有很高的声誉。矿物质丰富的斜坡地特别是那些靠近莱茵河的斜坡为雷司令和其他晚熟品种提供了理想的生长环境。位于产区中部乡村的酒庄以中等大小的家庭式作坊为主,而在"莱茵露台"区以那些大规模、自主销售和出口的酒庄为主(见表 18-12)。

表 18-12　莱茵黑森产区

地理位置	位于美因兹、宾根、阿尔采(Alzey)和沃尔姆斯之间的方形区域
气候	温和的平均气温,充沛的日照时间和足够的雨水
土壤	黄土、沉积土/风化的泥土、含有泥灰且非常细颗粒的沙土、风化的石英石和斑岩
葡萄园面积	约 26 500 公顷(65 500 英亩);3 个次产区,24 个集合葡萄园,432 块单一葡萄园
葡萄品种	穆勒塔戈、雷司令、丹菲特、西万尼、葡萄牙美人、黑皮诺

11. 萨勒-温斯图特(Saale-Unstrut)

萨勒-温斯图特产区得名于两条主要河流——萨勒河与温斯图特河;这里的葡萄园中许多为梯田状,位于这两条河流的狭窄河谷内。靠近北纬 51 度的萨勒-温斯图特葡萄产酒区是被批准为德国优质葡萄酒产区内的最北产区。北面的地理位置和大陆性气候给葡萄酒带来活跃的酸度。这里仅有约 735 公顷的葡萄园,被认为是德国最小产区之一。传统上,这里大部分葡萄酒都被酿成干型(见表 18-13)。

表 18-13　萨勒-温斯图特产区

地理位置	萨勒河与温斯图特河的河谷地
气候	年平均气温超过 9 摄氏度(48.2 华氏度),少量的降雨
土壤	壳灰岩、彩色砂石
葡萄园面积	约 735 公顷(1 800 英亩);3 个子产区,4 个集合葡萄园,39 块单一葡萄园
葡萄品种	穆勒塔戈、白皮诺、雷司令、西万尼、丹菲特、葡萄牙美人

12. 萨克森(Sachsen)

萨克森产区位于北纬50度,葡萄园主要位于易北河(Elbe)东北方斜坡上,这里是德国最东北的葡萄酒产区。受大陆性气候的影响,年平均温度较高且日照时间较长等因素,为葡萄的生长和达到良好的成熟度创造了最佳的条件。优质的葡萄酒,特别是白葡萄酒能够在这里脱颖而出。萨克森的葡萄酒比萨勒-温斯图特的酒酸度略低,更为温和(见表18-14)。

表18-14 萨克森产区

地理位置	易北河河谷和它位于皮尔纳(Pirna)、德累斯顿(Dresdon)、麦森(Meissen)、蒂斯芭-昭依希利茨(Diesbar-Seusslitz)间的支流地带(约55公里/34英里)
气候	温和的平均气温,适中的降雨量
土壤	风化的花岗岩、花岗斑岩、黄土、肥土和砂岩
葡萄园面积	约480公顷(180英亩);2个次产区,4个集合葡萄园,17块单一葡萄园
葡萄品种	穆勒塔戈、雷司令、白皮诺

13. 符腾堡(Württemberg)

符腾堡是德国第四大葡萄酒产区,与巴登区一起组成德国最南面的种植区。这里以广泛种植德国其他产区很少见的红葡萄品种而出名,如托林格、林伯格、莫尼耶品乐。今天,约80%该地区的葡萄酒由酿酒合作社酿造;以前当地葡萄酒几乎只在本地消耗,现在,这些葡萄酒在整个德国的供应量越来越多,但较少出口(见表18-15)。

表18-15 符腾堡产区

地理位置	瑞特林根(Reutlingen)和巴迪-门根海姆(Bad Mergentheim)之间;斯图加特(Stuttgart)和海尔布龙(Heilbronn)是主要的葡萄酒中心
气候	阳光充足,夏天炎热而干燥,冬季时有霜冻
土壤	不同的泥灰岩形成物和壳灰岩
葡萄园面积	约11 400公顷(28 000英亩);6个子产区,17个集合葡萄园,210块单一葡萄园
葡萄品种	托林格、雷司令、莫尼耶皮乐、林伯格、黑皮诺

14. 葡萄酒产区综述

德国葡萄酒地理概述见表18-16。

表18-16 德国葡萄酒地理概述

13个产区	41个次产区	26个地区餐酒区
阿尔	崴波兹海姆/阿尔山谷(Ahrtal)	阿尔山谷地区餐酒区、莱茵河地区餐酒区(Landwein Rhein)
巴登	波登湖、马克格拉菲兰德、凯撒斯图尔、图尼贝格、布莱斯高、奥特瑙、巴登山道、克莱氏高、特劳伯弗兰肯	涛勃谷地地区餐酒区、巴登地区餐酒区、上莱茵河地区餐酒区、莱茵-内卡河地区餐酒区
法兰肯	美因菲尔艾克、美因戴翰艾克、施泰格林森林	美因河地区餐酒区、累根斯堡地区餐酒区(Regensburger Landwein)
黑森山道	斯达肯伯格(Starkenburg)、乌姆斯达特(Umstadt)	斯达肯伯格地区餐酒区、莱茵河地区餐酒区
中部莱茵	罗乐莱(Loreley)、七峰山	莱茵贝格地区餐酒区、莱茵河地区餐酒区

续表

13 个产区	41 个次产区	26 个地区餐酒区
摩泽尔	科赫姆城堡区(Burg Cochem)、贝恩卡斯特(Bernkastel)、上摩泽尔区(Obermosel)、摩泽尔入口(Moseltor)、萨尔、鲁文	摩泽尔地区餐酒区、萨尔州地区餐酒区、鲁文河谷地区餐酒区、萨尔河谷地区餐酒区、莱茵河地区餐酒区
那赫	那赫山谷(Nahetal)	那赫高地区餐酒区(Nahegauer Landwein)、莱茵河地区餐酒区
法尔兹	南部葡萄酒之路(Südliche Weinstrasse)、米特勒哈德特(Mittelhaardt)/德国葡萄酒之路	法尔兹地区餐酒区、莱茵河地区餐酒区
莱茵高	约翰内斯堡(Johannesburg)	莱茵高地区餐酒区、莱茵河地区餐酒区
莱茵黑森	宾根、尼尔施泰因、沃纳高(Wonnegau)	莱茵区地区餐酒区(Rheinischer Landwein)、莱茵河地区餐酒区
萨勒-温斯图特	北图灵根(Thüringen)、诺伊堡宫(Schloss Neuenburg)、曼斯菲尔德湖(Mansfeld Lakes)	中部德国地区餐酒区
萨克森	麦森(Meissen)、埃勒斯塔特(Elstertal)	萨克森地区餐酒区
符腾堡	热姆莎登-斯图加特(Remstal-Stuttgart)、上内卡河、符腾堡低地(Württembergisch Unterland)、符腾堡的波登湖区(Württembergisch Bodensee)、拜哈谢的波登湖区(Bayerischer Bodensee)、科赫-亚格斯特-涛勃(Kocher-Jagst-Tauber)	斯瓦比亚地区餐酒区、拜哈谢博登湖区地区餐酒区、内卡河地区餐酒区、莱茵-内卡河地区餐酒区
不在任何产区		梅克伦堡地区餐酒区(Mecklenburger Landwein)
不在任何产区		布兰登堡(Brandenburg)地区餐酒区
不在任何产区		石勒苏益格-荷尔斯坦因地区餐酒(Schleswig-Holsteinisch Landwein)

本章小结

本章讲述了德国葡萄酒的历史、风土气候、分级制度、葡萄品种和葡萄酒法定产区。作为一个典型的盛产白葡萄酒的国家，需要了解雷司令、西万尼等典型葡萄品种的特点。作为世界三大贵腐葡萄酒产区之一，掌握德国甜酒的知识是非常有必要的。

思考和练习题

1. 德国葡萄酒的分级制度。
2. 德国葡萄酒的主要葡萄品种有哪些？其典型产酒区分别为哪里？
3. 德国的冰酒属于哪一个级别？该级别还有哪些分级？

第19章

奥地利(Austria)葡萄酒

◆ 本章学习内容与要求

1. 重点：奥地利葡萄酒的分级制度；
2. 必修：奥地利葡萄酒的产区和葡萄品种；
3. 掌握：奥地利葡萄酒的历史、气候与土壤。

奥地利作为中欧的葡萄酒生产国，其品质越来越受到重视。其北部邻近德国和捷克，东部与斯洛伐克和匈牙利相邻，南部则与斯洛文尼亚和意大利接壤，西部是瑞士。在这么多葡萄酒生产国的重重包围下，奥地利仍旧能脱颖而出，得益于其独有的葡萄品种和特殊的风土所创造出具有标志性风格的葡萄酒。奥地利的葡萄酒主要以干型白葡萄酒为主，红葡萄酒大约占总产量的30%左右。

19.1 历史

奥地利四千多年悠久的葡萄酒历史于1985年遭遇了“防冻剂丑闻”事件。一些酒商向他们的葡萄酒掺入二甘醇(diethylene glycol)，以制造甜酒浓郁似蜂蜜般甜度的假象。这次丑闻摧毁了奥地利的葡萄酒市场，迫使奥地利追踪大批量廉价葡萄酒的生产过程，大力复兴品质葡萄酒的地位。随着奥地利加入欧盟，欧盟葡萄酒法随之引进。在此基础上，政府还发放津贴鼓励葡萄园主自愿砍除葡萄树，以遏制生产过剩的问题。此外，奥地利政府积极成立区域葡萄酒委员会，修正葡萄酒法律。只有那些获得区域葡萄酒委员会品评鉴定通过并颁发批准文号的葡萄酒，在产酒区的名称之后，才允许注明“DAC”的字样，即区域级葡萄酒级别。如今的奥地利葡萄酒品质的复兴之路，前景光明。

19.2 气候

奥地利的葡萄种植区位于北纬47～48度，为大陆性气候。尽管奥地利与勃艮第位于同一纬度上，但奥地利的昼夜温差之大，赋予了葡萄酒清新、雅致又不失浑厚的风格。影响奥地利葡萄酒种植区气候的还有许多地理性的因素：多瑙河流经大部分的葡萄园，它起到调节温度的作用；诺伊齐德湖(Neusiedler See)位于奥地利的东岸也有类似的作用，这里孕育着世界最佳的甜酒如逐粒精选酒(Beerenauslesen，BA)与枯萄精选葡萄酒(Trockenbeerenauslesen，TBA)。

19.3 土壤

奥地利葡萄酒的多变的风格与多样化的土壤密切相关,如多岩的多瑙河台地、奥地利下游的厚实黄土层、布兰根兰(Burgenland)和史泰利亚(Styria)南部的石灰质土壤以及凯普谷(Kamptal)和史泰利亚东南部的火山玄武岩衍生物等。

19.4 葡萄品种

奥地利的葡萄品种共有 35 种。近年来,红葡萄酒的比例逐年增加,红葡萄品种已占奥地利葡萄种植面积的 1/3。

19.4.1 白葡萄品种

奥地利用来酿制优质葡萄酒的白葡萄品种有 22 种。如绿维特利纳(Grüner Veltliner)、仙粉黛(Zierfandler)和红基夫娜(Rotgipfler),它们都是土生土长的本地品种,几乎只在奥地利种植。此外,还有在国际上享有很高知名度的品种,如长相思、雷司令和白皮诺。白葡萄品种约占奥地利总种植面积的 2/3。

19.4.2 红葡萄品种

奥地利有 13 个红葡萄品种可用来酿制优质的红葡萄酒,约占总种植面积的 1/3。其中最为突出的红葡萄品种是奥地利的混合品种茨威格(Zweigelt),它是种植面最广的红葡萄品种。其他土生土长的葡萄品种包括得到国际赞誉的蓝弗朗克(Blaufränkisch)和圣罗兰(Sankt Laurent),而赤霞珠和梅洛等国际流行的品种也会与奥地利本土红葡萄品种混合酿制。

19.5 分级制度

奥地利的葡萄酒标曾经晦涩难懂,但自从加入欧盟后其葡萄酒标签大为改善。目前奥地利葡萄酒的分级制度有三种:一种是传统分级方法,参照德国的体系,根据含糖量将葡萄酒分为 7 个等级;另一种是瓦豪地区所特有的分级制度;第三种是参照法国的原产地命名制度建立的 DACs 体系(Districtus Austria Controllatus)。

19.5.1 传统分级方法

这种分级方法更多地受到德国葡萄酒法的影响,酒的分级根据最低的发酵葡萄汁中的含糖量标准决定,含量越高,等级越高。其单位是克洛斯特新堡比重计(Klosterneuburger Mostwaage,KMW)。这个单位与予思勒度类似。

【克洛斯特新堡比重计:每 100 克果酒的含糖量用克洛斯特新堡比重表示。1°KMW 大约相当于 5°予思勒。】

(1) 日常餐酒(Tafelwein):大于 10.7°KMW,葡萄可以来自两个产区或以上。

(2) 地区餐酒(Landwein)：大于14°KMW,酒精浓度低于11.5%,残糖量少于6克/升,葡萄仅来自于单一产区。

(3) 优质葡萄酒(Qualitätswein)：大于15°KMW(白葡萄酒可以加糖至19°KMW,红葡萄至20°KMW),酒精度大于9%。葡萄来自于单一产区。

(4) 高级葡萄酒(Kabinett)：大于17°KMW,不加糖。残糖量少于9克/升,酒精度低于12.7%。

(5) 特优级葡萄酒(Prädikatswein)：这个等级是经历特殊的采收与成熟期。酿造时增强浓缩葡萄汁或添加糖分都不被允许。这个等级根据成熟度又可以分为7个级别。

① 晚摘酒(Spätlese)：大于19°KMW,用成熟丰满的葡萄酿制。只有在采收后第一个3月才上市。

② 逐串精选酒(Auslese)：大于21°KMW,以特别精选出的优质葡萄酿成。

③ 逐粒精选酒(Beerenauslese,BA)：大于25°KMW,由过度成熟的和/或者已受贵腐菌感染的成熟葡萄制成。

④ 奥斯伯赫甜酒(Ausbruch)：大于27°KMW,由已受贵腐菌感染的成熟葡萄或者天然风干的葡萄制成。

⑤ 枯萄精选酒(Trockenbeerenauslese,TBA)：大于30°KMW,由高度贵腐霉菌感染,像葡萄干一样浓缩的葡萄制成。

⑥ 冰酒(Eiswein)：大于25°KMW,采摘冰冻的葡萄压榨酿造,产量稀少。

⑦ 麦秆酒(Strohwein/ Schilfwein)：大于25°KMW,酿制用的葡萄须在稻草堆或芦苇上铺放或用绳挂起来风干至少三个月。

19.5.2 瓦豪产区的分级(Wachau Classification)

瓦豪产区对于干型葡萄酒共有以下3个级别。

(1) 酒标上标注"Steinfeder"：酒精度不高于11.5%,大部分酒质为简单易饮,类似于当地的餐酒。

(2) 酒标上标注"Federspiel"：酒精度为11.5%～12.5%,不低于17°KMW,大体上与高级葡萄酒Kabinett类似。

(3) 酒标上标注"Smaragd"：酒精度不低于12.5%,残糖量小于9克/升;奥地利最好的一些干型葡萄酒就来自于这个级别。

19.5.3 奥地利原产地命名 Districtus Austriae Controllatus(DAC)

DAC字母会与葡萄酒生产地区同时出现在酒标上,意味着这是该地区最具代表性的优质葡萄酒,类似于法国的AOC以及意大利的DOCG。若标明"Reserve"的单词,则是指酒精度更加强劲的葡萄酒。到目前为止,奥地利的葡萄酒法定产区有以下8个。

(1) 威非尔特 Weinviertel DAC(葡萄品种：绿维特利纳)。

(2) 米特布根兰 Mittelburgenland DAC(葡萄品种：蓝弗朗克)。

(3) 特莱森谷 Traisental DAC(葡萄品种：绿维特利纳,雷司令)。

(4) 克雷姆斯谷 Kremstal DAC(葡萄品种：绿维特利纳,雷司令)。

(5) 坎普谷 Kamptal DAC(葡萄品种：绿维特利纳,雷司令)。

(6) 雷德堡 Leithaberg DAC(多种葡萄单酿或混合)。
(7) 冰堡 Eisenberg DAC(葡萄品种：蓝弗朗克)。
(8) 诺伊齐德勒 Neusiedlersee DAC(葡萄品种：茨威格)。

19.6 葡萄酒产区

奥地利的产酒区主要集中在奥地利联邦州的东部，被命名为法定产酒地区的包括奥地利下游、布尔根兰和施泰尔马克(Steiermark)。在这些产酒地区内，又分为 16 个子产区，维也纳(Wien)也在其中。

19.6.1 奥地利下游(Niederösterreich)

奥地利下游是奥地利最大的优质葡萄酒产区，这里汇聚着各种国际著名的葡萄品种以及本地土生土长的葡萄品种绿维特利纳。从西部的瓦豪(Wachau)至东部的卡农顿(Carnuntum)，奥地利下游有 8 个葡萄酒子产区。

1. 瓦豪(Wachau)

瓦豪位于多瑙河流域，是联合国教科文组织世界文化遗产地区，也是拥有美丽自然风光的风景区。1 350 公顷的葡萄园，大部分为陡峭的台地。这里最具特色的葡萄品种是绿维特利纳和雷司令。可酿制出一些享誉全球，具有陈酿潜能的优质白葡萄酒。

2. 克雷姆斯谷 DAC(Kremstal DAC)

充满活力和辛辣味的绿维特利纳及细腻、矿物质丰富的雷司令，两者组成了克雷姆斯谷 DAC 葡萄酒，类型上皆有清新的奥地利经典风格葡萄酒和浓郁、强烈的珍藏级(Reserve)佳酿。

3. 坎普谷 DAC(Kamptal DAC)

坎普谷的名字源自于流经峡谷的坎普河，拥有 3 802 公顷的葡萄园，坎普谷是奥地利最成功的葡萄酒出口市场之一，有许多优质葡萄酒的酿制商。自 2008 年开始，绿维特利纳和雷司令酿制的坎普谷 DAC 葡萄酒具备两种风格：酒体均衡的经典葡萄酒，以及醇厚、不甜类型的珍藏级佳酿。

4. 特莱森谷 DAC(Traisental DAC)

拥有 790 公顷葡萄园的特莱森谷是奥地利最年轻和面积最小的产区。该地区从 2006 年葡萄酒起引用特莱森谷 DAC 标签，仅用于果味浓郁和辛辣的绿维特利纳，以及富矿物的雷司令。

5. 瓦格蓝(Wagram)

瓦格蓝占地 2 451 公顷的葡萄园分为两个不同的区域：多瑙河北部，即瓦格蓝区，这里非常辽阔，适合种植绿维特利纳以及雷司令；克洛斯特新堡(Klosterneuburg)位于多瑙河南部，这里是除维也纳之外历史最悠久的区域，有着创办于 1860 年的全球最古老的葡萄酒学院。

6. 威非尔特 DAC(Weinviertel DAC)

拥有 13 356 公顷的威非尔特是奥地利第一个成为 DAC(2003)，也是最大的特定产酒区。绿维特利纳在这个地区葡萄酒中显露出典型的胡椒味。威非尔特 DAC 经典葡萄酒和珍藏级佳酿也备受关注。

7. **卡农顿**(Carnuntum)

历史悠久的卡农顿葡萄园占地 910 公顷,红葡萄品种茨威格是这里的瑰宝之一。从果味丰富的卡农顿宝石红葡萄酒(Rubin Carnuntum),到强劲的特酿起泡酒(Cuvees)再到生长于石灰质土壤的蓝弗朗克,都充分地表现出卡农顿的风土所赋予它们的特点。

8. **温泉**(Thermenregion)

占地 2 196 公顷的葡萄园位于维也纳的森林边缘。在北部由土生土长的仙粉黛和红基夫娜混酿的白葡萄酒为主导,南部则以黑樱桃芳香的圣罗兰和优雅的黑皮诺为主导。

19.6.2 布尔根兰(Burgenland)

布尔根兰位于奥地利的东部,与匈牙利毗邻。这块狭长的种植区域以酒体浓郁和丰富的红酒而闻名,这里阳光充足,年平均大约有 2 000 小时的光照。受到潘诺尼亚平原的大陆气候影响,温热的风始终伴随着葡萄生长的季节。而在布尔根兰最南部的冰堡(Eisenberg)拥有复杂的土壤结构。这里从生产优质的白葡萄酒、浓郁的红葡萄酒到贵腐甜葡萄酒一应俱全。

布尔根兰共拥有以下 4 个子产区。

1. **诺伊齐德勒 DAC**(Neusiedlersee DAC)

诺伊齐德勒产酒区位于诺伊齐德勒湖区的东岸,是世界上最佳的甜酒产地之一(如逐粒精选酒,以及逐粒精选特干葡萄酒),葡萄品种为威尔士雷司令(Welschriesling)。此外,由茨威格酿成的红葡萄酒也表现出色。

2. **雷德堡 DAC/诺伊齐德湖丘陵地**(Leithaberg DAC / Neusiedlersee-Hügelland)

占地 3 576 公顷的葡萄园位于诺伊齐德勒湖区的西岸,白垩纪土壤。高贵奥斯伯赫甜酒数世纪来作为该地区标志性的产物而享誉国际。

雷德堡 DAC 红葡萄酒是以经典的蓝弗朗克为主要品种酿制,混合红酒中可含有 15% 的茨威格、圣罗兰或黑皮诺。而雷德堡 DAC 白葡萄酒,则只能酿自白皮诺、霞多丽、纽伯格和绿维特利纳。除了 DAC 级别的葡萄酒,诺伊齐德勒湖区西部还生产多种风格的葡萄酒,但这些葡萄酒在市场上营销时,一般仅注明产自布尔根兰。

3. **米特布根兰 DAC**(Mittelburgenland DAC)

在米特布尔根兰产酒区占地 2 117 公顷的葡萄园里,主要种植的是蓝弗朗克。以其单酿的红葡萄酒因其个性的特色而被赋予了 DAC 称号。除了蓝弗朗克以外,茨威格、赤霞珠和梅洛红等红酒品种,体现了浓郁酒体和柔顺结构的特点,是表现非常好的国际混合型葡萄酒。

4. **冰堡 DAC /布尔根兰南部**(Eisenberg DAC/ Südburgenland)

这里是布尔根兰最小的产区。仅仅占地 498 公顷的葡萄园却孕育了许多优秀的葡萄酒。尤其是冰堡产区充满活力新鲜且精致的蓝弗朗克体现了细微的矿物辛香。在最南端的海利根布伦(Heiligenbrunn)和莫申多夫(Moschendorf),生产了一种由混合葡萄品种酿制而成的 Uhudler 特产葡萄酒,其野草莓般诱人的香味成为特色。

19.6.3 施泰尔马克州(Steiermark)

施泰尔马克州又称施泰利亚(Styria),是奥地利最南部的地区,毗邻斯洛文尼亚。其东面与布尔根兰相连。这里有着世界上最适合长相思的气候与土壤。虽然这里的区域很大,但施泰尔马克州仅占奥地利葡萄酒产量的 7%。

这里的气候比其他的地区都要热,这使得葡萄酒的酒体和酒精度比起北部产区来更加强劲。葡萄园位于丘陵的地形,果味更具表现力。白葡萄品种占了 75%的种植面积,大部分以霞多丽、长相思、白皮诺(Pinot blanc/Klevener/Weissburgunder)或灰皮诺(Pinot Gris / Grauburgunder)为主。红葡萄品种为茨威格,此外还有以蓝野巴克(Blauer Wildbacher)品种酿制的辛辣的希尔歇桃红酒(Schilcher rosé)。

"Junker"意为酒体轻盈的新年份酒,会在 11 月的第一个星期上市。传统的不甜"Klassik"则是指展现品种特征,不受橡木影响的葡萄酒,该种类葡萄酒会在收成后的春季上市。"Lagen"则为不甜、酒体浓郁的葡萄酒,这类葡萄酒通常酿自有规模的单一品种葡萄园里非常成熟的葡萄。

1. 施泰尔马克东南部(Südoststeiermark)

在死火山丰富肥沃的斜坡上,散布着一些小葡萄园,是史泰尔马克东南部亮丽的风景线。占地 1 400 公顷的葡萄园培育了多样性的葡萄品种,长相思和白皮诺,以及具有诱人花香的琼瑶浆(Traminer)是这里的特色。

2. 施泰尔马克南部(Südsteiermark)

施泰尔马克南部以新鲜芳香的白葡萄酒为主,长相思在这里出类拔萃。占地 2 340 公顷的葡萄园,汇聚着多样的葡萄品种:从威尔士雷司令(Welschriesling)到霞多丽,从黄麝香(Gelber Muskateller)到琼瑶浆。大多数葡萄园都位于极端陡峭的山坡上。

3. 施泰尔马克西部(Weststeiermark)

施泰尔马克西部是希尔歇葡萄酒的家乡,它的葡萄品种为蓝野巴克,富有玫瑰花香和清爽宜人的酸度。这里有 550 公顷的葡萄园,除红白葡萄酒外,还生产起泡葡萄酒。

19.6.4 维也纳(Wien)

奥地利首都维也纳的葡萄酒已卓然成为首都经济的重要组成部分。这里的葡萄园占地 612 公顷,盛产绿维特利纳、雷司令、白皮诺、霞多丽,以及红葡萄酒。这里几乎所有维也纳酿酒商都种植传统的"Gemischter Satz",它来自德文葡萄酒术语,意味着混合栽种,是指把不同品种的葡萄一块儿种植、同时期采收和酿造。品种有绿维特利纳、威尔士雷司令、白皮诺、雷司令、琼瑶浆等。

本章小结

本章讲述了奥地利葡萄酒的历史、气候、土壤、葡萄品种、分级制度和葡萄酒产区。重点是需要了解奥地利葡萄酒的分级制度。

思考和练习题

1. 比较奥地利葡萄酒分级制度与德国葡萄酒分级制度的区别。
2. 简述奥地利葡萄酒具代表性的葡萄品种及其产区特点。

第20章

匈牙利(Hungary)葡萄酒

◆ 本章学习内容与要求

1. 重点：了解托卡伊（Tokaj）产区葡萄酒的特点；
2. 必修：了解如何辨别葡萄酒中的含糖量；
3. 掌握：匈牙利的历史、产区。

匈牙利位于欧洲的中部，近几个世纪以来，匈牙利葡萄酒的类型呈多元化发展。世界著名的托卡伊(Tokaj)甜葡萄酒以及深邃的艾格尔公牛血(Bull's Blood of Eger/Egri Bikavér)红葡萄酒正是来自于此。干白葡萄酒盛产于巴拉顿湖(Lake Balaton)的沿岸，而优质的红葡萄酒产区则来自于不同的地方，其中最为著名的产区是帕农哈尔马(Pannonhalma)、索朗普(Sopron)和阿扎内斯梅丽(Aszar-Neszmely)。

20.1 历史

匈牙利葡萄酒历史可追溯至罗马时代。16世纪，伊斯兰教条明令禁止生产各类酒精饮料。到18世纪，欧洲葡萄根瘤蚜虫病的侵害使得匈牙利的葡萄酒产业经历了来自政治、宗教和经济等各方面的挑战。但这些并没能阻碍匈牙利葡萄酒产业的发展，到了19世纪中期，匈牙利成为世界第三大葡萄酒生产国。直到近年来由于出口产量的严格控制，匈牙利虽然不再是排名前位的葡萄酒生产国，但其葡萄酒的品质却得到了很大的提高。目前一个明显的趋势是匈牙利的酿酒商不再只为迎合本国消费市场而生产过熟且糖分更高的葡萄酒，转而生产以更加优雅的干白为主。维拉尼产区(Villany)备受欢迎的波尔多型混合葡萄酒以及来自艾格尔(Eger)和塞克萨德(Szekszard)的公牛血红葡萄酒在国际市场上仍然保持着价格上扬的趋势。

2009年在英国伦敦所举办的规模最大的匈牙利葡萄酒展览会，所带来的近200款各类型葡萄酒向全世界展现了匈牙利葡萄酒的丰富多彩。一些早在19世纪葡萄根瘤蚜虫病席卷欧洲时被忽略的葡萄品种，也在展会期间被人们所重新认识。

20.2 葡萄品种

目前匈牙利最主要的葡萄品种为地区性传统型的品种与国际性的品种相混合的搭配方式载培。传统的匈牙利白葡萄酒品种包含福尔明(Furmint)、哈斯莱鲁(Harslevelu)、欧拉斯雷司令(Olasrizling)、雷恩卡(Leankya)和凯肯耶鲁(Keknyelu);主要的红葡萄品种为卡达卡(Kadarka)、蓝佛朗克(Blaufrankish)、茨威格(Zweigelt)、葡萄牙美人(Portugieser),以及仙粉黛(Zierfandler)。

20.3 葡萄酒产区

在匈牙利西北部的索普朗(Sopron)、东北部的托卡伊(Tokaj)和南部的哈乔斯-巴哈(Hajos-Baja)地区之间包含22个官方的葡萄酒产区。每一个产区的历史、风土和葡萄酒的类型都有其独特之处。其中,最为重要的产区分别为托卡伊(Tokaj)和艾格尔(Eger)。其他产区为 Sopron、Nagy-Somló、Zala、Balatonfelvidék、Badacsony、Balatonfüred-Csopak、Balatonboglár、Pannonhalma、Mór、Etyek-Buda、Ászár-Neszmély、Tolna 、Szekszárd、Pécs、Villány、Hajós-Baja、Kunság、Csongrád、Mátra 和 Bükk。

20.3.1 托卡伊(Tokaj)

托卡伊是匈牙利最为著名的葡萄酒产区之一。位于喀尔巴阡(Carpathian)山脉下。火山岩土壤孕育下的贵腐甜型葡萄酒在国际上的地位可与法国的索甸甜白相媲美。“托卡伊”成为昂贵甜美、品质卓越的代名词。尽管类型各有不同,但托卡伊主要来源于福尔明(Furmint)和哈斯莱鲁(Harslevelu)这两种葡萄品种。当葡萄受到有益菌灰霉菌(Botrytis Cinerea)的侵蚀,果肉干缩脱水使得糖分凝聚,散发出独特的浓郁香气。

从干型到极甜的 Eszencia,托卡伊的甜度由受到贵腐菌感染的程度而决定。

1. 未受感染

葡萄未受到贵腐菌的感染酿制成干型葡萄酒。由葡萄品种作为后缀来命名的,如 Tokaji Furmint、Tokaji Hárslevelü、Tokaji Sárgamuskotály 和 Tokaji KövérszÖlö。

2. 混合感染葡萄

健康的葡萄与受贵腐菌感染的葡萄一同采收后酿制出的葡萄酒,称为托卡伊萨莫罗得尼(Tokaji Szamorodni)。此种类型为酒体丰满的白葡萄酒,酒精度比一般的酒要稍高,通常在14°。酒标上注明 édes 意为甜型,通常含有100～120克的残余糖分;száraz 意为干型,残糖量更低但仍然会带有贵腐菌的风味。

3. 受感染

受到贵腐菌的感染后的葡萄,称为阿苏(Aszú)葡萄。阿苏(Aszú)葡萄打成果浆在干型基酒发酵时或者是发酵完成后加入其中酿制,此酒叫做托卡伊-阿苏(Tokaji Aszú)。所添加的阿苏浆的多少决定了葡萄酒最终的含糖度。通常阿苏浆是以添加的筐(Puttonyos)数量来计量浓度的,在酒标上会看到从3～6筐的范围不等,其代表的糖分分别为:

3 puttonyos=60g/L

4 puttonyos=90g/L

5 puttonyos=120g/L

6 puttonyos=150g/L

4. 100%感染

采用 100%的贵腐葡萄酿造的叫阿苏贵腐浓汁(Aszú Esszencia),只有在极佳的年份才会出产。阿苏浓度超过了 6 筐,其残糖量大约为 200g/L。

5. 100%感染+自流

从严格的角度来说,这种叫做托卡伊贵腐浓汁(Tokaji Esszencia)的葡萄酒更似糖浆,它是由完全受感染的贵腐菌葡萄在容器中利用葡萄自身的重量而压制出的自流汁。由于极高的甜度需要经过若干年的发酵且酒精度很少超过 5°。残糖量大约为 300g/L。

20.3.2　艾格尔(Eger)

位于匈牙利东北部艾格尔产区出产著名的公牛血(Bull's Blood)葡萄酒,又名艾格尔比卡瓦(Eger Bikavér)。它是至少选用来自 13 个葡萄品种里的其中 3 种混合酿制而成的优质红葡萄酒,经过长时间的密封保存,其香味浓郁芬芳,色泽犹如鲜牛血,故得此名。

本章小结

本章讲述了匈牙利葡萄酒的历史、葡萄品种、产区和葡萄酒的分类。重点了解匈牙利的贵腐葡萄酒。

思考和练习题

世界三大贵腐葡萄酒圣地是哪儿?各自具有什么特点?

第21章

希腊(Greece)葡萄酒

◆ 本章学习内容与要求

1. 重点：希腊主要的葡萄品种以及重要产区；
2. 必修：希腊葡萄酒法律；
3. 掌握：希腊葡萄酒历史。

希腊是欧洲葡萄酒发源地，法国、意大利、西班牙等旧世界的葡萄酒都是从希腊传播过去的。希腊堪称欧洲葡萄酒的始祖。然而与葡萄酒国际舞台上许多国家同台竞技、各显其能的热闹场面相比，希腊始终在聚光灯之外。好在沉寂了相当长的一段时间之后，现在的希腊葡萄酒开始厚积而薄发，重新受到国际市场的瞩目。

21.1 历史

希腊的葡萄酒酿造历史非常悠久，它是世界上最早将葡萄"压榨"后进行酿造的国家，是世界上最古老的葡萄酒生产国之一。据记载最早的希腊葡萄酒产生于6 500年以前。在古代，由于地中海之间葡萄酒贸易的频繁往来，希腊葡萄酒深受当时意大利罗马帝国的喜爱。在中世纪时期的北欧，来自于希腊的克里特岛(Crete)、莫奈姆瓦夏(Monemvasia)，以及其他希腊港口的葡萄酒在市场上拥有高昂的售价。

在公元前1600年，希腊的种植业伴随着他们极度崇拜的葡萄酒神狄奥尼索斯(Dionysus)遍布于整个地中海区域。希腊名医希波克拉底(Hippocrates)通过葡萄酒来治疗疾病，作为非常便捷的处方使用。

1937年，希腊政府的农业部成立了一个葡萄酒组织。20世纪60年代期间，随着希腊旅游业的繁荣，热茜那(Retsina)葡萄酒突然成为希腊的代名词，在那时，一说起热茜那就想起了希腊及其葡萄酒。第一片赤霞珠的葡萄园种植于1963年。1972年，葡萄酒法定原产区的相关条文正式颁布。

21.2 葡萄酒品种

阿吉欧吉提可(Agiorgitiko)：是尼米亚(Nemea)最主要的红葡萄品种。由它酿制出来的红葡萄酒有着漂亮的深红色和丰富的天鹅绒般的口感。

阿斯蒂科(Assyrtiko)：是圣托里尼(Santorini)最重要的白葡萄品种，被成功种植于豪迪克迪(Halkidiki)、艾帕诺米(Epanomi)、爪玛(Drama)、盘昂(Pangeon)和伯罗奔尼撒(Peloponnese)。该品种的特点是即便非常成熟也会带来强烈的酸度。

荣迪思(Roditis):这一白葡萄品种(红皮白肉)几乎遍布于希腊所有的葡萄园。若精心种植和酿造,会带来轻盈和果味浓郁、简单易饮的葡萄酒。

希诺玛罗(Xinomavro):是希腊北部最著名的红葡萄品种。它更加适应于大陆性气候,带来强烈的酸度。

萨瓦提诺(Savatiano):是希腊葡萄园里分布最广的葡萄品种。主要种植于阿提卡(Attica)和希腊中部地区。与荣迪思一起,是酿造热茜那葡萄酒的主要原料。

21.3　葡萄酒法律

1. 原产地法定产区酒(Appellation of Origin Wines)

原产地法定产区酒是以一个地区的名字命名的,并以此作为交易商品的名称。根据国际法,这个特定的产品必须产自其名称代表的地区,其特点必须是这个地区特有的自然因素(如生态系统)和技术因素(如生产技术)。

希腊的法定产区(Appellation of Origin)都属于高品质的葡萄种植地区,称作 Vin de Qualité Produit de Région Déterminée, V. Q. P. R. D。它由 28 个葡萄酒产区组成,其中 20 个为"优良法定产区酒"(Appellation of Origin of High Quality),剩余的为"控制法定产区酒"(Appellation of Origin Controlled)。

2. 原产地法定产区的条件

(1) 来自特定的葡萄种植区域,该区域的名字列示在酒标上;酿酒的葡萄品种的种植限定在一定的范围内。

(2) 使用一种或几种精选葡萄品种酿制,而且一旦选定,就不得有变。这些品种完全适应该地区的土壤和气候条件。

(3) 葡萄园的葡萄产量低,但是品质高。

(4) 其生产过程基于该地区传统的酿酒技术,但在特定情况下去适应现代化技术的应用。

(5) 根据生态系统的不同,具有特别的口味特征和个性。

以上诸多因素构成了其"典型性",体现了该葡萄酒产区的独特之处。

3. 餐酒(Table Wines)

希腊的餐酒分为三类:地区酒、传统酒和品牌酒。

(1) 地区酒是介于餐酒和法定产区酒之间。该级别关注于地理性起源和其相对应的一些要素:葡萄品种的来源、酿造方法、最低酒精度含量和品尝的风格特征。

(2) 传统酒则是特定产区中根据传统方法酿制的葡萄酒。这类酒的名字是专属的且传统上用于对某一国家或特定产区的产品进行的特性描述。例如,"热茜娜"专指干型希腊葡萄酒,使用传统方法酿造,在葡萄汁中加入了松树松脂;"维德亚"(Verdea)专指生产于扎克投岛(Zakyntos)的甜型白葡萄酒。

(3) 品牌酒则是葡萄酒冠以市场上流通的商业品牌去销售。

4. 陈酿的分类

法定产区葡萄酒允许酒标上声明"珍藏"(Reserve)和"高级珍藏"(Grand Reserve)。若标示“珍藏”，则白葡萄酒经1年陈酿，红葡萄酒陈酿2年；“高级珍藏”则白葡萄酒陈酿2年（其中至少1年在橡木桶中，6个月在瓶中），红葡萄酒则陈酿4年（其中至少18个月在橡木桶中，18个月在瓶中）。

至于餐酒，酒标上则以“加瓦”(Cava)标示出白葡萄酒经过2年陈酿（其中至少6个月在橡木桶，另外6个月在瓶中），红葡萄酒经过3年陈酿（其中1年在橡木桶，另外2年在瓶中）。

只有那些标明是法定产区酒或指定地区酒的才可以在酒标上注明葡萄园（Ktima）、酒庄（Pirgos）、修道院（Monastiri）。

21.4 葡萄酒产区

21.4.1 纳乌萨(Naoussa)

纳乌萨的V.Q.P.R.D级别红葡萄酒均由一单一的葡萄品种希诺玛罗酿制而成。当地的生态环境特别适合一品种，经过酿造后产生丰富而多变的香气、甜味、酸味和涩度有着良好的平衡。葡萄园种植于海拔150～350米的山坡上，在这里，葡萄不受寒冷北风的侵袭，午后温暖的阳光使得果实非常容易地达到了理想的成熟度。当地产的地区酒依马夏（Imathia）是以荣迪思、派克尼艾瑞克（Prekniariko）和希诺玛罗以及其他当地种植的如梅洛和西拉等红葡萄品种混合酿制而成。

21.4.2 尼米亚(Nemea)

尼米亚（Nemea）位于伯罗奔尼撒半岛（Peloponnese Peninsular），葡萄园大约为2 200公顷，种植于海拔200～850米的地方。种植在这里的唯一葡萄品种是阿吉欧吉提可。清新的北风和较低的气温让葡萄缓慢成熟。葡萄酒的酸度较低，但果香浓郁。尽管尼米亚是希腊最大的原产地法定产区，然而不同的海拔、土壤和微气候造就了这里的葡萄酒风格的多样化。

21.4.3 圣托里尼(Santorini)

由于沙质土壤而幸免于根瘤蚜虫病侵害的圣托里尼的葡萄园是希腊最古老的，其中的一些甚至已有300年的历史。现在的葡萄园种植在火山爆发后形成的火山灰质土之中，为了抵御强风，葡萄树被绑成一卷卷螺旋缠绕的“绳索”形态。圣托里尼主要种植的葡萄品种为阿斯蒂科，它即便在非常成熟的情况下仍然带有强烈的酸度。V.Q.P.R.D的干型口感强烈，伴随着愉悦的酸度、浓烈的酒精度，以及柑橘和矿物质的浓郁味道。

21.5 V.Q.P.R.D产区明细

21.5.1 优良法定产区(Appellation of Origin of High Quality,20个)

1. 马其顿产区（MACEDONIA）

(1) 阿曼特（Amyndeo）。

(2) 古迈尼萨（Goumenissa）。

（3）纳乌萨(Naoussa)。
（4）莫里顿(Playies Meliton)。

2. 色萨利产区(THESSALY)
（1）Rapsani(拉普萨尼)。
（2）Messenikola(麦西尼亚湾)。
（3）Aghialos(安哈罗斯)。

3. 伊庇鲁斯产区(EPIRUS)
济察(Zitsa)。

4. 伊奥尼亚群岛产区(IONIAN ISLANDS)
凯法利尼亚(Robola of Cephalonia)。

5. 伯罗奔尼撒产区(PELOPONNESE)
（1）尼米亚(Nemea)。
（2）曼提尼亚(Mantinia)。
（3）帕特雷(Patra)。

6. 爱琴海群岛产区(AEGEAN ISLANDS)
利姆诺斯岛(Limnos)。

7. 基克拉迪群岛产区(CYCLADES ISLANDS)
（1）帕罗斯(Paros)。
（2）圣托里尼(Satorini)。

8. 多德卡尼斯群岛产区(DODECANESE ISLANDS)
罗得岛(Rhodes)。

9. 克里特岛产区(CRETE)
（1）阿尔汉尼斯(Archanes)。
（2）达夫尼(Dafnes)。
（3）佩扎(Peza)。
（4）锡蒂亚(Sitia)。

21.5.2　控制法定产区(Appellation of Origin Controlled,8 个)

1. 伊奥尼亚群岛产区(IONIAN ISLANDS)
（1）凯法利尼亚玫瑰香(Mascat of Cephalonia)。
（2）凯法利尼亚荣达芬(Mavrodaphne of Cephalonia)。

2. 伯罗奔尼撒产区(PELOPONNESE)
（1）帕特雷玫瑰香(Muscat of Patras)。
（2）帕特雷里奥玫瑰香(Muscat of Rio of Patras)。
（3）帕特雷玛荣达芬(Muscat of Mavrodafni Patras)。

3. 爱琴海群岛产区(AEGEAN ISLANDS)

利姆诺斯玫瑰香(Muscat of Limnos)。

4. 多德卡尼斯群岛产区(DODECANESE ISLANDS)

(1) 萨摩斯玫瑰香(Muscat of Samos)。

(2) 罗得岛玫瑰香(Muscat of Rhodes)。

本章小结

本章讲述了希腊葡萄酒的历史、葡萄酒品种、葡萄酒法律、葡萄酒产区、V. Q. P. R. D 产区明细。重点了解托卡伊产区葡萄酒的特点。

思考和练习题

1. 列举希腊最典型的红、白葡萄品种以及特点。
2. 希腊高品质的葡萄种植地区(V. Q. P. R. D)由哪些类别组成?

第22章

美国(USA)葡萄酒

◆ 本章学习内容与要求

1. 重点：美国有特色的葡萄品种 Zinfandel 和产地纳帕谷；
2. 必修：美国葡萄酒的产地制度、酒标制；
3. 掌握：葡萄酒主要的产区、气候、历史。

美国的葡萄酒历史距今已有300多年。它是新世界产酒国中具有代表性的国家之一，不仅年产量世界排名前列，其年平均消费量也非常可观。这里几乎每一个州都在种植葡萄树，然而美国近90%的产量都来自于加州(California)，其余分布在华盛顿州(Washington)、俄勒冈(Oregon)和纽约州(New York)等地。无论是来自纳帕谷(Napa Valley AVA)的赤霞珠还是索诺玛郡(Sonoma County AVA)的仙粉黛(Zinfandel)，都已成为美国葡萄酒中众多闪耀的明星之一。

22.1 历史

早在17世纪欧洲的移民就已将葡萄酒的酿造知识和技能带入了美国。在18世纪时美国的葡萄酒产业随着加利福尼亚的淘金热而发展起来，人们对葡萄酒的需求加大，葡萄园被广泛开垦。在20世纪的前半段时期，禁酒令、经济大萧条和战争共同阻碍了美国葡萄酒业的发展。直到第二次世界大战之后，随着社会的稳定与经济的复苏，葡萄酒业的状况才有所好转。在20世纪70年代，加州葡萄酒业为复兴美国葡萄酒经济起着举足轻重的作用，许多小规模酒厂在那一时期开始逐步向全国范围内发展起来，葡萄酒产业随之扶摇直上。

22.2 气候

美国的地形、地质和气候的多样性为葡萄园带来了各种类型的生长环境：从高海拔大陆性气候的地区如菲尔普雷(Fair Play)，到沿海雾气缭绕的艾德拉山谷，都为葡萄的生长提供了特殊的风土。

22.3 产地制度

美国葡萄酒法定产地(American Viticultural Areas，AVA)是由美国烟酒枪械爆炸物调查局(BATF)在气候和地理特征基础上明确界定的美国葡萄种植区(AVA)。这个系统于

1978年建立，密苏里(Missouri)地区的奥古斯塔(Augusta)于1980年6月20日成为美国历史上第一个AVA。至今，全美大约已有200个官方划定的葡萄酒法定产地，尽管这看起来类似欧洲的法定产区，但却有本质的区别：大部分欧洲的法定产区在区域划分、种植和酿造方面受到直接的控制，而美国的葡萄酒法定产地则没有那么多限制。其宽松的葡萄酒法令鼓励了美国葡萄酒行业的创新，如酿制过程中的人工浇灌、旋转瓶盖装瓶，酿制过程中大型不锈钢罐和规模生产等。

22.4 酒标制度

美国的葡萄酒产地制度在很大程度上与葡萄酒酒标制度有密切的关系，这包括：如果一个AVA的名字在酒标上出现，那至少75%葡萄来自这个AVA；如果一个葡萄品种的名字在酒标上出现，那至少75%的葡萄酒是酒标上的这个品种，Oregon除了赤霞珠依旧允许至少75%以外，其余品种已增加至要求至少90%；所标示的年份必须95%的葡萄于此年份采收；除此之外，所有美国的葡萄酒酒标还必须包含卫生局关于酒精危害的警告以及标出可能存在的亚硫酸盐(sulfites)。

22.5 美国主要葡萄酒产区

22.5.1 加州(California)

加州是美国最大且最为重要的葡萄酒产区，它位于美国南部的西海岸。高山、峡谷、平原、高原等复杂的地形和气候都为葡萄种植提供了多样化的选择。这里既有世界上最大规模的葡萄酒公司，也有精品酒庄所生产的价格高昂的膜拜酒(cult wines)。是通过大规模生产或单一葡萄园的手工酿造，加州占据了美国90%的总产量，并满足国内60%的市场需求。

加州的土壤和气候变化都很明显。葡萄园受到海拔、纬度，以及临近的太平洋等综合因素的影响。一般说来，在葡萄园和太平洋之间阻隔的山越多，海洋气候的冷却效应就越少。这在夏季尤为突出——太平洋外海的冷水水域形成了雾阵，并向内陆扩散开来(在极端的情况下，雾气能到达160公里的内陆)，当内陆的暖空气上升，清冷的雾气迅速下降，令内陆凉爽而清新。加州主要的葡萄品种是赤霞珠和霞多丽。许多传统的欧洲葡萄品种也嫁接于耐寒、抗根瘤蚜虫的美国葡萄树根之上，但这些杂交的葡萄品种更多用于本国消费。一般情况下，在靠近海岸的较凉爽的地区更适合黑皮诺和霞多丽的生长。而进一步延伸的内陆更加炎热，一些加州最为有名的赤霞珠葡萄酒就来源于此；品质出众的仙粉黛葡萄酒也随处可见。

1. 纳帕郡(Napa County)

尽管当地的酒庄允许在酒标上使用纳帕郡这一产地来源，但它们更愿意使用更细化的产区名称如纳帕谷(Napa Valley)、卡内罗斯(Carneros)、扬特维尔(Yountville)或维德山(Mount Veeder)。这里为地中海气候，夏季炎热干燥，冬季潮湿凉爽。作为加州较小的郡之一，纳帕郡仅有不足10%的土地用来种植葡萄，其葡萄酒总产量只占到整个加州总产量的4%，但却是加州30%葡萄酒收入的来源。纳帕谷(Napa Valley AVA)被认为是世界上最优质的葡萄酒产区之一。目前已有超过 450 个酒庄在这片土地上以种植赤霞珠、霞多丽、黑皮诺、梅洛和仙粉黛为主。

2. 索诺玛郡(Sonoma County)

索诺玛郡是加州最重要的葡萄酒产区之一。它由三个不同的部分组成:索诺玛谷、索诺玛北部和索诺玛海岸,每一个都有自己的 AVA 称号。

这里的葡萄品种以赤霞珠为主,品丽珠偶尔会种植于凉爽的山坡。美国标志性红葡萄品种仙粉黛则种植在温暖而干燥的地区,而霞多丽和黑皮诺则在更加凉爽的环境中生长。长相思口感接近更加清新的霞多丽。尽管产量不足够丰富,西拉和维欧尼的种植面积仍在稳步上升。

3. 门多西诺郡(Mendocino County)

几乎所有的葡萄园都坐落在门多西诺的南部,由于其 AVA 的称号没有南部的索诺玛郡和纳帕郡有名,因此这里的种植成本相对少一些。许多酒商都在这里集中种植有机葡萄。

一些较冷的 AVA 产区生产出色的黑皮诺、霞多丽和起泡葡萄酒;阿尔萨斯的白葡萄品种雷司令、琼瑶浆、灰皮诺也有种植;红葡萄品种主要有赤霞珠、西拉和仙粉黛。

4. 中央山谷(Central Valley)

加州广袤的中央山谷是全美农产品输出中心。从番茄、芦笋到杏仁,它向美国的每一个角落提供几乎所有种类的食物。中央山谷这个地名在地图上并不能找到它,它其实是一系列如唐尼根山(Dunnigan)、萨松谷(Suisun)、丈克申河(Junction)、萨拉多湾(Salado)等 AVA 产区的总称。

这里炎热干燥的气候十分有利于葡萄的丰收,大部分作为经济的原酒出售。但在某些区域,越来越多的高品质葡萄酒如白诗南、鸽笼白、巴贝拉(Barbera)和霞多丽都有突出表现。

5. 赛乐山脉(Sierra Foothills)

赛乐山脉产区是全美最大的 AVA 之一,这个历史上著名的金矿区海拔约 300～900 米,由于此地昼夜温差大,为葡萄酸度和香气的集聚创造了有利条件。这里的石质土壤表层比较贫瘠,使得葡萄生长困难却能出产出高质量葡萄酒。因为葡萄树必须将根茎深深地扎入泥土中去获得水及养分,这也就使得葡萄的产量小而香气高度集中。

仙粉黛是该地区主要的葡萄种类,它能创造出成熟、复杂的口感。其他的如来自法国罗纳河谷和波尔多以及意大利的葡萄品种也生长兴旺,特别是西拉在此地表现突出。

6. 中部海岸葡萄酒

加州中部海岸的 AVA 从旧金山湾(San Francisco Bay)南部到圣巴巴拉(Santa Barbara)涵盖了长长的海岸线,葡萄园受到太平洋冷效应影响而产出了一批优秀的小型精品酒庄。

霞多丽是该地区种植最广泛的葡萄品种,此外还有黑皮诺、赤霞珠、梅洛、仙粉黛和西拉。

7. 南部海岸

南部海岸地区集中了一些次产区,这里主要的葡萄品种是霞多丽和仙粉黛,以满足当地需求为主。

22.5.2 华盛顿州(Washington State)

华盛顿州坐落于美国的太平洋西北地区。尽管葡萄种植历史较短,但该地现在已经成为全国第二大的葡萄酒产出地。大多数的葡萄酒出产于华盛顿炎热、沙漠般的东部,也有些葡萄种植在湿冷的西部地区普吉特海湾(Puget Sound)。卡斯柯德(Cascade)山脉在这两个地区之间形成了一道天然屏障,挡住了大部分降水从而形成大陆性气候。

霞多丽、雷司令、梅洛和赤霞珠,以及西拉是华盛顿州种植的主要品种。

22.5.3 俄勒冈州(Oregon)

俄勒冈州位于美国太平洋西北部地区,葡萄酒行业在这里蓬勃发展。这里的种植和酿造技术传承了许多勃艮第的传统。酿酒厂大多是小型的家族经营式。

因其凉爽气候和漫长的生长季节,这里大部分栽种的是黑皮诺,总种植面积达一半以上,以柔滑的单宁和优雅复杂的口味为特点。其他凉爽气候下的种植品种如灰皮诺、白皮诺、长相思、雷司令和琼瑶浆,以及适合温和干燥的梅洛、仙粉黛甚至赤霞珠都有少量种植。

22.5.4 纽约州(New York)

纽约州位于美国大西洋东北部地区。无论从种植还是从生产的角度看,它都是美国排名前四的葡萄酒产地之一。从东海岸的长岛到中央西部伊利湖岸,纽约州包含了广阔的葡萄产区。酒庄大部分是小型的家庭式经营企业,生产的葡萄酒的本地所需的酒体年轻、即时饮用的酒为主。

这里生长的葡萄品种中美洲葡萄超过了 80%,而欧洲品种以雷司令一路领先,霞多丽和黑皮诺用于酿制平静和起泡葡萄酒。

本章小结

本章讲述了美国葡萄酒的历史、气候、制度和产区。重点掌握加州产区,特别是纳帕谷的葡萄酒。

思考和练习题

1. 一瓶纳帕谷(Napa Valley)的葡萄酒,酒标上的信息有 2007,Zinfandel。请思考,这款酒的葡萄品种是 100%的 Zinfandel 吗?葡萄来源都是 2007 年的吗?

2. 美国葡萄酒的品种有哪些?如何通过香气辨别 Zinfandel?

第23章

加拿大(Canada)葡萄酒

◆ 本章学习内容与要求

1. 重点：加拿大的冰酒的生产过程；
2. 必修：加拿大葡萄酒的原产地制度；
3. 掌握：加拿大法定产区。

加拿大位于北美洲东部，东临大西洋，西濒太平洋，南部与美国接壤，而北部则直达北极圈。这里是世界上最著名的冰酒(Icewine)产地。因为极度严寒的冬季，相比德国和奥地利国家，加拿大的冰酒几乎每年保持稳定的生产量。

葡萄酒产区主要集中于四个省：安大略省(Ontario)和不列颠哥伦比亚省(British Columbia)，这两个地区占据了加拿大98%品质葡萄酒的来源；魁北克省(Quebec)和新斯科舍省(Nova Scotia)，这两个新兴崛起的产区产量不大，以本国消费为主。

23.1 原产地制度

加拿大酒商质量联盟(Vintners Quality Alliance，VQA)是加拿大葡萄酒的原产地命名系统，类似于法国AOC制度。VQA是一个由葡萄酒厂、葡萄种植者、酒类管理部门以及学术、餐饮和研究机构所组成的独立联盟。对于葡萄酒的产地和品种，VQA有严格的法律规定：葡萄酒必须采用经典欧洲葡萄品种酿造，如雷司令、霞多丽、黑皮诺和卡百利系列品种或者优良杂交品种；酒标上如注明葡萄的品种，则酒中必须至少含有85%该品种；所有葡萄品种在收获时必须达到一个规定的最低自然糖度；酒庄装瓶的葡萄酒必须是100%由种植葡萄的酒厂控制整个酿造过程；如果使用葡萄园名称，葡萄园地点必须在法定产区内，且所有葡萄必须来自该葡萄园；最后，经过品鉴达到标准的才能被评为VQA级别，且允许在瓶上印制VQA标志。

在VQA制度外，加拿大葡萄酒法律还允许进口国外的葡萄或者葡萄汁来酿造本国品牌的葡萄酒，其酒标上必须注明“Cellared in Canada”。这项政策给予酿酒业者最大的好处是节省种植成本。

23.2 法定产区

目前加拿大只有安大略省和不列颠哥伦比亚省两个葡萄酒产区在VQA限定的标准内。

23.2.1 安大略省

安大略是加拿大第二大省。它由四个主要 VQA 种植区组成，分别为尼亚加拉半岛(Niagara Peninsula)、伊利湖(Lake Erie)、皮丽岛(Pelee Island)和爱德华王子郡(Prince Edward County)。

严酷的冬季给葡萄的生长带来挑战，此外潮湿的夏季也带来了霉菌的侵害，葡萄园正通过现代化的控制设备来克服极端气候带来的威胁。

酿造红葡萄酒/桃红葡萄酒主要使用以下品种：赤霞珠、梅洛、黑皮诺、黑佳、西拉、马雷夏尔弗西(Marechal Foch)、黑巴克(Baco noir)、小维多、马贝克、茨威格(Zweigelt)。

酿造白葡萄酒主要使用以下品种：雷司令、霞多丽、灰皮诺、琼瑶浆、维欧尼、长相思、赛美蓉、白皮诺、威代尔(Vidal)、克尔娜(Kerner)、奥托尼麝香(Muscat Ottonel)。

造冰酒和晚收甜酒主要使用以下品种：威代尔、雷司令、品丽珠、赤霞珠。

23.2.2 不列颠哥伦比亚省

尽管加拿大气候寒冷，但不列颠哥伦比亚的气候还是相对温和与干燥的。奥肯纳根河谷(Okanagan Valley)是这里最为出名的 VQA 种植产区，此外还有西米尔卡敏河谷(Similkameen Valley)、费雷泽河谷(Fraser Valley)、温哥华岛(Vancouver Island)和海湾群岛(Gulf Islands)。

酿造红葡萄酒/桃红葡萄酒主要使用以下品种：梅洛、黑皮诺、赤霞珠、西拉、品丽珠、佳美、马雷夏尔弗西、马贝克、小维多、茨威格。

酿造白葡萄酒主要使用以下品种：灰皮诺、霞多丽、琼瑶浆、长相思、白皮诺、雷司令、维欧尼、菲尔斯(Ehrenfelser)、赛美蓉、巴克斯(Bacchus)。

23.3 加拿大冰酒(Icewine)

加拿大和德国是世界上最大的冰酒生产国。大约 200 年以前，世界上的第一瓶冰酒在德国诞生，直到 20 世纪 90 年代加拿大才开始生产冰酒，但却以每年惊人的销量后来者居上。

德国冰酒(Eiswein)是德国葡萄酒分级中的 Prädikatswein 质量类别的一部分；加拿大冰酒则必须遵从 VQA 体系。加拿大约 75%的冰酒来自安大略省，特别是尼亚加拉半岛，这里的冬季总是处于冰冻中，从而成为世界上最大的冰酒生产区。

23.3.1 VQA 标准

安大略省和不列颠哥伦比亚省的 VQA 规范加拿大的冰酒糖分含量低于 35°Bx(白利度“Brix”为可溶性固形物含量即总糖度的测量单位)的葡萄不可用于酿造冰酒，这一标准比德国冰酒的要高。未满足标准的葡萄通常会调到一个低级别标准，如“晚收特别挑选”(Special Select Late Harvest)。

23.3.2 生产工艺

冰酒生产需要一个严苛的冰冻环境，葡萄成熟后在葡萄藤上几个月不采摘，经历一段低温过程(加拿大法律规定必须至少在－8℃；德国法律规定至少－7℃)。如果葡萄结冰的速度不够快，则会腐烂；而如果冰冻得太厉害，可能导致葡萄无汁液可榨取。延迟葡萄的收获期则有被冬季里觅食的野生动物破坏的危险，所以必须对作物加以保护(用网罩)。葡萄采摘通常在夜晚或凌晨很早时候进行，于几个小时内采摘完成后，工人仍必须在冰冷的酒窖中完成压榨工作。由于产量的稀缺和大量人工的劳作使得冰酒的价格非常昂贵。这来之不易的液体往往装在 375mL 甚至更小容量的细长瓶形里，这种瓶形已成为冰酒具代表性的形象。

23.3.3 葡萄品种

威代尔是加拿大冰酒常用的葡萄品种，此外还有雷司令；而红葡萄品种则为品丽珠和赤霞珠。使用白葡萄酿制的冰酒，年份较年轻时色泽往往呈浅黄色或浅金黄色，经过陈酿的冰酒则会变成深琥珀色。由于无须浸皮，红葡萄酿制的冰酒只会呈现出淡红色或类似桃红葡萄酒的粉色。

本章小结

本章讲述了加拿大葡萄酒的制度、产区，特别讲述了加拿大葡萄酒的代表——冰酒。

思考和练习题

1. 比较冰酒和贵腐葡萄酒的异同。
2. 加拿大进口原汁灌装的酒与本国原产的葡萄酒是如何进行区分的？

智利(Chile)葡萄酒

◆ 本章学习内容与要求

1. 重点：智利的葡萄品种，法定产区；
2. 必修：智利葡萄酒的原产地制度；
3. 掌握：智利葡萄酒的历史、气候和风土。

智利位于南美，可谓植物天堂，因其独特的复合型地质和气候给葡萄园的生态环境提供了最优条件。智利是目前为止没有遭受过葡萄牙根瘤虫灾害的国家。这里的葡萄品种常见的为赤霞珠、梅洛和卡门内(Carmenère)。

24.1 历史

随着16世纪西班牙将酿造葡萄酒技术带入在智利的殖民地，智利便开始了葡萄种植历史。到19世纪中期，法国的葡萄品种如赤霞珠、梅洛被引进过来。20世纪80年代早期，不锈钢发酵桶和使用橡木陈酿的技术被广泛使用。由于品质的突飞猛进，智利葡萄酒的出口量也增长迅猛。葡萄酒生产商从1995年的12家增长至2005年的70家，其产量在新世界葡萄酒中居前列。

24.2 气候

地中海气候，使得这里的夏季温暖而干燥，冬季寒冷多雨，这是葡萄树非常喜爱的条件。海洋和安第斯山的交互作用让这里白天吸收的热量在晚上慢慢释放，昼夜温差促使葡萄酒发展出新鲜的果香味和清爽的酸度。对红葡萄酒而言，有益于单宁的强化，加深葡萄酒的色泽和抗氧化能力。

24.3 风土

多样的地形为智利创造了一个丰富风土拼盘。这里的土壤健康，有良好的排水性。冲积土、崩积土、河流冲刷等形成的多样性土壤，由肥土、黏土、沙土等构成。智利东部边境耸立的安第斯山脉常年冰川覆盖，融化的雪水为这里的土壤提供了充足的水分。

24.4 葡萄品种

24.4.1 红葡萄品种

1. 卡门内

卡门内是智利的独特品种,19 世纪中期于欧洲葡萄园消失,100 年后在智利种植的梅洛葡萄树中重新被发现。卡门内是所有红葡萄品种中色泽最深沉的,需要长时间的生长达到最佳成熟的条件。丰满的樱桃果味和黑胡椒的辛辣气息,丝滑圆润的单宁非常讨喜和易于饮用。

2. 赤霞珠

赤霞珠是智利明星品种,它表现出的从简单易饮到优雅复杂的多变风格,很快俘获了葡萄酒爱好者的心。尽管智利各个地区都有种植,但这个晚熟的葡萄品种在阿空加瓜(Aconcagua)、麦坡(Maipo)和加查普(Cachapoal)以及空加瓜(Colchagua)产区更加出色。这些温暖干燥的气候使得赤霞珠充分成熟,发出浓郁的红果、樱桃和黑加仑以及无花果香气。一些地区,如阿尔托麦坡(Alto Maipo)所体现出明显的桉树气息增添了新鲜的口感。香草、巧克力、黑茶、黑橄榄、香草、柏油、咖啡、铅笔芯、焚香和皮革的味道也会出现在更加复杂的香气中。

3. 梅洛

梅洛因其圆润而果味充足成为红葡萄酒中非常宜于饮用的品种,配餐也很百搭。这一波尔多主要的葡萄品种于 19 世纪中期出现在智利,但直到 20 世纪 90 年代才开始变得流行。智利的土地所孕育出的梅洛带有独特的辛香料和青椒的特性。

4. 西拉

西拉是较晚引进智利的品种,然而却迅速成为一颗新星。不同的气候条件下孕育出不同风格:在温暖气候,比如空加瓜(Colchagua),西拉通常表现出大尺寸、强健、多汁的特性;在寒冷气候,如圣安东尼奥(San Antonio)或艾尔基(Elqui)产区,西拉带有卓越的辛辣气息和复杂度,常位居世界品酒专家组酒单中的前列。西拉的另外一个别名为设拉子(Shiraz)。

5. 马贝克

马贝克也称高特,这一品种起源于法国南部。在智利较寒冷的传统种植地区,马贝克创造了出色的品质,有着深邃凝重的紫色,紫罗兰与李子的香气伴随着隐约的皮革和烟草的气息,还隐含香草和肉桂的味道。它的单宁通常温和而甜美,有着良好的构架和丰满的组织。马贝克可以用来酿造单一品种,也可以用来混合调配。

6. 黑皮诺

近来在凉爽气候的葡萄产区种植的黑皮诺吸引着来自世界黑皮诺爱好者。如卡萨布兰卡、圣安东尼奥和比奥比奥(Bío-Bío)地区,连番生产出从简单讨喜到难以忘怀的风格。总种植面积 2 884 公顷。

7. 品丽珠

品丽珠在智利主要用于为优质波尔多风格的混合葡萄酒中增添酸度和细腻的口感。

24.4.2 白葡萄品种

1. 长相思

来自寒冷地区的卡萨布兰卡、圣安东尼奥、阿空加瓜海岸和利马里地区所酿造出的新鲜长相思是理想的开胃酒。芬芳的气息和迂回的柑橘类、绿苹果、梨子与凤梨的香气伴随着青草和矿物的味道。适合整个夏日冰镇过后的小酌,又或者佐以美味的海虾、白鱼、沙拉或者蓝纹芝士。

2. 霞多丽

霞多丽是世界上最受欢迎的白葡萄品种之一,在凉爽气候如卡萨布兰卡、圣安东尼奥和利马里产区,它表现出非常诱人的矿物香气。顺滑而圆润的口感、恰到好处的酸度以及热带水果的气息,是选择略微的橡木陈酿抑或是通过橡木桶发酵,给霞多丽增添了不同程度的复杂口感。

3. 雷司令

由于智利凉爽气候产区的不断开拓,雷司令这一源自德国的葡萄品种被智利的酿造者采用。这里的雷司令相较欧洲,在保持新鲜果感和辛辣特色的同时,酒体更丰满,酒精度更高。是搭配辛辣菜肴的理想伴侣。

4. 维欧尼

维欧尼源于法国罗纳河谷产区,是少数在温暖地区长势喜人的白葡萄品种。它带来丰富和浓郁的杏子与桃子的香气,还常常伴随着橙花与蜂蜜的味道。尽管在智利还是新兴的品种,然而目前看来,前景光明。

24.5 原产地制度

1994 年,智利成立了法定原产地体系(Denominación de Origen/D. O.),类似许多新世界国家,该法规主要对葡萄酒产区进行地域及其名称的界定。目前智利有 4 个主要的葡萄酒大区(Regions):科金博产区(Coquimbo)、阿空加瓜产区(Aconcagua)、中央山谷产区(Central Valley)和南部产区(Southern),这其中又由许多更为人所知的子产区(Sub-regions)所组成,例如阿空加瓜山谷(Aconcagua Valley D. O.)、加查普山谷(Cachapoal Valley D. O.)等。为了能有效识别智利自东向西葡萄酒产区的显著不同,智利于 2012 年 9 月在葡萄酒法定原产地体系的基础上加入了 3 个新的区域(Area)的名称:沿海区(Costa)、山脉之间/平原区(Entre Cordilleras)和安第斯山区(Andes)。这 3 个区域的名称很可能出现在酒标中用以强调各区域风土的显著差异。

24.6 法定产区

24.6.1 科金博产区(Coquimbo)

科金博是智利最靠北部的产区。蒸馏酒皮斯科白兰地(Pisco)盛产于此。目前有 3 个法定产区:艾尔基谷(Elqui Valley)、利马里山谷(Limarí Valley)和峭帕山谷(Choapa Valley)。

1. 艾尔基谷(Elqui Valley D. O.)

艾尔基谷是智利最北部葡萄酒产区,由于靠近阿塔卡玛沙漠的南部边境,这里日照强烈。沙漠性气候使得全年降雨量少于70毫米,太平洋和安第斯山脉强烈的风带来了凉爽的效应。陡峭的山谷多为干燥而多石的地质,土壤由黏土、淤泥和白垩土组成。近来,从海岸线到安第斯山海拔2 000米的高地上,凉爽的气候令西拉和长相思表现出独特的魅力。此外卡门内也被广泛种植,其次是赤霞珠、霞多丽和黑皮诺。

2. 利马里山谷(Limarí Valley D. O.)

来自西边太平洋寒冷的浓湿雾每天早晨涌入山谷,当太阳从安第斯山脉升起后,浓雾消散,葡萄园便沐浴在金色的阳光之中。这里每年降雨量稀少,葡萄树只有拼命扎根于富含矿物质的土壤中才能获取赖以生存的水分,造就了这里的葡萄酒有着新鲜的果味,同时也富含矿物质的风味。这里表现出色的品种为西哈和长相思。

3. 峭帕山谷(Choapa Valley D. O.)

峭帕山谷位于圣地亚哥北部400公里处,从地理上来看是智利最狭窄的区域。沙漠性气候,每年降雨量大约100毫米,日照强烈。一些葡萄园种植在多石的山麓中,酝酿出品质卓越、产量稀少、有着高酸度的西拉和赤霞珠。

24.6.2　阿空加瓜(Aconcagua)

位于圣地亚哥北部65公里处。这里由3个葡萄酒子产区组成,分别为阿空加瓜山谷(Aconcagua Valley)、卡萨布兰卡山谷(Casablanca Valley)和圣安东尼奥山谷(San Antonio Valley)。

1. 阿空加瓜山谷(Aconcagua Valley D. O.)

北部的阿空加瓜山谷是智利最温暖的地区,主要种植的品种是赤霞珠和梅洛。这个地区的土壤主要由古老河床冲积而成。地中海气候,全年降雨量大约200毫米。东部土壤为黏土和沙土,西部为花岗岩和黏土。这里表现出色的品种有赤霞珠、西拉、卡门内,以及沿海地区的长相思。

2. 卡萨布兰卡山谷(Casablanca Valley D. O.)

卡萨布兰卡山谷是智利较凉爽的地区之一,它常常被拿来与加州的葡萄酒产区卡内罗斯(Carneros)相比较。因都种植着相同的葡萄品种,如霞多丽、黑皮诺。凉爽的地中海气候的作用下,卡萨布兰卡的葡萄生长季节比其他产区要长出近一个月,通常在4月收获。临海而产生的早晨寒冷的雾气孕育出高品质的长相思、霞多丽和黑皮诺。

3. 圣安东尼奥山谷(San Antonio Valley D. O.)

圣安东尼奥是阿空加瓜山谷的一个子产区,位于卡萨布兰卡山谷南面。葡萄树种植在距离大海仅仅4公里的葡萄园中,这里对酿造者来说是一个考验,但随之而来的回报是清爽、富含矿物气息的白葡萄酒和带有辛辣气息的红葡萄酒。受到来自海洋的冷空气影响,葡萄在这里缓慢地成熟。主要的土壤构成为花岗岩和黏土,赋予葡萄强烈的酸度和矿物气息。长相思、霞多丽、黑皮诺和西拉在这里表现出色。

24.6.3 中央山谷产区(Central Valley)

中央山谷产区的产量在南美地区占有重要地位,这里也是南美最大的葡萄酒产区之一。从麦坡山谷到最南端的莫莱山谷,虽然宽度仅为100公里,然而有近400公里的长度,包含了多个气候类型。中央山谷葡萄酒产区非常容易与中央山谷地区相混淆,后者位于太平洋沿岸地区与较低的安第斯山脉之间,由北向南延伸620公里之多。中央山谷包含4个子产区:麦坡山谷(Maipo Valley)、加查普山谷(Cachapoal Valley)、库里科山谷(Curicó Valley)和莫莱山谷(Maule Valley)。

从波尔多风格的麦坡山谷北部到老派风格的莫莱山谷;从空加瓜西部的海岸平原到安第斯山脚的阿尔托港。风土的多样性也给予了葡萄酒风格和品种上的多样性。尽管这里是各类葡萄品种的乐土,但主要种植的还是国际上流行的赤霞珠、梅洛,西拉,霞多丽和长相思,以及智利的标杆葡萄品种卡门内。

勇于革新是许多新世界酿造业者所更加关注的,这使得当地的酿酒者把注意力更多地集中在一些更新且气候更寒冷的地区,如安第斯山麓与河谷这些受太平洋冷空气影响的地方以尝试性地种植维欧尼、雷司令和琼瑶浆等。由于面积之大风土之多,使得酒标上的"中央山谷"并不能明确传达出具体的葡萄酒风格,因此被一些更加明确的子产区名称如空加瓜和加查普等所取代。

1. 麦坡山谷(Maipo Valley D. O.)

麦坡山谷是最靠近圣地亚哥的产区,它由3个部分组成:阿尔托麦坡(Alto Maipo),这里所生产的一些赤霞珠名列前茅;中央麦坡(Central Maipo)是智利最古老且最具多元化的产区;太平洋麦坡(Pacific Maipo),受寒冷海洋性气候的影响,这里以生产结构平衡的红葡萄酒而闻名。麦坡山谷东部土壤为沙石与鹅卵石,西部则以黏土为主。赤霞珠、卡门内和西拉在这个地区表现出色。

2. 加查普山谷(Cachapoal Valley D. O.)

位于圣地亚哥南部85公里处的拉佩尔山谷(Rapel Valley)是智利农业种植的中心,这里被划分为两个葡萄酒种植区:最北部的加查普山谷(Cachapoal),地处智利中部,位于麦坡和空加瓜山谷之间,其土壤混合着沙土、黏土和一些略微肥沃的壤土,这样的土质非常适合本土品种卡门内,而赤霞珠、梅洛、西拉在此也有出色表现;向西延伸的海岸山脉,普莫(Peumo)区的气候温和,所酿造的卡门内酒体厚重、果味浓郁。

3. 空加瓜山谷(Colchagua Valley D. O.)

位于圣地亚哥南部180公里的空加瓜山谷,是拉佩尔山谷的最南部区域。这里是智利最著名的产区之一,盛产酒体丰满的赤霞珠、卡门内、西拉和马贝克,这里出产的葡萄酒也经常跻身于世界前列。尽管有小部分的新种植区位于山坡和西部边境面向大海的地方,但大部分的酒庄都集中于山谷的中心区域。

4. 库里科山谷(Curicó Valley D. O.)

库里科山谷位于圣地亚哥南部200公里。自18世纪中期以来,这里种植的葡萄品种多达30多种,葡萄酒酿造也是这里的主要产业。海峡山脉削弱了海洋性气候的影响,这里的赤霞珠、卡门内、西拉和长相思表现突出。

5. **莫莱山谷**(Maule Valley D. O.)

莫莱山谷位于智利中央山谷地区,这里是智利最大的葡萄酒产区。与库里科类似,莫莱山谷生产量大且质优的葡萄酒。莫莱山谷为地中海气候,因为更近南方,相对于其他北部的产区更加寒冷,冬季的降雨量也稍高。这里的土壤结构为冲击土、黏土和沙土。

莫莱山谷约有 1/3 的葡萄园广泛种植赤霞珠。此外,结构平衡的佳丽酿、马贝克等混合红葡萄酒的品质也令人振奋。新种植的如梅洛、品丽珠以及卡门内带来了愉悦的酸度和丰富的果味。在这片区域有许多土地几十年来都被认证为是有机种植。赤霞珠、梅洛、卡门内和老龄歌海娜在这里表现突出。

24.6.4　南部产区(Southern)

南部葡萄园种植于伊塔塔山谷(Itata Valley)和比奥比奥山谷(Bío-Bío Valley)以及马利高山谷(Malleco Valley)。南部地区相较北方,降雨更多,平均气温更低且日照时间较少。

1. **伊塔塔山谷**(Itata Valley D. O.)

伊塔塔山谷是智利南部大区三个山谷中最北部的产区,这里最早的一批葡萄园自殖民时期就开始种植葡萄。如今,这个产区在其老龄葡萄树旁边开始涌现出新种植的葡萄园,这种新老混合的方式成为一大特色。这里主要是海洋性气候,赤霞珠、梅洛和霞多丽在此表现突出。

2. **比奥比奥山谷**(Bío-Bío Valley D. O.)

比奥比奥为温和的地中海气候,全年平均降雨量 1 275 毫米,是智利葡萄酒产区中降雨量最多的地区。这里与法国的北部气候有些相似。温暖的白天和寒冷的夜晚使葡萄成熟的季节变长,但是比奥比奥产区更高的降雨量和疾风以及更加极端的状况给这里带来了严峻的挑战,葡萄的生长需要更多的耐心和技术。少数大胆的葡萄园主开始种植喜寒品种如长相思、霞多丽和黑皮诺等,带来了有着自然清爽酸度的葡萄酒风格。

3. **马利高山谷**(Malleco Valley D. O.)

马利高是目前智利最南边的产区,土壤为冲积土、黏土和沙土。温和的地中海气候,全年降雨量大约 1 300 毫米。尽管多雨和较短的生长季节对于绝大多数葡萄来说是一种劣势,但是霞多丽和黑皮诺却乐在其中。

本章小结

本章讲述了智利葡萄酒的历史、气候、风土、葡萄品种、制度和法定产区。重点了解卡门内(Carmenère)这个富有地域特色的葡萄品种。

思考和练习题

1. 智利的法定产区有哪些?从南到北葡萄酒的特色变化是怎样的?
2. 卡门内(Carmenère)葡萄品种的特点是什么?

第25章 阿根廷(Argentina)葡萄酒

◆ 本章学习内容与要求

1. 重点：门多萨法定产区；
2. 必修：葡萄酒4个DOC产区；
3. 掌握：阿根廷葡萄酒的地位和历史。

25.1 概述

阿根廷目前是世界上第五大葡萄酒生产国。自门多萨种下第一株葡萄树开始，这里已经有超过400年的种植历史。但直到18世纪，法国的葡萄品种才出现在这片土地。在此后的几十年间，随着大批移民的到来，意大利、西班牙的葡萄品种也随之引进。20世纪末，阿根廷所生产的几乎所有的葡萄酒都只是满足于本国的需求，直到最近的十几年，通过对品质的追求与完善，阿根廷葡萄酒在国际市场上开辟了一条广阔的道路。如今，阿根廷的葡萄酒产业正在努力挖掘其自身优势：老龄的葡萄树、独特的风土条件、新技术的应用，以及传统与现代相结合的酿造方式。

阿根廷主要的葡萄园多位于干旱的山区地带，高海拔低纬度大大增加了阳光照射的程度和昼夜的温差，有益于葡萄的糖分和酸度的平衡。葡萄品种以马贝克、赤霞珠、霞多丽和阿根廷的本土葡萄品种托隆特斯(Torrontes)为主。

25.2 法规

1999年，阿根廷颁布了法定产区标准(D. O. C.)的法令。重点内容有必须全部使用划定的法定产区内种植的葡萄，限制种植密度为每公顷少于5 500株，产量少于1万公斤，以及必须在橡木桶中培养至少一年，并且必须在瓶中成熟至少一年。时至今日已核定四个优质法定产区，分别是卢汉德库约(Lujan de Cuyo)、圣拉斐尔(San Rafael)、麦伊普(Maipú)和法美提娜山谷(Valle de Famatina)。

25.3 葡萄酒产区

阿根廷绝大多数的葡萄酒园都在西部广阔的安第斯山脚下。门多萨地区是面积最大也是产量最多的葡萄酒产区，每年超过2/3的葡萄酒来源于此。其次是北部的圣胡安和拉里奥哈地区。阿根廷东北角的萨尔塔有着世界海拔最高的葡萄园。南部的巴塔哥尼亚(Patagonia)地区的内格罗河和内乌肯省(Neuquén)以往作为水果生产的中心,如今也在种植凉爽气候的葡萄品种,如黑皮诺和霞多丽。

25.3.1 库约产区(Cuyo)

库约产区是最干旱的地区之一,也是葡萄种植产量最高的区域之一。它由门多萨、拉里奥哈和圣胡安 3 个重要产区组成。作为阿根廷最大的产区,库约也是南美洲主要的葡萄酒产地。库约有 519 000 公顷以上的葡萄园,这里最典型且种植面最广的是红葡萄品种马贝克(Malbec)。

1. **门多萨**(Mendoza)

门多萨是阿根廷目前最大的葡萄酒产区,占据整个国家年产量的 80%左右。主要种植区位于北部、东部、中部、南部及 Uco 山谷。被称作法定产区的卢汉德库约、麦伊普和圣拉斐尔正来自于此。

在西部安第斯山的天然屏障的庇护下,门多萨的葡萄园干燥少雨,全年平均温度也相对较高。而包括门多萨河在内的数条河流贯穿于产区,使得灌溉异常方便。每年温暖且干燥的收获季节使这里的酒农可以依据葡萄的成熟度而不用考虑突变的天气来决定葡萄采收的时机。类似其他许多新世界国家,葡萄酒年份之间的差异化在这里正逐渐缩小,每年的品质稳定。而收成的可控性也使得门多萨得以有更多的精力投入在研发葡萄酒的风格上,这也是门多萨得以享誉国际的主要因素。

这里的土壤类型丰富,但葡萄园大多种植在由河水冲积而成的沙石与黏土中。这里有许多表现出色的葡萄品种,红葡萄品种包括赤霞珠、长相思、马贝克、西拉和添帕尼诺;白葡萄品种有霞多丽、赛美蓉、托隆特斯(Torrontes)和维欧尼。

门多萨中部有许多高海拔的葡萄园,平均海拔大约为 3 000 英尺。经专家严格的试验证实了高海拔对品种和产区确有影响,一批阿根廷声誉最高的马贝克葡萄酒得以在此产生。目前,门多萨已经吸引了国外许多著名的酿酒师如保尔·霍布斯(Paul Hobbs)、米歇尔·罗兰(Michel Rolland)、罗伯特·西柏索(Roberto Cipresso)等,带来了他们精湛的酿酒技术。

(1) 卢汉德库约(Lujan de Cuyo)是阿根廷第一个成立的法定优质产区,位于阿根廷门多萨北部地区。许多葡萄园地处海拔 1 000 米的高度。马贝克在这里表现非常突出。赤霞珠、霞多丽和托隆特斯的品质也很出色。土壤多为沉积土、黏土和沙石。

(2) 麦伊普(Maipú)葡萄园种植在海拔 800 米以上沉积土壤中。马贝克、霞多丽和添帕尼诺有出色的表现。

(3) 圣拉斐尔(San Rafael)葡萄园位于门多萨南部。海拔 600 米,从安第斯山脚下延伸至较低的平原。这里出产注重品质的赤霞珠、马贝克、西拉,以及霞多丽和赛美蓉。

2. **拉里奥哈**(La Rioja)

拉里奥哈与门多萨和圣胡安相比非常狭小,只有大约 8 000 公顷的葡萄园面积。尽管这里的葡萄园有着悠久的历史,然而它的产量还不足门多萨的十分之一。法美提娜山谷(Valle de Famatina)是此处唯一获得法定产区称号的产区,白葡萄品种以亚历山大麝香

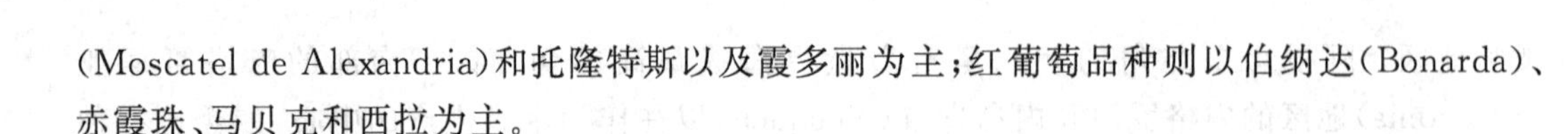

(Moscatel de Alexandria)和托隆特斯以及霞多丽为主;红葡萄品种则以伯纳达(Bonarda)、赤霞珠、马贝克和西拉为主。

3. 圣胡安(San Juan)

继门多萨之后,圣胡安地区是阿根廷第二大的葡萄种植产区。几乎占用了该地区一半的种植面积。图卢姆山谷(Tulum Valley)是这里一个重要的子产区。

这里主要为半沙漠性气候,类似门多萨南部,但更加干燥炎热。夏季的温度经常达到42℃,而降雨量平均仅为150毫米。安第斯山脉天然的屏障阻挡了干热多尘的佐达(Zonda)风,而佐达山谷(Zonda Valley)——圣胡安三个子产区的其中一个正是得名于此。

圣胡安的红葡萄品种有伯纳达、品丽珠、赤霞珠、马贝克、梅洛、西拉;白葡萄品种为霞多丽、长相思、托隆特斯和维欧尼。科瑞奥拉(Criolla)和科瑞扎(Cereza)的产量也很大,主要用于生产更加便宜且略甜的葡萄酒。此外,圣胡安地区有着生产雪莉风格葡萄酒、白兰地和苦艾酒的悠久历史。

25.3.2 北部地区

阿根廷北部产区以高海拔著称,位于萨尔塔省的卡尔查奇斯(Calchaquíes)山谷是号称世界上海拔最高的葡萄产区。

1. 卡塔马卡省(Catamarca)

卡塔马卡位于阿根廷北部地区,在安第斯山脚下。菲安巴拉(Fiambala)和提诺加斯塔(Tinogasta)山谷是两个主要的种植区,后者占了该地区70%的产量。直到21世纪,卡塔马卡的葡萄酒才达到出口标准,之前主要用于制作鲜食葡萄和葡萄干。这里最典型的葡萄品种是里奥诺托隆特斯(Torrontés Riojano)和赤霞珠。马贝克、西拉和伯纳德也用来酿造单一品种葡萄酒。

2. 萨尔塔省(Salta)

近年来萨尔塔地区,特别是子区域的卡法耶(Cafayate)集中了卡尔查奇思山谷70%以上的葡萄园。由里奥诺托隆特斯酿造出的酒体厚重的白葡萄酒和由赤霞珠、丹拿(Tannat)酿成的果味充沛的红葡萄酒非常出色。

卡法耶大部分的产区位于海拔1 660米以上,有些葡萄园的海拔甚至达到近3 200米,成为世界上最高的葡萄酒种植区。该地区的气候受焚风(山脉背面的干热风)影响,覆盖在山上的降雨云被吹散开,留下干燥且晴朗的气候。尽管高海拔使得夏季白天的温度达到了38℃,然而到了夜晚则可下降至12℃。这里的产量仅占阿根廷葡萄酒总产量的2%,但却吸引着来自世界各地知名酒庄在此投资。

里奥诺托隆特斯是这里最优质的葡萄酒之一,该品种的葡萄酒果香迷人,被誉为萨尔塔省风土的最佳体现。马贝克、赤霞珠和丹拿也在此种植。

25.3.3 巴塔哥尼亚(Patagonia)

巴塔哥尼亚是阿根廷葡萄种植的最南端。凉爽的气候和较低的海拔带来了干热多尘的佐达风。冬季从山坡吹拂而下的温暖且干燥的空气对这里葡萄园生长有利有弊,好处是给高海拔地区带来了温和的气候,干燥的环境也降低了病虫害的几率;而坏处是每小时40公

里的风速对葡萄树会造成一定的损伤。这里冬季严酷夏季凉爽，特别是晚上的气温很低，这让葡萄积累了平衡的酸甜比例，也积攒了丰富的果香。

巴塔哥尼亚的葡萄园覆盖了黑河省(Río Negro)、内乌肯省(Neuquén)和拉帕玛省(La Pampa)三个省份。但最为著名的还是黑河省和新近崛起的内乌肯省。

1. 黑河省

巴塔哥尼亚最杰出的葡萄酒产区位于黑河省。尽管与西班牙南部有相同的纬度，然而仅 14℃的年平均气温几乎比西班牙任何一个产区都要低。这里非常适合种植赛美蓉、长相思、雷司令、琼瑶浆和霞多丽这类的白葡萄品种，以赛美蓉和长相思酿成的白葡萄酒充满个性，蕴含矿物风味。红葡萄品种例如梅洛、黑皮诺和马贝克也表现突出，带来深邃的色泽和显著的个性。这里也是阿根廷起泡葡萄酒的来源，以黑皮诺品种酿造。

2. 内乌肯省

内乌肯省是阿根廷南部一个非常年轻的产区，这里的葡萄酒厂多集中于临近黑河省的东部地区。主要的种植区为圣帕特里西奥(San Patricio)，这里是各大葡萄酒庄的必争之地，在短短几年时间内便新建了数家酿酒厂。

相对凉爽的气候令赤霞珠、马贝克、梅洛和黑皮诺在这里表现出色。同样突出的白葡萄品种还有霞多丽、长相思和赛美蓉。

本章小结

本章讲述了阿根廷葡萄酒的气候、地理位置、法规和葡萄酒产区。重点需要掌握最有代表性的葡萄品种——马贝克。

思考和练习题

1. 阿根廷具有代表性的红白葡萄品种有哪些？
2. 阿根廷的法定产区有哪些？

巴西(Brazil)葡萄酒

◆ 本章学习内容与要求

1. 重点：了解巴西优质级别法定产区；
2. 必修：巴西葡萄酒的历史；
3. 掌握：巴西葡萄品种和产区。

26.1 概述

巴西为拉丁美洲最大的国家，也是南半球第五大葡萄酒生产国(位于阿根廷、澳大利亚、南非、智利之后)。

巴西葡萄酒起源于1875年意大利移民。20世纪中期，葡萄酒产业开始发展，人们也开始关注葡萄酒的品质。在过去的15年，巴西葡萄酒产业投入了巨大的资金在科技创新与葡萄园管理上。

1998年Brazilian Wine Institute(Ibravin)创立，作为葡萄酒行业的技术以及研发的合作协会，极大地推动了巴西葡萄酒产业的发展。

通过不断地努力，巴西葡萄酒的优秀品质在国际市场上获得了认可。

如今巴西葡萄酒的产区总计约83 700公顷，大部分集中于南大河州(Rio Grande do Sul)。目前已有超过1 100个酒商，大部分的规模是非常小的(平均每个酒庄两公顷葡萄园)。巴西的葡萄酒特点为手工采收，葡萄种植和酿造过程运用现代化的技术，葡萄酒口感新鲜、果味充足且平衡，酒精度适中。

26.2 葡萄品种

巴西主要栽培的葡萄品种有赤霞珠、美乐、品丽珠、丹拿、黑皮诺、添帕尼诺、雷司令、霞多丽和长相思等。

26.3 葡萄酒产区

26.3.1 塞拉高查产区(Serra Gaùcha)

塞拉高查产区是巴西最大也是最重要的葡萄酒产区，接近巴西总产量的85%。冬季和夏季的平均气温分别是 12℃和 22℃。主要红葡萄酒品种有赤霞珠、梅洛、品丽珠、丹拿(Tannat)、安塞洛塔(Ancellota)和黑皮诺;主要白葡萄酒品种有霞多丽、麝香、意大利雷司令、玛尔维莎(Malvasia)和普罗塞克(Prosecco)。

1. 河谷地区优质级法定产区(D. O. Vale dos Vinhedos)

河谷地区优质级法定产区是巴西唯一获得此优质级别的产区。这里产出的葡萄品种十分多样:红葡萄酒由梅洛(最少 60%)、赤霞珠、品丽珠和丹拿混合酿制;白葡萄酒由霞多丽或黑皮诺(最少 60%)和意大利雷司令混合酿制而成;传统方式酿造的气泡酒由霞多丽或黑皮诺(至少 60%)以及意大利雷司令混合酿制。

2. 品托班德拉餐酒级产区(G. I. Pinot Bandeira)

品托班德拉餐酒级产区位于本图贡萨尔维(Bento Goncalves)和法茹匹哈(Farroupilha)两个城市之间,这里所生产的至少 85%的葡萄酒是以传统方式酿造的起泡酒,由霞多丽、黑皮诺、意大利雷司令和维欧尼酿成。

26.3.2　坎潘哈(Campanha)和塞拉苏迪斯特(Serra Sudeste)产区

与乌拉圭接壤的南部边境,这里是巴西一些最古老酒庄的家乡。连绵的平原和山丘使得日夜温差的起伏加大,夏季干爽和花岗岩与石灰质为主的贫瘠土壤给葡萄的生长带来了有利的条件。主要红葡萄酒品种有赤霞珠、梅洛、丹拿、国产图瑞加(Touriga Nacional)、添帕尼诺和黑皮诺;主要白葡萄酒品种为霞多丽、长相思、灰皮诺和琼瑶浆。

26.3.3　卡塔丽娜高原产区(Planalto Catarinense)

卡塔丽娜是巴西海拔最高的产区,葡萄园种植于 900～1 400 米处的玄武岩土壤,给予红白葡萄酒以及起泡酒复杂多变的风格。这里的气温相对比较低,属于温带湿润的气候。主要的红葡萄酒品种有赤霞珠、梅洛、黑皮诺;白葡萄品种有长相思和霞多丽。

26.3.4　圣佛朗西斯科河谷产区(Vale do Sao Francisco)

半干旱热带气候与充足的阳光使得这里的葡萄含糖量高,酿成的葡萄酒果味丰沛圆润。由于气候干燥,只有通过人工灌溉的方式令葡萄树维持生长所需的水分。这里的土壤为圣弗朗西斯科河的岩石沉积。主要的红葡萄品种有西拉、添帕尼诺和赤霞珠、白葡萄品种有白仙霓、麝香、玛尔维萨、比安卡(Bianca)和霞多丽。

本章讲述了巴西葡萄酒的历史、葡萄品种和产区。关注这个新世界的葡萄酒产区国。

思考和练习题

1. 巴西的葡萄品种有哪些?
2. 巴西最主要的葡萄酒产酒区是哪里?

第27章

南非(South Africa)葡萄酒

◆ 本章学习内容与要求

1. 重点：白诗南葡萄品种；
2. 必修：原产地标签制度（Wine of Origin Labelling）,法定产区；
3. 掌握：南非葡萄酒的历史和风土。

南非有近四百年酿酒传统。非洲大陆的南端，两大洋交汇之处是南非著名的酒乡——开普敦(Cape Town)。在这里，旧世界的传统与新世界的开放相互交融，创造出多姿多彩，带有独特地域特征和多样性风格的美酒。

27.1 历史

第一次世界大战结束后，南非开普敦(Cape Town)周边已遍布葡萄园。由于欧洲人和远东出口贸易对开普葡萄酒的抵制以及部分葡萄酒品质差强人意，18世纪对于南非的葡萄酒来说是一个停滞不前的时代。

当时橡木桶严重短缺，致使一些用于出口的葡萄酒陈酿在用于腌肉的木桶中；同时，酿酒商也很难分辨出哪一块区域最适合种植哪种葡萄以及怎样配合酿酒技术。

19世纪上半期，英国人占领开普敦。英国人的消费习惯外加英法大战的战需，为开普敦葡萄酒打开了一个巨大的消费市场。在45年内从500万升的产量增长至4 500万升。之后民主解放的到来促进了南非葡萄酒业发展壮大，1998—2010年出口增长了219%。

27.2 风土

南非大部分葡萄园分布在开普的西部和北部。多位于海岸附近，受大西洋和印度洋的影响。这些地区大多是地中海气候，阳光充足，夏季温和；冬季潮湿但霜冻较少。山坡、山谷的地形也为葡萄酒的生长创造了理想的条件。在这片广袤的区域里，随处可感受到不同的大气候以及受独特地形影响(主要为内陆地区的山峦和峡谷)而形成的适合不同葡萄品种生长的土质类型。

仅在斯泰伦布什(Stellenbosch)地区，就有超过50种特殊土壤种类。一般来说，南非土壤可很好地保持水分以及具备良好的排水能力。这或许得益于土壤具备相当比例的黏土

(约占土壤的 25%)。在南非发现的其他类型土壤还包括:康斯坦莎(Constantia)的花岗岩和砂岩,伊尔金(Elgin)的页岩以及沃克湾(Walk Bay)的沙质页岩。河谷附近,土壤拥有丰富的石灰以及高比例的沙砾和页岩。

27.3 葡萄品种

南非葡萄园在过去一直以种植白葡萄品种为主,为了满足国际市场对红葡萄酒的需求,南非红葡萄品种种植面积大幅提升。目前红葡萄酒和白葡萄酒的种植比例约为 45% 和 55%。从世界级餐后甜酒到麝香加烈酒,从波特酒再到传统香槟酿造方法的起泡酒(Methode Cap Classiques),开普的葡萄酒类型多种多样。

27.3.1 红葡萄品种

(1) 赤霞珠是开普敦地区种植最广泛的品种,主要集中在帕尔(Paarl)和斯泰伦布什区域。

(2) 梅洛通常与赤霞珠混合,近年来也趋于单一酿制。主要产于斯泰伦布什、帕尔、伍斯特(Worcester)。

(3) 皮诺塔吉(Pinotage)是斯泰伦布什大学的一位教授将黑皮诺和神索杂交所得。该品种是南非所独有,口味浓烈。

(4) 黑皮诺更适合于凉爽地区,所以该品种在南非种植面积较少。但在相对凉爽的沃克湾(Walker Bay)和伊尔金地区也有不俗的表现。

(5) 设拉子(Shiraz),在欧洲也叫西拉。该品种非常适合开普地区。西拉葡萄酒常带有烟熏和辛辣的味道。

其他红葡萄品种还有主要用于混合酿造的神索,近年来新引进的宝石解百纳(Ruby Cabernet)、品丽珠、歌海娜、慕合怀特、马贝克和小维多。

27.3.2 白葡萄品种

(1) 白诗南是开普敦地区种植最广泛的白葡萄品种,当地称为"Steen"。它能酿造出从干型到甜型风格不等的葡萄酒,经过橡木陈酿后具有一定的陈年潜力。

(2) 霞多丽在凉爽的地区尤其具备酿制出优质品质的潜力,通过运用欧洲的酿酒技术强化了霞多丽在开普地区的个性。

(3) 长相思在南非种植面积比较广泛,从清爽简单的风格到橡木陈酿后复杂而浑厚的风格,均有突出表现。

(4) 赛美蓉曾是开普敦历史上最主要的葡萄品种,口味浓郁。但目前仅占非常小的种植比例。有趋势表明,该品种开始逐渐重获青睐。

(5) 维欧尼在国际上日趋流行,所酿造的酒精致而醇厚。混合了桃、杏子、蜂蜜和香料的味道。它也非常适合与西拉搭配。

其他白葡萄品种还有鸽笼白、琼瑶浆、肯布(Hanepoot)、麝香、诺维拉(Nouvelle)、灰皮诺和雷司令。

27.4 原产地标签制度(Wine of Origin Labelling)

1973年,政府引进葡萄酒原产地标签制度(Wine of Origin Labelling,WO)。它界定了南非葡萄园的范围——划分为官方的大区(regions)、子产区(districts)、村庄(wards)和葡萄园(estates)。明确了每一个葡萄园是归属于哪一组葡萄酒村。而葡萄酒村又组成了特定的葡萄酒子产区,葡萄酒大区则是由其包含的数个子产区所构成。酒标上声明的年份和葡萄品种意味着至少85%的葡萄品种来源于此;若是混合品种的葡萄酒,如赤霞珠与皮诺塔吉(Pinotage),只有在分开酿造的前提下才能在酒标上均标出两种品种名称。否则混合各种葡萄一起酿造的方式是不允许在酒标上标明任何一种品种名称。

自2010年起,南非葡萄酒引进了一种新的标签——可持续性诚信标签。用来证明葡萄酒是诚信(Certified)酿造的,也是以可持续性(Sustainability)方式生产的。"诚信"是品质保证的证明:表明100%的葡萄来自酒瓶上标明的地区,至少85%的葡萄来自酒标上所标注的品种及年份。葡萄酒在南非装瓶。"可持续性"表明葡萄酒符合特定的环境导则——1998年南非率先提出了这个导则,仍在不断完善中。

要符合可持续性标签规定,葡萄酒制造商必须做到:尽量降低化肥用量,在葡萄园中引入天敌;保护物种的生态多元性;净化处理废水;与人为善,保证工人的健康和安全。

27.5 葡萄酒产区

南非葡萄酒产区大部分位于开普敦附近的沿海地区,尤其是西南角。康斯坦莎(Constantia)、德班维尔(Durbanville)斯泰伦布什(Stellenbosch)和帕尔产区是这片区域里的佼佼者。

27.5.1 海岸区

1. 康斯坦莎(Constantia)

康斯坦莎是开普葡萄酒的摇篮,在18世纪和19世纪因酿造著名康斯坦莎甜酒而声名鹊起。虽然19世纪晚期由于战争以及根瘤蚜虫病的侵害一度停止了葡萄酒的生产,好在克连·康士坦莎庄园(Klein Constantia)以及格鲁特康斯坦莎(Groot Constantia)等拥有悠久酿造历史的酒庄重又复兴了这里的葡萄酒产业。

康斯坦莎受到凉爽大西洋和温暖印度洋相交汇的影响,给葡萄园带来了温和的气候与漫长的生长季节。康斯坦莎甜酒由麝香系列的葡萄酿成,小粒麝香(Muscat Blanc a Petit Grains)为主要品种。长相思和赛美蓉也有种植。

2. 德班维尔(Durbanville)

德班维尔葡萄园与康斯坦莎一样,临近开普敦城。葡萄园坐落于波状起伏的斜坡之上。由长相思、霞多丽、梅洛和赤霞珠所酿制的葡萄酒最为著名。厚重的土壤、凉爽的海风、夜间的薄雾,以及海洋带来的小气候,种种因素酝酿出高品质的葡萄酒。

3. 斯泰伦布什(Stellenbosch)

斯泰伦布什是西开普一个重要的葡萄酒产区。这里气候以地中海气候为主,温暖而干燥的生长季节，葡萄园种植在多样化的土壤中——山谷处深黑且排水性好的沉积土以及山坡的风化花岗岩土壤，孕育出了以红葡萄为主的高品质葡萄酒。赤霞珠在此非常出色，此外梅洛、皮诺塔吉和西拉也有不俗表现。白诗南和霞多丽以及长相思是主要的白葡萄品种。

4. **帕尔**(Paarl)

帕尔位于斯泰伦布什的北部，受地中海气候的影响。尽管以峡谷居多的土地需要在干热的收获季节前持续灌溉，但帕尔坐落于东面斜坡上的葡萄园却有着极好保水性，根本不必为天气原因担心种植质量。此处的土壤由沙土、花岗岩和页岩组成。

这里大型酿酒厂所生产的葡萄酒品种繁多，小酒庄以生产西拉、皮诺塔吉、赤霞珠红葡萄酒为主。突出的白葡萄品种则有白诗南和霞多丽。此外，帕尔还因生产波特风格的加烈葡萄酒而闻名。

27.5.2　布瑞得河谷产区(Breede River Valley)

1. **罗贝森**(Robertson)

罗贝森以其富含石灰的土壤成为适合农业种植，包括酿制葡萄酒的绝佳之地。它位于布瑞得河谷——这片干旱之地的生命之源。

罗贝森得益于多样性的风土而生产出不同类型葡萄酒：较低的山坡因适宜的采光和土壤及干燥的环境，是孕育西拉和赤霞珠的理想之地；河岸则更适合长相思的生长，而高海拔的葡萄园则生产出了高品质的霞多丽。

2. **伍斯特**(Worcester)

伍斯特与开普其他区域相比，日夜温差更为显著。多变的气候和土壤孕育了丰富的葡萄品种，如霞多丽、白诗南、长相思、鸽笼白、皮诺塔吉、赤霞珠和肯布。

27.5.3　其他产区

1. **沃克湾**(Walk Bay)

沃克湾是西开普的一个产区，美丽的滨海小镇赫曼努斯(Hermanus)是这个产区的中心。葡萄园受凉爽大西洋气候影响，温度适宜。土壤以风化的页岩和黏土组成。黑皮诺和霞多丽表现出色。长相思和皮诺塔吉以及梅洛在这里也酿造出品质稳定且质优的葡萄酒。

2. **伊尔金**(Elgin)

伊尔金位于斯泰伦布什产区东面，西开普敦的奥弗贝格(Overberg)产区内。这里被认为是南非最凉爽的地区。伊尔金的海拔以及东南风有益于温度的降低。葡萄园位于绵延起伏的高山坡地上，砾石、沙石、黏土和风化页岩一起构成了这里多样化的土壤。适合凉爽气候的勃艮第葡萄品种如黑皮诺、霞多丽在此表现突出，果味浓郁。其他主要的白葡萄品种还有长相思、琼瑶浆和雷司令。漫长的成熟期也使得一些实验性的红葡萄品种，如赤霞珠和西拉得以成功种植。

本章小结

本章讲述了南非葡萄酒的历史、风土、品种、原产地制度和葡萄酒产区。白诗南是南非非常有代表性的葡萄品种，南非的原产地标签制度也值得探讨，对这些知识点可多一些关注。

思考和练习题

1. 白诗南是一款白葡萄品种，酿成的葡萄酒可以陈年吗？

2. 赤霞珠和美乐按 3∶2 的比例混合酿造出的南非葡萄酒，是否可以在酒标上标出赤霞珠和美乐的品种名称？

第28章

澳大利亚(Australia)葡萄酒

◆ 本章学习内容与要求

1. 重点：澳大利亚南澳产区；
2. 必修：澳大利亚葡萄酒的产区；
3. 掌握：澳大利亚的历史和地位。

28.1 概述

澳大利亚是目前世界上最重要的葡萄酒出产国之一，它的产量居全球第六，而出口量则位居全球第四。作为新世界葡萄酒的前沿，这里的酒庄仍在不断努力地探索以期得到更优的品质。

早在1788年，阿瑟·菲利普(Arthur Phillip)船长于悉尼湾靠岸的时候，从好望角带去了澳大利亚的第一株葡萄树。尽管它在那里没有被成功种植，却致使人们开垦出更适宜种植葡萄的土地——靠近现在的猎人谷(Hunter Valley)，澳大利亚葡萄酒产业便从那时开始发展起来。

早期澳大利亚葡萄酒产业所取得的发展主要得益于来自德国和瑞士的移民，他们将葡萄的栽种和酿造技术传授给了当地人，使他们明白了最佳的种植环境是在南部凉爽的地区(特别是南澳的巴罗萨谷 Barossa Valley)。

如今整个澳洲大约有60个葡萄酒产区。南澳(如巴罗萨谷 Barossa Valley、克莱尔谷 Clare Valley、库纳瓦拉 Coonawarra)、西澳、维多利亚(如雅拉谷 Yarra Valley、路斯格兰 Rutherglen)、新南威尔士(如猎人谷 Hunter Valley、马奇 Mudgee、瑞福利纳 Riverina)、塔斯马尼亚和昆士兰，是澳大利亚目前主要的葡萄酒产区。主要种植的葡萄品种为西拉、赤霞珠、霞多丽、梅洛、赛美蓉、黑皮诺、雷司令和长相思。

28.2 葡萄品种

澳大利亚的葡萄品种在不同产区的微气候和风土条件下各具特色，巴罗萨谷的西拉，因气候相对炎热而更具表现力；而相对寒冷的雅拉谷则非常适合黑皮诺的生长；来自于伊顿谷(Eden Valley)和克莱尔谷以果香味为主导的雷司令表现出色；而阿德莱得山区(Adelaide Hills)和猎人谷的霞多丽无论是否经过橡木陈酿都受人欢迎；猎人谷的赛美蓉，从清爽干型到复杂厚重的加烈型再到甜型的风格都很突出。

28.3 分级制度

澳大利亚原产地体系称为“Geographical Indications,GI”。其目的在于界定葡萄酒的原产地以及保护原产地名称。来自于法定原产地的葡萄酒,则必须遵守85%的原则,即酒标上的年份、品种名称或者产区都必须保证至少有85%的葡萄来自于这些名称。

原产地体系包括以下分级。

(1) 州(State):葡萄酒可来自于一个州境内的任何地方。

(2) 大区间(Zone):在一个州的范围内,葡萄酒来自于一个以上的产区。

(3) 产区(Region):葡萄年产量超过500吨,超过5个种植面积大于5公顷的独立葡萄园。种植区域独立,葡萄种植特色明显。如大南部大区(Great Southern)。

(4) 子产区(Sub-region):是产区内的一个更小的产区,其葡萄酒种植特色更为明显。

28.4 葡萄酒产区

28.4.1 南澳(Southern Australian)

澳大利亚几乎一半的葡萄酒都来自于南澳产区,但这里并没有因为产量大而对质量有所忽略。多变的气候和地形赋予了多样化的葡萄酒风格:从凉爽气候下的克莱尔谷雷司令到阳光普照的巴罗萨丰满厚重的西拉;从高品质精良酿制的红酒到简单清爽的干白再到日常饮用的餐酒,种类繁多。

南澳最具有代表性的葡萄品种是西拉,这一来自北罗纳河谷的品种在此找到了最佳的归宿,生产出世界上备受赞誉的葡萄酒。例如澳大利亚著名的奔富葛兰许(Penfolds Grange)正是表达出对这一品种的顶礼膜拜。其他较典型的还有来自石灰岩海岸(Limestone Coast)的库纳瓦拉(Coonawarra)和帕史维(Padthaway)产区的赤霞珠、迈拉仑维尔(McLaren Vale)和兰好乐溪(Langhorne Creek)的歌海娜及其他类似南罗纳河谷的混酿酒、克莱尔和伊顿谷的雷司令和霞多丽。

28.4.2 新南威尔士(New South Wales)

新南威尔士是澳大利亚第二大葡萄酒产地,位于悉尼北部的猎人谷是这里最负盛名也是最古老的产酒区,干型的赛美蓉带来丰满圆润以及霞多丽般的核果香气,成为这里的经典之作。

这里有着复杂的微气候,猎人谷非常温暖、湿度高,在生长和收获的季节降雨量多。而马奇(Mudgee)、考兰(Cowra)等地则因为干燥而需要对葡萄树进行灌溉。

这里的葡萄酒风味也多种多样。除了猎人谷出产的世界一流的赛美蓉,霞多丽也非常流行。红葡萄酒则以强劲的西拉和赤霞珠为主。

28.4.3 维多利亚(Victoria)

维多利亚产区位于新南威尔士的南部,这里是继南澳、新南威尔士之后的第三大葡萄酒产地。

维多利亚的葡萄酒种植历史可追溯至 19 世纪中期——在凉爽的雅拉谷种下了当地的第一株葡萄树。

世界级品质的起泡酒多出产于南部凉爽的地区，莫宁顿半岛(Mornington Peninsula)和雅拉谷(Yarra Valley)因临近海岸，气候较寒冷，一些喜寒性的品种如黑皮诺和雷司令有着突出的表现。而北穆雷河(Murray River)以东的路斯格兰(Rutherglen)地区则以厚重酒体的马德拉型的加烈酒例如麝香利口酒(Liqueur Muscat)而闻名，这种酒的原料经过干燥而漫长的秋季，糖分浓缩而带有非常甘甜的果香。

28.4.4　西澳(Western Australia)

西澳是澳大利亚面积最大的州，占据整个大陆西部三分之一的土地。不过，葡萄产区却几乎完全集中在州的西南部。这些地区包括靠近州府珀斯(Perth)的天鹅(Swan)地区，以及在更南面的皮尔(Peel)、吉奥格拉非(Geographe)、黑林谷(Blackwood Valley)、潘伯顿(Pemberton)、满吉姆(Manjimup)、大南部地区(Great Southern)和玛格利特河(Margaret River)。

玛格丽特河是这里最著名葡萄酒产区，位于凉爽的西南角。由于西南角的气候更加接近波尔多，因此这里的葡萄品种也偏向于此。风格上相对于新南威尔士和南澳来说更加接近于欧洲风格。玛格丽特河以其纤巧而平衡的赤霞珠和波尔多的混酿类型与东面地区强劲而果味浓郁的葡萄酒形成了鲜明的对比。这个地区以出产清爽活泼的长相思、卓越品质的赤霞珠和充满野性的仙粉黛而闻名。

28.4.5　塔斯马尼亚(Tasmania)

这里是澳洲最寒冷的地区，位于最南端的岛屿。岛内层峦叠嶂，大多数的塔斯马尼亚葡萄园种植于东面和北面较低的山坡与山谷中，享受着温和的海洋性气候。

这里主要的葡萄品种是黑皮诺和霞多丽，由它们酿造出的起泡酒尤为突出。长相思、雷司令，以及灰皮诺的产量也在逐年增长。红葡萄品种相比之下在这里显得默默无闻。

本章小结

本章讲述了澳大利亚葡萄酒的历史、葡萄品种、分级制度和产区。重点了解澳大利亚的主要产酒区及各自特点。

思考和练习题

1. 列举具代表性的产区及其葡萄酒。
2. 简述南澳葡萄酒产区及其特点。

新西兰(New Zealand)葡萄酒

◆ 本章学习内容与要求

1. 重点：新西兰葡萄酒的典型葡萄品种；
2. 必修：新西兰葡萄酒的产区和特点；
3. 掌握：新西兰葡萄酒的历史。

新西兰位于南半球，纬度为36～45度，这里是世界最南部的葡萄酒产区。北岛和南岛由十余个葡萄酒产区组成，总种植面积超过1 500公顷。自北向南，主要的葡萄酒产区有北岛(Northland)、奥克兰(Auckland)、丰盛湾(Bay of Plenty)、吉斯本(Gisborne)、霍克湾(Hawke's Bay)、惠灵顿(Wellington)、尼尔森(Nelson)、马尔堡(Marlborough)、坎特伯雷(Canterbury)、怀帕拉(Waipara)和 中奥塔哥(Central Otago)。每一个区域都有其独特的气候条件，从而生产出多样化的品种和差异化的风格，从年轻酒体、清爽果香的，到来自温暖地区厚重且个性突出的红葡萄酒。

29.1 历史

1819年英国传教士马斯登(Marsden)带来了新西兰的第一棵葡萄树，他在北岛上开垦了一片葡萄园，种植了大约100株葡萄树，但历史上却没有记载与之相关的生产酿造技术。

十几年后，酿酒大师巴斯比(Busby)于1833年在北岛威坦基(Waitangi)的葡萄园中酿制出了新西兰的第一瓶葡萄酒。而新西兰现存最古老的葡萄园于1851年法国天主教徒的传教士在霍克湾建立。

由于受到农产品出口产业以及戒酒令的颁布，再加上当时英国移民以饮用啤酒和烈酒为主的文化方面的影响，新西兰的葡萄酒产业一直处于不温不火的状态。

20世纪60年代末至70年代初，有三个方面的原因阻碍了新西兰葡萄酒产业的发展，同一时期且还遭受了微小但却有历史意义的变故。

1973年，英国加入了欧洲经济共同体(1993年欧共体更名为欧盟)，被要求取消新西兰以往的肉类和奶制品的贸易条件，这一举措最终戏剧性地重组了新西兰的农业经济：在抛开传统农产品之外另辟蹊径，新西兰的农产者探索着各类具有更高经济回报的产业。他们发现葡萄树的种植最需要的是低湿度且贫瘠的土壤环境，于是之前荒废的牧场便开始用来种植葡萄。而20世纪60年代末，新西兰打破了酒吧只能营业至下午六点的规矩，并且餐厅允许客人自带酒水。这些种种举措对于新西兰的葡萄酒发展起了显著且意想不到的影响。随着20世纪70年代初去欧洲工作与生活的新西兰人越来越多，由他们带回来了许多海外的经验提高了新西兰葡萄酒产业的整体品质。政府的补贴和本国消费的增长也使得葡萄酒产量大增，成为继奶制品和羊毛制品之后的另一个著名的农产品。

如今，新西兰的葡萄酒产业如日中天。1990年新西兰的出口量仅占总产量的9%，而在2002年时则攀升至66%。新西兰的葡萄酒被销往全球，与他们的邻居澳大利亚相比较，可谓后来居上且旗鼓相当。尽管北岛是新西兰葡萄酒的发源地，然而现今的葡萄酒产业多集中于新西兰的南部地区。葡萄品种主要以长相思、霞多丽和黑皮诺为主，尤其以马尔堡(Marlborough)产区带来的青草气息与强烈葡萄柚香气的长相思最为著名。

从亚热带的北岛到世界上最南部的葡萄酒产区中奥塔哥(Central Otago)，新西兰葡萄酒产区全长1 600公里。葡萄园受益于海洋性气候的调节作用，晚上凉爽的海风冷却了白天长时间日照下的温度。

新西兰葡萄酒有着纯净、活力和强劲的显著个性。凉爽气候使得葡萄成熟期较长，有利于产生香气同时保留葡萄新鲜的酸度。这种平衡是新西兰葡萄酒最引人入胜的地方。

29.2　葡萄品种

新西兰的红葡萄酒主要为混合品种酿造(赤霞珠、梅洛、品丽珠、小维多和马贝克)或者黑皮诺品种的单一酿造。近年来，在霍克湾，已经出现了一些由西拉(Syrah)、添帕尼诺、蒙特普齐亚诺(Montepulciano)和圣乔维塞(Sangiovese)等品种酿制的单一或者混合型红葡萄酒。波尔多类型的混合红葡萄酒大多来自于新西兰相对干燥和炎热的地区，其中大约有86%的葡萄酒集中于霍克湾产区。

通常新西兰的红葡萄酒倾向于早熟、果香味为主以及较少的使用橡木。地区性的特征并不是非常明显。而年份、葡萄园，以及葡萄酒生产商的理念往往决定着一款葡萄酒的个性色彩。但是仍旧有一些地域上的基本特征还是值得一提：中奥塔哥(Central Otago)的黑皮诺带有典型的泥土、矿物和野生百里香的气息；霍克湾的波尔多型混酿相较新西兰其他产区的红酒酒体更加厚重；马尔堡的黑皮诺则成熟度和果香味更加突出。

新西兰的白葡萄品种以霞多丽和长相思为主。典型的霞多丽越往北方种植得越多，然而在新西兰则是在中奥塔哥种植生产。至今为止，生产霞多丽的各产区之间并无明显的区别，酿酒师以及当年葡萄的产量才更有可能去影响一些差异化的因素如选择苹果乳酸发酵或者使用橡木陈酿。

新西兰的长相思被形容为“有着新剪过的草坪和新鲜水果的鲜活气息”，而另一种并非是贬义的评论则是“混合着猫尿的醋栗灌木丛的味道”。

此外白葡萄品种通常还有雷司令、琼瑶浆和灰皮诺，还有一些不太常见的白诗南、白皮诺、穆勒塔戈(Müller-Thurgau)和维欧尼。

雷司令主要种植于马丁堡以及南部地区，琼瑶浆有着极为强烈的芳香，通常会有玫瑰、荔枝、肉桂和生姜的香气。北岛的风格更加趋向宽厚和层次感，南岛区域则更加富有结构感和明显的香气。如今灰皮诺的种植面在增加，特别是在马丁堡和南岛。白诗南曾经地位比较重要，但因为着在新西兰产量的不稳定性而日渐衰落。

新西兰还生产以传统方法酿造且品质优异的起泡葡萄酒。因其复杂与平衡的特性而受到世界的赞誉。它体现了高品质起泡酒所具备的特征——坚果和饼干的香味与新鲜酸度和果味的平衡。将经典的酿造香槟的葡萄品种通过传统的酿造方法酿制而成的新西兰起泡酒相对于昂贵的香槟而言，性价比突出。马尔堡产区的起泡酒产量最高，凉爽气候带来了优雅与活泼的酸度。霍克湾和吉斯本则生产酒体更重、口味更丰满的起泡酒。而来自北岛和南岛混合而成的起泡酒则往往是想提炼出各自最佳的特性、圆润感与结构感。

29.3 葡萄酒产区

29.3.1 北岛区

1. 北岛(Northland)

新西兰的第一株葡萄树就是由马斯登传教士种植在这片岛上的，18 世纪末，随着克罗地亚的采胶工人来到了北岛，欧洲传统的葡萄酒酿造技术也随之而来。这里是新西兰葡萄酒产业的发源地，当今许多成功的葡萄酒商多可追溯于此。

北岛临海，亚热带的气候温暖潮湿，日照充足。这里是新西兰全年平均温度最高的地区，最大限度地满足葡萄成熟所需的热度。土壤主要为富含沙土和有机物质的黏土。

白葡萄酒以热带地区特征的霞多丽、受欢迎的灰皮诺和充满生气的维欧尼为主，红葡萄酒包括辛辣的西拉、现代风格的赤霞珠与梅洛的混合、胡椒味的皮诺塔吉(Pinotages)和复杂的沙保仙(Chambourcin)。

2. 奥克兰(Auckland)

来自奥克兰西北部的亨德森(Henderson)、库姆(Kumeu)和华派(Huapai)有着悠久的葡萄酒酿造历史，以一大批世界知名的精品葡萄酒厂而自豪。霞多丽、梅洛和赤霞珠和灰皮诺有着突出的表现。

近来，奥克兰地区的葡萄园已经越过西北部向怀赫科岛(Waiheke Island)、马塔卡纳(Matakana)和克利文顿(Clevedon)延伸。

怀赫科岛在豪拉基海湾，于 20 世纪 80 年代早期兴建的葡萄园以出产高品质的赤霞珠、梅洛和品丽珠红葡萄酒为主。后来西拉、霞多丽和其他的品种开始种植在夏季温暖干燥的怀赫科岛，表现出色。

马塔卡纳在距离奥克兰北部车程 1 小时的东海岸，这里也出产一些上等的葡萄酒，包括霞多丽和灰皮诺以及一些梅洛、赤霞珠和西拉红葡萄酒。

克利文顿是奥克兰地区近来高品质的葡萄酒产区，小片的葡萄园种植在起伏的农田里。这里种植各类的葡萄品种包括梅洛、赤霞珠、西拉和霞多丽，此外还有许多令人意想不到的品种诸如内比欧罗、圣乔维塞和蒙特普齐亚诺。

奥克兰的气候温暖，有相对较多的降雨，很少出现霜冻的机会。葡萄园种植在火山岩黏土、硬砂岩或混合的冲击土中。

3. 怀卡托(Waikato)和丰盛湾(Bay of Plenty)

位于奥克兰南部的怀卡托和丰盛湾，尽管产量不大但稳定增长的葡萄园零星分布在起伏的坡地中。其所生产的葡萄酒以霞多丽为主，其次是赤霞珠以及长相思。这里气候温和，

土壤为富含有机物质的沙土和黏土。

4. 吉斯本(Gisborne)

吉斯本坐落在北部海岛的东海岸,在新西兰是气候最好的地方之一。

泰拉维蒂是吉斯本的毛利语名字,意思是阳光透过水面照射之上的海岸。这里是世界上每一天迎来第一缕阳光的地方。

除了酿造出让人惊叹的霞多丽以外,吉斯本还出产琼瑶浆、维欧尼、灰皮诺、梅洛和其他种类的红葡萄酒。

吉斯本葡萄酒以其显著而强烈的水果风味和简单易饮的风格享誉全球,这些酒既能在其年轻状态而被饮用,也能具有陈年的潜质。

5. 霍克湾(Hawke's Bay)

霍克湾是新西兰最古老也是红葡萄酒产量最大的产区,红葡萄酒和白葡萄酒的比例大约各占 50%。红葡萄品种以梅洛、赤霞珠和西拉为主。白葡萄品种则以霞多丽为主。

霍克湾是新西兰最炎热和日照最强烈的地区之一。海洋性的气候、略微贫瘠且排水性很好的土壤、干燥炎热的西北风、低降雨量、漫长的生长季节等诸多因素为葡萄品种的多样性提供理想的环境。这里有超过 25 种类型的土壤组成了霍克湾近 5 000 公顷的葡萄园。

霍克湾的红葡萄酒独特且优雅,结合了新世界的果味与旧世界的结构。在历史性、稳定性、多样性和变革的推动下,霍克湾得以巩固其跻身世界品质葡萄酒行列的声誉。

6. 怀拉拉帕(Wairarapa)

怀拉拉帕位于新西兰北岛的右下角区域。葡萄园被分为 3 个主要的子产区:北面的马斯特顿(Masterton)、中间的格莱斯顿(Gladstone)和南面著名的马丁堡(Martinborough)产区。由于气候上与马尔堡(Marlborough)接近,因此长相思在这里也有出色的表现。

马丁堡位于怀拉拉帕南部,距离首都惠灵顿约一个半小时的车程。地形、地质、气候和人为努力的诸多因素使得马丁堡这个面积狭小的产区名扬千里,以其高品质葡萄酒闻名全球。黑皮诺是怀拉拉帕种植最多的葡萄品种,其中马丁堡的黑皮诺以其丰满厚重,富有樱桃的香气而尤为突出。

29.3.2　南岛区

1. 尼尔森(Nelson)

尼尔森是南岛最北部的产区,位于新西兰著名的产区马尔堡的西面。这里有独特的生长地形,西面山区形成了天然的屏障阻挡了雨水,而北面的塔斯曼海湾则调节着气温。在葡萄成长期里充足的日照也使葡萄达到充分体现其风味的成熟度。这里的土壤以黏土为主,凉爽气候的葡萄品种如黑皮诺、霞多丽、雷司令和长相思表现出色。来自低洼地段的葡萄园多以清淡和具香味类型的葡萄酒为主;来自山区的则酒体更重,带有明显的矿物质风味。

2. 马尔堡(Marlborough)

马尔堡是新西兰最大的葡萄酒产区,同时也是日照时间最长的地区。白天强烈的日照与凉爽的夜晚形成了漫长的成熟期,使得葡萄的果香得到很好的发展。长相思成为新西兰最重要的一个葡萄品种，有着活泼、辛辣和稳定的品质。

因其独特的风土条件，许多的葡萄品种如霞多丽、灰皮诺也长势喜人。雷司令在适宜的气候条件下，也能酿造出甜型葡萄酒。马尔堡的黑皮诺相较中奥塔哥和马丁堡产区而言，酒体略为清淡。

这里也是生产新西兰起泡葡萄酒的一个重要产区：由黑皮诺和霞多丽通过传统方法酿制而成。

3. 坎特伯雷(Canterbury)

坎特伯雷是新西兰第四大产区，位于南岛中部东面海岸，20 世纪 70 年代开始葡萄树的种植。这里包含两个主要的葡萄酒产区：在基督城(Christchurch)周围的平原以及近来开发的怀帕拉山谷(Waipara Valley)。

南部区域的土壤主要为覆盖在碎石之上冲积形成的粉砂壤土，怀帕拉山谷则以富含石灰岩的白垩质壤土为主。

坎特伯雷产区为海洋性气候，日夜温差大。怀帕拉受到来自山区的屏障气温明显偏高。总体而言，这里有干旱而漫长的夏季，充足的阳光和相对凉爽的生长环境。

霞多丽和黑皮诺是种植面最广泛的品种，占了整个葡萄园近 60%的面积。雷司令名列第三，长相思紧随其后位居第四。

怀帕拉山谷(Waipara Valley)距离基督城仅仅 40 分钟车程。这里是新西兰葡萄园增长最快的地区。这里主要有三种地形：山谷、河流阶地与山坡。种植在山坡地区的葡萄园，因其向阳且缓和的坡度使得葡萄酒更具魅力。丰富浓郁的黑皮诺和雷司令是怀帕拉的经典之作；灰皮诺、霞多丽和长相思也有不俗的表现。

4. 怀塔基山谷(Waitaki Valley)

怀塔基山谷是新西兰最新的产区，邻近奥塔哥和坎特伯雷。2001 年才初次开垦葡萄园。该产区有凉爽的气候，夏季温和且漫长，秋季干燥。土壤由石灰岩、硬砂岩和片岩组成，由此孕育出的葡萄酒有明显的矿物气息和复杂的果香，回味悠长且芳香。显著的品种有黑皮诺、灰皮诺、雷司令、琼瑶浆和非常稀少的阿内斯(Arneis)。

5. 中奥塔哥(Central Otago)

中奥塔哥是新西兰最高也是世界上最南部的葡萄酒产区。这里山峰层叠，湖泊交织，景色蔚为壮观。内陆的山区有着半大陆性气候：冬天寒冷，夏天酷热，昼夜温差大且降雨量少。冰川衍生的土壤蕴含丰富的云母和片岩，非常适合黑皮诺的生长(80%的种植面)，能体现出其优雅细腻的特质。同样，雷司令、灰皮诺和霞多丽也让这里的白葡萄酒拥有不俗的表现。

中奥塔哥的独特风土给这里的葡萄酒带来了纯净、凝聚与活力的个性。

本章小结

本章讲述了新西兰葡萄酒的历史、葡萄品种、产区。重点了解作为新世界葡萄酒的一员，新西兰典型的葡萄品种和产区。

思考和练习题

1. 简述新西兰长相思的特点及其主要产区。
2. 列举若干个你认为重要的新西兰产区并阐述观点。

本书相关的葡萄酒资料

30.1 与本书相关的人物或组织

1. 狄俄尼索斯(Dionysos)

古希腊神话中的酒神，不仅握有葡萄酒醉人的力量，还以布施欢乐与慈爱在当时成为极有感召力的神，他推动了古代社会的文明并确立了法则，维护着世界的和平。此外，他还护佑着希腊的农业与戏剧文化。

在奥林匹亚圣山的传说中，狄俄尼索斯是宙斯与塞墨勒之子。塞墨勒是忒拜公主，宙斯爱上了她，与她幽会，天后赫拉得知后十分嫉妒，变成公主的保姆，怂恿公主向宙斯提出要求，要看宙斯真身，以验证宙斯对她的爱情。宙斯拗不过公主的请求，现出原形——雷神的样子，结果塞墨勒在雷火中被烧死，宙斯抢救出不足月的婴儿狄俄尼索斯，将他缝在自己的大腿中，直到足月才将他取出，因他从宙斯的大腿里第二次出生，所以他的名字在古希腊语也是“出生两次的人”的意思。

狄俄尼索斯成年后赫拉仍不肯放过他，使他疯癫，到处流浪。在大地上流浪的过程中，他教会农民酿酒，因此成为酒神，也是古希腊农民最喜欢的神明之一，每年以酒神祭祀来纪念他。

2. 巴克斯(Bacchus)

狄俄尼索斯在被接纳入罗马神话时就被称为巴克斯。巴克斯为罗马人的植物之神，葡萄种植业和酿酒的保护神。

罗马对巴克斯的崇拜源于意大利南部，后来传播到罗马。每年都有为庆祝饮酒的酒神节。许多著名画家如安尼巴莱·卡拉齐、米开朗基罗和提香等画过以巴克科斯为主题的画，其中尤其以米开朗基罗雕塑的醉酒神最为奇异。

3. 西多会(Cistercians)

10 世纪时，法国克吕尼修院首先发起了“重修本笃会”的改革运动，11 世纪初西多会产生。到了 15、16 世纪，欧洲最好的葡萄酒被认为就出产在西多会，16 世纪挂毯描绘了葡萄酒酿制的过程，而勃艮第地区出产的红葡萄酒，则被认为是最上等的佳酿。

早在遥远的公元前 3 世纪，罗马的酿酒业者就开始在勃艮第的土地劳作了。因过度地剪枝，他们生产出浓郁强劲非得要加水稀释才能喝的葡萄酒。罗马人非常热衷于享用这种葡萄酒加水的饮用方式，这在许多其他国家看来是不可思议的。幸运的是，当罗马帝国灭亡

后，教会接管下了葡萄园。西多会甚至拥有比勃艮第公爵还要多的土地。他们极力阻止向葡萄酒中加水的行为，因为他们把葡萄酒看做是“基督的血液”，而你怎么会想要去稀释上帝的鲜血呢？

西多会的僧侣最大的贡献也许就在于他们的珍贵历史笔录了。每一个修道院都分门别类地保存各类详尽的葡萄栽培和酿造过程。尽管他们中的许多关于法规性的书籍被毁于大革命时期，但已足以教导后人如何酿造出伟大的勃艮第葡萄酒。

4. 张弼士(1841—1916 年)

广东省大埔县人。他从一个放牛娃到南洋首富。他创建的张裕葡萄酒，是中国人书写的传奇故事：在 1915 年巴拿马太平洋万国商品博览会上，张裕酒一举夺得四项金奖。

虽然文字可考的中国葡萄种植史可上溯到西汉时期，但中国葡萄酒的标准化和现代化酿造，却是以 1892 年“南洋首富”张弼士创办张裕酿酒公司为开端，其技术标志是建造地下酒窖、进行橡木桶陈酿、使用玻璃瓶和软木塞包装、粘贴纸质酒标。

5. 克雷尔姆·迪克比(Kenelm Digby)(1603—1665 年)

让人意想不到的是，我们所熟悉的葡萄酒瓶并不是由欧洲主要的葡萄酒生产国所发明，而是由克雷尔姆这位多才多艺的英国外交家、哲学家所创造。他被认为是现代葡萄酒瓶之父。在 17 世纪 30 年代(1632 年或 1634 年)，他通过混合不同沙质，运用新的工艺生产出了一种高腰、锥颈、平底的瓶形。比其他玻璃瓶更强固、更稳定、且由于其半透明的棕褐色，可以更好地保护葡萄酒免受紫外线侵袭而加速老化。

6. 唐·培里侬(Dom Perignon)(1638—1715 年)

他是位于欧维莱尔(Hautvillers)本笃会(天主教的一个隐修会)修道院的一位修士，并担任该修道院的酒窖管理人。他是最早通过调配不同种类的葡萄来改善葡萄酒品质的人；1670 年，他最先使用了软木塞，以保持葡萄酒的新鲜，同时也采用了更加厚的玻璃酒瓶，以面对当时酒瓶很容易爆炸的问题。正是他改善了香槟的品质，是香槟发展历史上一个翻天覆地的革命，历史上遂有人称他为“香槟之父”。

7. 塞缪尔·亨谢尔(Samuel Henshall)(1765—1807 年)

1795 年的 8 月 24 日，英国牧师塞缪尔成为世界上首个获得开瓶器专利的人。他在螺旋轴和手柄之间加装了一个圆形的横片，后人称其为“亨谢尔扣”(Henshall Button)。圆片阻止了螺旋轴太过于深入酒塞中，迫使酒塞随着横片的扭转而旋转，以此解除酒塞与瓶口之间的黏滞物。此外圆片的下端被设计为略有弧度，以更好地对酒塞施压而不会使它在拖拽出来的时候分崩离析。

8. 鲁道夫·斯坦纳(Rudolf Steiner)(1861—1925 年)

1924 年奥地利哲学家兼教育家在今天的波兰对于发展他所提出的“自然动力种植法”进行了 8 次系列演讲。这次演讲是针对农民所提出来的土质退化以及农作物和家畜受化学肥料使用导致健康受损的问题而开展的。所谓自然动力种植是将植物的生长与大自然甚至宇宙的运行相结合，不做人为干扰的种植技术。时至今日有超过 50 个国家通过运用此项技术来改善种植区的生态，最早的是德国、意大利和印度。

9. 埃丽诺(Aliénor)与亨利(Henri Plantagent)

1152 年，包括波尔多在内的法国西南部地区阿基坦(Aquitaine)的女公爵埃丽诺(Aliénor)

与亨利(Henri Plantagent)结婚,亨利成为后来的英国国王。波尔多的葡萄酒经销商自此享有在英国免税的特权,大批波尔多红葡萄酒出口到英国,备受英国人喜爱,从生产到销售垄断了整个英国市场。在此后的3个世纪中,阿基坦作为英国的一个省份始终保持着繁荣昌盛的景象。

10. 拿破仑三世(Napoléon Ⅲ)

在世界博览会上提议设立著名的1855年分级制度,也是基于对葡萄酒质量的愈加关注。

11. 克莱蒙五世(Clement Ⅴ)与让二十二世(Jean ⅩⅫ)

公元1308年,为屈从法国国王不得不从罗马迁到法国阿维尼翁的教皇克莱蒙五世(Clement Ⅴ),在不断地斗争和失败后,终日在新堡村以种植葡萄、酿造葡萄酒度过余生。他下一任的教皇让二十二世(Jean ⅩⅫ),索性在新堡村修建了一座避暑城堡。正是他第一次为这个村庄所出产的葡萄酒命名为"教皇新堡"(Châteauneuf-du-Pape)。

12. 卡尔·威克(Karl Wienke)

1882年由德国人卡尔·威克获得了侍酒师刀的专利。

13. 罗伯特·帕克(Robert Parker,1947年至今)

身为美国酒评家兼出版商的罗伯特·帕克,是全球最有影响力的酒评家之一,他设定了100分制的评分系统(简称RP评分)。在他之前,酒评家用文字叙述来描述酒,用比喻和形容词来描述颜色香味和口感,有的人再用几颗星来定等级。这些帕克也都做,但他再给每一种酒打一个分数,满分100分。这是一种最直接且一目了然的评分方式,是学校里大家最熟悉的方法。90分显然比80分高,所以90分的酒显然比80分的酒好,对于卖酒的和买酒的来说,再也没有比这更方便的参考标准了。

1975年,帕克开始了他的《葡萄酒指南》一书的撰写工作。1978年,他以直邮信的方式发表了《巴尔的摩华盛顿葡萄酒倡导家》(*The Baltimore-Washington Wine Advocate*,后于1979年更名为*Wine Advocate*)。第一期是免费邮寄给一些帕克平时会从他们那里采购葡萄酒的零售商。很快,他同年出版的第二期,收到了近600多份订阅者的付费请求。

真正让他扬名天下以及奠定自己地位的还是1982年的波尔多。当这一年的波尔多葡萄酒还在橡木桶里尚未装瓶时,帕克赌下他一生的信誉,宣称这是本世纪最好的年份之一。这与当时的主流判断存有不少差异。1982年波尔多上市之后确定成熟极慢,潜力无穷,毫无疑问可列本世纪最佳年份之一,现在该酒已是天价了。1982年的波尔多葡萄酒从此奠定了帕克的声望,他的追随者日增,影响力愈来愈大。

帕克对全球葡萄酒购买力形成影响,甚至成为新近波尔多葡萄酒价格制定的重要参考因素。酒商对他又爱又恨。纽约一个酒商半开玩笑半认真地说,帕克给不到90分的酒他卖不掉,帕克给超过90分的酒他拿不到。帕克的影响力其实是国际葡萄酒界的一大隐忧。每个人都有自己的口味,帕克当然也有。他的影响力使得有些酒厂试图迎合他的口味,以便在他的书中得到高分。如果这个趋势得到鼓励,不同地区的特色将会逐渐消失,这将是所有葡萄酒爱好者的损失。

14. 米歇尔·罗兰(Michel Rollands)

米歇尔·罗兰1947年出生于法国利布尔讷(Libourne),作为一名酿酒师,他在世界范围内享有盛名:全球超过 12 个国家的一百多位酒庄都争相邀请他做酿酒顾问。他提倡在葡萄种植技术和酿酒技术中使用先进的科技和方法,来提升红酒的品质。他还在自己的波美侯(Pomerol)产区推行一套独特的葡萄酒酿造技术,特点在于改进单串葡萄的产量和橡木陈年的技术,所以酿出的酒风格很特别。

罗兰的品酒能力一流,有极强的洞察力,有想法和技术,一旦实施就能创造出完美杰作。他最擅长酿酒葡萄的调配和混合,他提供的葡萄品种混合建议,往往能大幅提高葡萄酒的品质。他主张每款酒都应该有独特个性和地区特点,他说:"我拥有的是别人没有的经验和想法,一个酿酒顾问不可能什么都了解,我只是提供给当地酿酒师我的想法和建议,而酿酒师的个性十分重要,它是酒的基础,所以,我所做的只是跟他们交换想法而已。"

罗兰的名字写在酒标上,就是畅销的同义词,他所酿出来的酒总是市场中销路最好的。每一款经过他指点的酒都能即刻成为明星,顿时身价倍增。

15. 菲利普·凯瑸(Philippe Cambie)

菲利普·凯瑸是世界著名酿酒师,其所酿的酒 16 次被罗伯特·帕克评为满分 100 分。曾经为法国国家级橄榄球主力;在法国最权威的 *LA REVUE DU VIN DE FRANCE*《法国葡萄酒》杂志评选出法国葡萄酒历史上最重要的 100 大名人中排名第 79 位;被誉为"教皇新堡"的"新教皇"。

他的酿酒方式与众不同,是将工作与哲学紧密相连,真正用心与葡萄进行充分沟通与交流。聆听它们的愿望,努力寻找土壤的特点(很多情况下人们无法 100%挖掘它的潜力),以最合适的方式去尊重和挖掘土壤和葡萄的特性,根据这些特性的变化而改变自己的酿酒模式。在他的观念中,好的葡萄酒就应该体现出它的个性,而个性的展现则需要酿酒师对葡萄进行真诚地倾听与交流。

菲利普·凯瑸(Philippe Cambie)获得 RP 评分 100 分的部分酒:Le Clos du Caillou 100(2000、2001);Tardieu-Laurent(negociant) 100(1999);Clos Saint Jean 5 个年份 7 种酒 100(2003、2005、2007、2009、2010);Domaine Saint Prefert 100;Domaine de Pegau 100(1998、2000、2003、2007);Clos du Mont Olivet 100。

30.2 罗伯特·帕克(Robert Parker)100 分酒清单

罗伯特·帕克(Robert Parker)100 分酒清单见表 30-1 和表 30-2。

表 30-1 100 分酒庄前 10 名

Chapoutier	罗纳河谷地区(Hermitage)	25 次
Guigal	罗纳河谷地区(Cote Rotie)	24 次
Sine Qua Non	美国加利福尼亚(Central Coast)	12 次
Petrus	波尔多(Pomerol)	9 次
Clos Saint-Jean	罗纳河谷地区(Chateauneuf-du-Pape)	7 次
Chateau La Mission Haut-Brion	波尔多(Pessac-Leognan)	7 次
Verite	美国加利福尼亚(North Coast)	7 次
Abreu Cabernet Sauvignon	美国(Napa Valley)	7 次
Greenock Creek	澳大利亚(Barossa Valley)	6 次
Colgin Cariad	美国(Napa Valley)	6 次

表 30-2　100 分酒清单

Wine Name 酒名	Vintages 年份	次数
Abreu Cabernet Sauvignon Madrona Ranch, Napa Valley	1997, 2001, 2002,2010	7
Abreu Cabernet Sauvignon Thorevilos, Napa Valley	2001, 2002, 2007	
Alban Vineyards Syrah Lorraine Vineyard, Edna Valley	2005, 2006	4
Alban Vineyards Syrah Reva Alban Estate Vineyard, Edna Valley	2005, 2006	
Artadi Vina El Pison, Rioja	2004	1
Benjamin Romeo Contador, Rioja	2004, 2005	2
Bodegas Fernando Remirez de Ganuza Gran Reserva, Rioja	2004	1
Bond Esates Melbury Proprietary Red, Napa Valley	2002	4
Bond Estates St. Eden Oakville Cabernet Sauvignon, Napa Valley	2001, 2002	
Bond Estates Vecina Propietary Red, Napa Valley	2007	
Bruno Giacosa Barolo Riserva Collina Rionda, Barolo	1989	1
Bryant Family Vineyard Cabernet Sauvignon, Napa Valley	1997	1
Cayuse Impulsivo Tempranillo, Walla Walla	2008	1
Chapoutier Ermitage Cuvee de l'Oree, Hermitage	2000, 2009,2010,2011	26
Chapoutier Ermitage Le Meal Blanc, Hermitage	1997,2004,2007	
Chapoutier Ermitage Le Pavillon, Hermitage	1989, 1990, 1991, 2003, 2009, 2010,2011	
Chapoutier Ermitage l'Ermite Blanc, Hermitage	1999, 2000, 2003, 2004, 2006, 2007, 2009,2010	
Chapoutier Ermitage l'Ermite, Hermitage	2001,2003,2010	
Chapoutier La Mordoree, Cote Rotie	1991	
Chateau Ausone, Saint-Emilion	2003, 2005	2
Chateau Beaucastel Hommage a Jacques Perrin, Chateauneuf-du-Pape	1989, 1990, 1998, 2007,2010	6
Chateau Beaucastel Vielles Vignes Blanc, Chateauneuf-du-Pape	2009	
Chateau Beausejour(Duffau-Lagarrosse), Saint-Emilion	1990, 2009	2
Chateau Bellevue Mondotte, Saint-Emilion	2009	1
Chateau Cheval Blanc, Saint-Emilion	1947, 2000	2
Chateau Climens, Saint-Emilion	2001	1
Chateau Clinet, Pomerol	1989, 2009	2
Chateau Cos d'Estournel, Saint-Estephe	2009	1
Chateau de Saint Cosme "Hominis Fides", Gigondas	2007, 2010	2
Chateau Ducru-Beaucaillou, Saint-Julien	2009	1
Chateau d'Yquem, Sauternes	1811, 1847, 2001	3

续表

Wine Name　酒名	Vintages 年份	次数
Chateau Haut-Brion Blanc，Pessac-Leognan	1989	1
Chateau Haut-Brion，Pessac-Leognan	1945，1961，1989，2009	4
Chateau La Clusiere，Saint-Emilion	2000	1
Chateau La Mission Haut-Brion，Pessac-Leognan	1955，1959，1982，1989，2000，2009，2010	7
Chateau Lafite Rothschild，Pauillac	1986，1996，2003，2010	4
Chateau Lafleur，Pomerol	1945，1947，1950，1982，2000	5
Chateau Latour a Pomerol，Pomerol	1947，1961	2
Chateau Latour，Pauillac	1961，1982，2003，2009，2010	5
Chateau Le Pin，Pomerol	1982，2009	2
Chateau L'Eglise-Clinet，Pomerol	1921，1947，2005	3
Chateau Leoville-Las Cases，Saint-Julien	1982	1
Chateau L'Evangile，Pomerol	1961，2009	2
Chateau Margaux，Margaux	1900，1990，2000	3
Chateau Montrose，Saint-Estephe	1990，2009	2
Chateau Mouton-Rothschild，Pauillac	1945，1959，1982，1986	4
Chateau Pape Clement Blanc，Pessac-Leognan	2009	1
Chateau Pavie，Saint-Emilion	2000，2009	2
Petrus，Pomerol	1921，1929，1947，1961，1989，1990，2000，2009，2010	9
Chateau Pichon-Longueville Comtesse de Lalande，Pauillac	1982	1
Chateau Pontet-Canet，Pauillac	2009	1
Chateau Smith Haut Lafitte，Pessac-Leognan	2009	1
Chateau Tirecul-la-Graviere Cuvee Madame，Monbazillac	1995	1
Chris Ringland Shiraz（formerly "Three Rivers"），Barossa Valley	1998，2001，2002，2004	4
Clos Fourtet，Saint-Emilion	2009	1
Clos I Terrasses Clos Erasmus，Priorat	2004，2005	2
Clos Saint-Jean Deus Ex Machina，Chateauneuf-du-Pape	2005，2007，2010	7
Clos Saint-Jean "La Combe des Fous"，Chateauneuf-du-Pape	2007	
Clos Saint-Jean Sanctus Sanctorum，Chateauneuf-du-Pape	2007，2009，2010	
Colgin Cabernet Sauvignon Tychson Hill Vineyard，Napa Valley	2002	6
Colgin Cariad Proprietary Red，Napa Valley	2005，2007	
Colgin IX Proprietary Red，Napa Valley	2002，2006，2007	
Dalla Valle Maya Proprietary Red Wine，Napa Valley	1992，2002	3
Dana Estate Cabernet Sauvignon Lotus Vineyard，Napa Valley	2007	
Delas Freres Hermitage Les Bessards，Hermitage	2009	1

续表

Wine Name 酒名	Vintages 年份	次数
Domaine Claude et Maurice Dugat Griotte Chambertin, Bourgogne	1993	1
Domaine d'Auvenay Mazis-Chambertin, Bourgogne	2010	1
Domaine de la Mordoree "Cuvee de la Reine des Bois", Chateauneuf-du-Pape	2001	1
Domaine de la Romanee-Conti La Tache, Bourgogne	1990	4
Domaine de la Romanee-Conti Montrachet, Bourgogne	1986	
Domaine de la Romanee-Conti Richebourg, Bourgogne	1929	
Domaine de la Romanee-Conti Romanee-Conti, Bourgogne	1985	
Domaine de la Vieille Julienne Reserve, Chateauneuf-du-Pape	2001, 2003, 2005	3
Domaine de Saint-Prefert Collecion Charles Giraud, Chateauneuf-du-Pape	2007	1
Domaine du Pegau Cuvee da Capo, Chateauneuf-du-Pape	1998, 2000	2
Domaine Grand Veneur Vieilles Vignes, Chateauneuf-du-Pape	2010	1
Domaine Leroy Hospices de Beaune "Cuvee Madeleine Collignon", Bourgogne	1985	1
Domaine Leroy Latricieres-Chambertin, Bourgogne	1991	1
Domaine Roger Sabon "Le Secret de Sabon", Chateauneuf-du-Pape	2001	1
Greenock Creek Cabernet Sauvignon Roennfeldt Road, Barossa Valley	1998, 2002	2
Greenock Creek Creek Block Shiraz, Barossa Valley	2001, 2003	6
Greenock Creek Shiraz Roennfeldt Road, Barossa Valley	1995, 1996, 1998, 2002	
Guigal "Ex Voto", Hermitage	2003	
Guigal "La Landonne", Cote Rotie	1985, 1988, 1990, 1998, 1999, 2003, 2005,2009	24
Guigal "La Mouline", Cote Rotie	1976, 1978, 1983, 1985, 1988, 1991, 1999, 2003, 2005,2009,2010	
Guigal "La Turque", Cote Rotie	1985, 1988, 1999, 2003, 2005,2009	
Harlan Estate Proprietary Red Wine, Napa Valley	1994, 1997, 2001, 2002, 2007	4
Henri Bonneau "Reserve des Celestins", Chateauneuf-du-Pape	1990	1
Hermann Donnhoff Riesling Eiswein Oberhauser Brucke, Nahe	2001, 2002, 2004, 2010	
Hundred Acre "Ark Vineyard" Cabernet Sauvignon, Napa Valley	2007	3
Hundred Acre "Kayli Morgan Vineyard" Cabernet Sauvignon, Napa Valley	2002, 2007	

续表

Wine Name　酒名	Vintages 年份	次数
Jean-Louis Chave "Cuvee Cathelin", Hermitage	1990, 2003, 2009	4
Jean-Louis Chave Hermitage, Côtes du Rhône	2003	
Jose Maria da Fonseca Moscatel de Setubal, Portugal	1947	1
Kapcsandy State Lane Vineyard Cabernet Sauvignon-Grand Vin , Napa Valley	2007, 2008	2
Krug Clos du Mesnil Blanc de Blancs, Champagne	1988	1
La Mondotte, Saint-Emilion	2009	1
Larkmead Vineyard Cabernet Sauvignon Solari Reserve, Napa Valley	2002	1
Le Clos du Caillou Reserve, Chateauneuf-du-Pape	2001	1
Leoville-Poyferre, Saint-Julien	2009	1
Lokoya Mount Veeder Cabernet Sauvignon, Napa Valley	2001, 2002	2
Lucien et Andre Brunel Les Cailloux Cuvee Centenaire, Chateauneuf-du-Pape	1990	1
Marcassin Chardonnay Marcassin Vineyard, Sonoma Coast	1996, 1998, 2001, 2002, 2008	4
Mas de Boislauzon "Cuvee du Quet", Chateauneuf-du-Pape	2007, 2010	2
Michel Ogier "Cuvee Belle Helene", Cote Rotie	1999	1
Montevertine Le Pergole Torte Riserva, Tuscany	1990	1
Numanthia Termanthia, Castilla Y Leon	2004	1
Paul Hobbs "Beckstoffer To Kalon" Oakville Cabernet Sauvignon, Napa Valley	2002	1
Paul Jaboulet Aine La Chapelle, Hermitage	1961, 1978, 1990	3
Penfolds Grange, South Australia	1976	1
Pierre Usseglio Cuvee de Mon Aieul, Chateauneuf-du-Pape	2007	1
Pierre Usseglio Reserve des Deux Freres, Chateauneuf-du-Pape	2007	1
Pingus, Castilla Y Leon	2004	1
Quilceda Creek Cabernet Sauvignon, Columbia Valley	2002, 2003, 2005, 2007	4
Quinta do Noval Nacional Port, Portugal	1997	1
Quinta do Noval Vintage Port, Portugal	1997	1
Rene Rostaing Cote Blonde, Cote Rotie	1999	1
Saxum James Berry Vineyard Proprietary Red, Paso Robles	2007	1
Scarecrow Rutherford Cabernet Sauvignon, Napa Valley	2007	1
Schloss Lieser Brauneberger Juffer Sonnenuhr Auslese, Mosel	2007	1
Schrader Cellars Cabernet Sauvignon CCS, Napa Valley	2006, 2007, 2008	3
Schrader Cellars Cabernet Sauvignon Old Sparky, Napa Valley	2002, 2006, 2007, 2008	4

续表

<table>
<tr><th>Wine Name 酒名</th><th>Vintages 年份</th><th>次数</th></tr>
<tr><td>Schrader Cellars Cabernet Sauvignon RBS，Napa Valley</td><td>2002</td><td>1</td></tr>
<tr><td>Screaming Eagle Cabernet Sauvignon，Napa Valley</td><td>1997，2007</td><td>2</td></tr>
<tr><td>Seppeltsfield 104 Oloroso，Barossa Valley</td><td>NV</td><td rowspan="2">4</td></tr>
<tr><td>Seppeltsfield Para Port Vintage Tawny，Barossa</td><td>1908，1909，1910</td></tr>
<tr><td>Shafer Vineyards Cabernet Sauvignon Hillside Select，Napa Valley</td><td>2001，2002</td><td>2</td></tr>
<tr><td>Sine Qua Non “A Shot In The Dark”，California</td><td>2006</td><td rowspan="11">12</td></tr>
<tr><td>Sine Qua Non “Atlantis Fe 203 1A”，California</td><td>2005</td></tr>
<tr><td>Sine Qua Non “In The Crosshairs”，California</td><td>2006</td></tr>
<tr><td>Sine Qua Non “Incognito”，Santa Barbara</td><td>2000</td></tr>
<tr><td>Sine Qua Non “Just For The Love Of It”，California</td><td>2002</td></tr>
<tr><td>Sine Qua Non “Mr K The Straw Man”，California</td><td>2004，2005</td></tr>
<tr><td>Sine Qua Non “Ode To E”，California</td><td>2004</td></tr>
<tr><td>Sine Qua Non “Poker Face”，California</td><td>2004</td></tr>
<tr><td>Sine Qua Non “Suey TBA”，California</td><td>2000</td></tr>
<tr><td>Sine Qua Non “The 17th Nail In My Cranium”，California</td><td>2005</td></tr>
<tr><td>Sine Qua Non “The Inaugural”，California</td><td>2003</td></tr>
<tr><td>Sloan Proprietary Red，Napa Valley</td><td>2002，2007</td><td>2</td></tr>
<tr><td>Taylor Fladgate Vintage Port，Portugal</td><td>1992</td><td>1</td></tr>
<tr><td>Tenuta San Guido Sassicaia，Tuscany</td><td>1985</td><td>1</td></tr>
<tr><td>Torbreck The Laird Shiraz，Barossa Valley</td><td>2005</td><td>1</td></tr>
<tr><td>Trevor Jones Shiraz Liqueur，Barossa Valley</td><td>NV</td><td>1</td></tr>
<tr><td>Tua Rita Redigaffi Vino da Tavola，Italy</td><td>2000</td><td>1</td></tr>
<tr><td>Vega Sicilia Unico，Castilla Y Leon</td><td>1962</td><td>1</td></tr>
<tr><td>Verite La Joie，Sonoma County</td><td>2005，2007</td><td rowspan="3">7</td></tr>
<tr><td>Verite La Muse，Sonoma County</td><td>2001，2007，2008</td></tr>
<tr><td>Verite Le Desir，Sonoma County</td><td>2007，2008</td></tr>
<tr><td>Weinbach Gewurztraminer Furstentum Quintessence de Grains Nobles，Alsace</td><td>2001</td><td>1</td></tr>
<tr><td>Zind-Humbrecht Gewurztraminer Heimbourg Vendange Tardive，Alsace</td><td>1990</td><td rowspan="3">4</td></tr>
<tr><td>Zind-Humbrecht Pinot Gris Clos Jebsal Selection de Grains Nobles，Alsace</td><td>1990</td></tr>
<tr><td>Zind-Humbrecht Pinot Gris Clos Windsbuhl Vendange Tardive，Alsace</td><td>1989，1990</td></tr>
</table>

30.3　葡萄酒产区年份表

30.3.1　波尔多与博若莱产区年份

波尔多与博若莱产区年份见表 30-3。

表 30-3　波尔多与博若莱产区年份表

波　尔　多				博若莱	
年份	红酒	白酒	甜白酒	年份	分数
2010	17	17	17	2010	17
2009	18	18	18	2009	17
2008	15	15	13	2008	15
2007	14	15	17	2007	13
2006	15	15	13	2006	11
2005	18	18	16	2005	17
2004	16	13	14	2004	13
2003	17	13	18	2003	16
2002	14	16	18	2002	10
2001	15	16	19	2001	12
2000	18	17	12	2000	12
1999	14	13	16	1999	12
1998	15	14	16	1998	14
1997	13	13	17	1997	14
1996	17	17	17	1996	15
1995	18	18	18	1995	17
1994	13	15	13	1994	14
1993	12	13	9	1993	12
1992	12	12	10	1992	10
1991	11	11	10	1991	16
1990	19	18	19	1990	16
1989	18	18	19	1989	18
1988	17	17	19	1988	16
1987	12	10	14	1987	11
1986	18	18	18	1986	14
1985	18	15	16	1985	16
1984	11	12	14	1984	11
1983	17	16	17	1983	15
1982	19	17	15	1982	11
1981	15	16	12	1981	14
1980	13	15	16	1980	10

续表

波　尔　多				博若莱	
年份	红酒	白酒	甜白酒	年份	分数
1979	14	15	16	1979	14
1978	16	15	14	1978	14
1977	11	12	8	1977	10
1976	15	16	18	1976	18
1975	17	17	17	1975	10
1974	12	11	11	1974	10
1973	12	10	11	1973	11
1972	9	8	6	1972	10
1971	16	19	17	1971	18
1970	17	16	17	1970	14
1969	8	10	12	1969	15
1968	7	5	6	1968	10
1967	12	13	18	1967	15
1966	17	16	13	1966	12
1965	7	11	8	1965	11
1964	16	14	11	1964	11
1963	8	7	7	1963	11
1962	16	16	16	1962	14
1961	19	17	16	1961	18
1960	8	7	7	1960	10
1959	18	19	19	1959	12
1958	12	12	14	1958	10
1957	11	10	15	1957	10
1956	7	6	6	1956	8
1955	17	18	19	1955	14
1954	8	8	7	1954	11
1953	18	16	17	1953	18
1952	15	14	16	1952	16
1951	9	7	8	1951	13
1950	13	16	17	1950	11
1949	18	17	19	1949	19
1948	16	16	16	1948	14
1947	18	17	19	1947	18
1946	15	11	10	1946	13
1945	19	17	19	1945	19
1944	13	12	12	1944	9
1943	17	14	13	1943	17
1942	11	10	16	1942	14
1941	10	9	9	1941	8
1940	14	13	13	1940	13
1939	12	10	15	1939	12

续表

波尔多				博若莱	
年份	红酒	白酒	甜白酒	年份	分数
1938	12	11	13	1938	15
1937	15	14	19	1937	18
1936	7	7	10	1936	8
1935	8	7	12	1935	14
1934	16	15	17	1934	17
1933	12	11	13	1933	15
1932	5	4	6	1932	13
1931	6	5	7	1931	9
1930	5	4	6	1930	10
1929	19	19	19	1929	19
1928	18	17	17	1928	18
1927	6	5	14	1927	11
1926	15	16	17	1926	17
1925	7	5	12	1925	10
1924	14	14	16	1924	13
1923	12	11	14	1923	17
1922	9	7	13	1922	10
1921	17	15	19	1921	16
1920	17	15	16	1920	13
1919	13	13	15	1919	16
1918	16	15	14	1918	13
1917	13	13	15	1917	10
1916	16	15	16	1916	14
1915	7	6	9	1915	16
1914	12	12	15	1914	14
1913	6	5	8	1913	10
1912	11	11	13	1912	16
1911	13	13	14	1911	19
1910	5	5	5	1910	8
1909	11	10	9	1909	8
1908	14	12	8	1908	13
1907	13	12	12	1907	16
1906	17	17	17	1906	18
1905	14	14	13	1905	10
1904	16	15	17	1904	16
1903	14	12	8	1903	10
1902	6	5	7	1902	10
1901	12	12	16	1901	10
1900	19	16	19	1900	16
1899	17	17	17		

30.3.2 勃艮第、香槟与阿尔萨斯产区年份

勃艮第、香槟与阿尔萨斯产区年份见表 30-4。

表 30-4 勃艮第、香槟与阿尔萨斯产区年份表

勃艮第			香槟		阿尔萨斯	
年份	红酒	白酒	年份	分数	年份	分数
2010	17	15	2010	15	2010	16
2009	17	15	2009	16	2009	15
2008	14	15	2008	15	2008	15
2007	14	16	2007	14	2007	15
2006	14	17	2006	15	2006	13
2005	18	18	2005	15	2005	16
2004	16	16	2004	16	2004	13
2003	17	18	2003	14	2003	13
2002	16	17	2002	17	2002	10
2001	16	17	2001	10	2001	14
2000	14	15	2000	16	2000	12
1999	16	16	1999	15	1999	12
1998	15	15	1998	13	1998	13
1997	14	17	1997	14	1997	15
1996	17	18	1996	19	1996	12
1995	14	16	1995	15	1995	12
1994	14	15	1994	12	1994	12
1993	14	14	1993	13	1993	13
1992	15	15	1992	14	1992	13
1991	14	14	1991	11	1991	13
1990	18	17	1990	19	1990	17
1989	16	17	1989	16	1989	16
1988	16	14	1988	15	1988	17
1987	12	11	1987	11	1987	14
1986	12	15	1986	10	1986	11
1985	17	17	1985	17	1985	19
1984	13	12	1984	10	1984	14
1983	15	16	1983	15	1983	19
1982	14	15	1982	17	1982	14
1981	14	15	1981	13	1981	17
1980	12	13	1980	12	1980	10
1979	15	15	1979	17	1979	15
1978	19	18	1978	16	1978	15
1977	11	12	1977	10	1977	12

续表

勃艮第			香槟		阿尔萨斯	
年份	红酒	白酒	年份	分数	年份	分数
1976	18	16	1976	15	1976	19
1975	7	13	1975	18	1975	16
1974	12	14	1974	10	1974	13
1973	12	15	1973	16	1973	15
1972	11	14	1972	10	1972	8
1971	18	19	1971	16	1971	19
1970	15	15	1970	17	1970	15
1969	19	18	1969	15	1969	15
1968	8	6	1968	10	1968	3
1967	15	16	1967	10	1967	14
1966	18	17	1966	17	1966	12
1965	11	11	1965	10	1965	4
1964	16	17	1964	18	1964	19
1963	11	11	1963	10	1963	4
1962	17	16	1962	18	1962	15
1961	18	16	1961	15	1961	19
1960	13	12	1960	15	1960	12
1959	19	18	1959	17	1959	19
1958	12	11	1958	10	1958	12
1957	14	12	1957	10	1957	14
1956	11	11	1956	10	1956	8
1955	15	15	1955	19	1955	17
1954	14	16	1954	16	1954	10
1953	18	17	1953	17	1953	19
1952	16	18	1952	15	1952	15
1951	13	12	1951	10	1951	7
1950	11	18	1950	16	1950	15
1949	19	17	1949	17	1949	20
1948	14	16	1948	12	1948	15
1947	18	19	1947	18	1947	18
1946	13	16	1946	10	1946	10
1945	19	16	1945	19	1945	19
1944	9	7	1944	10	1944	5
1943	17	16	1943	17	1943	16
1942	14	13	1942	16	1942	14
1941	8	9	1941	10	1941	6
1940	13	12	1940	10	1940	10

续表

勃　良　第			香　　槟		阿尔萨斯	
年份	红酒	白酒	年份	分数	年份	分数
1939	12	13	1939	10	1939	4
1938	15	14	1938	10	1938	8
1937	18	18	1937	18	1937	17
1936	8	9	1936	10	1936	8
1935	14	18	1935	10	1935	14
1934	17	18	1934	17	1934	16
1933	15	17	1933	16	1933	15
1932	13	14	1932	10	1932	7
1931	9	10	1931	10	1931	7
1930	10	11	1930	10	1930	7
1929	19	18	1929	19	1929	19
1928	18	19	1928	19	1928	18
1927	11	10	1927	10	1927	8
1926	17	17	1926	15	1926	14
1925	10	9	1925	10	1925	8
1924	13	13	1924	11	1924	11
1923	17	19	1923	17	1923	14
1922	10	16	1922	10	1922	8
1921	16	19	1921	19	1921	19
1920	13	16	1920	14	1920	11
1919	16	16	1919	15	1919	14
1918	13	12	1918	12		
1917	10	8	1917	13		
1916	14	13	1916	12		
1915	16	15	1915	15		
1914	14	14	1914	18		
1913	8	8	1913	10		
1912	16	16	1912	10		
1911	19	18	1911	19		
1910	0	0	1910	10		
1909	7	7	1909	10		
1908	13	14	1908	10		
1907	16	17	1907	10		
1906	18	17	1906	14		
1905	9	8	1905	16		
1904	16	16	1904	16		
1903	7	7	1903	10		

续表

勃　良　第			香　　槟		阿尔萨斯	
年份	红酒	白酒	年份	分数	年份	分数
1902	7	7	1902	10		
1901	8	8	1901	12		
1900	16	17	1900	18		

30.3.3　卢瓦尔河谷与罗纳河谷产区年份

卢瓦尔河谷与罗纳河谷产区年份见表 30-5。

表 30-5　卢瓦尔河谷与罗纳河谷产区年份表

卢瓦尔河谷			罗纳河谷		
年份	红酒	甜酒	年份	北罗纳河谷	南罗纳河谷
2010	17	17	2010	17	17
2009	17	17	2009	17	17
2008	16	14	2008	15	15
2007	17	17	2007	17	17
2006	15	14	2006	16	16
2005	16	17	2005	17	18
2004	15	12	2004	13	17
2003	16	17	2003	16	15
2002	14	11	2002	12	10
2001	14	15	2001	15	12
2000	16	12	2000	16	14
1999	13	10	1999	16	14
1998	14	10	1998	18	16
1997	16	17	1997	14	12
1996	17	17	1996	14	13
1995	17	17	1995	16	15
1994	14	13	1994	14	12
1993	14	12	1993	12	15
1992	14	10	1992	12	12
1991	12	10	1991	14	13
1990	17	20	1990	17	17
1989	19	19	1989	17	17
1988	16	19	1988	18	17
1987	13	10	1987	16	10
1986	15	14	1986	16	12
1985	16	15	1985	16	17
1984	10	10	1984	13	14

续表

卢瓦尔河谷			罗纳河谷		
年份	红酒	甜酒	年份	北罗纳河谷	南罗纳河谷
1983	12	10	1983	16	16
1982	14	10	1982	14	16
1981	15	13	1981	14	14
1980	13	14	1980	14	15
1979	14	15	1979	16	15
1978	17	15	1978	19	18
1977	11	11	1977	12	13
1976	18	16	1976	15	16
1975	15	16	1975	10	13
1974	11	10	1974	12	13
1973	16	12	1973	13	14
1972	10	10	1972	16	14
1971	17	16	1971	14	15
1970	15	15	1970	16	15
1969	15	16	1969	17	16
1968	10	10	1968	10	11
1967	13	10	1967	15	14
1966	14	15	1966	16	14
1965	8	10	1965	10	12
1964	16	14	1964	14	12
1963	10	10	1963	10	13
1962	15	14	1962	17	17
1961	16	15	1961	18	18
1960	10	10	1960	12	13
1959	19	15	1959	16	16
1958	12	10	1958	14	13
1957	13	10	1957	15	14
1956	10	10	1956	12	13
1955	15	15	1955	15	15
1954	10	10	1954	11	12
1953	18	16	1953	15	16
1952	14	—	1952	16	16
1951	10	—	1951	10	—
1950	14	—	1950	14	13
1949	16	—	1949	17	16
1948	13	—	1948	12	13
1947	19	—	1947	18	18

续表

卢瓦尔河谷			罗纳河谷		
年份	红酒	甜酒	年份	北罗纳河谷	南罗纳河谷
1946	13	—	1946	17	18
1945	19	—	1945	18	18
1944	10	—	1944	9	12
1943	13	—	1943	17	18
1942	11	—	1942	14	12
1941	10	—	1941	10	11
1940	11	—	1940	10	12
1939	10	—	1939	10	12
1938	12	—	1938	13	11
1937	15	—	1937	17	16
1936	13	—	1936	11	12
1935	16	—	1935	10	12
1934	16	—	1934	17	16
1933	17	—	1933	17	16
1932	10	—	1932	10	10
1931	10	—	1931	10	10
1930	10	—	1930	10	11
1929	18	—	1929	18	16
1928	17	—	1928	17	16
1927	10	—	1927	10	10
1926	13	—	1926	11	12
1925	10	—	1925	13	12
1924	15	—	1924	17	16
1923	18	—	1923	18	16
1922	10	—	1922	13	12
1921	19	—	1921	12	13
1920	11	—	1920	10	11
1919	18	—	1919	15	16
1918	11	—	1918	10	12
1917	12	—	1917	11	11
1916	11	—	1916	13	12
1915	12	—	1915	10	11
1914	14	—	1914	12	12
1913	10	—	1913	11	11
1912	10	—	1912	10	10
1911	19	—	1911	19	16
1910	10	—	1910	10	10

续表

卢瓦尔河谷			罗纳河谷		
年份	红酒	甜酒	年份	北罗纳河谷	南罗纳河谷
1909	10	—	1909	10	12
1908	10	—	1908	10	11
1907	10	—	1907	12	12
1906	18	—	1906	17	16
1905	13	—	1905	12	12
1904	14	—	1904	16	16
1903	11	—	1903	11	11
1902	11	—	1902	12	11
1901	13	—	1901	13	12
1900	15	—	1900	10	12

30.3.4 南非、德国与阿根廷产区年份

南非、德国与阿根廷产区年份见表 30-6。

表 30-6 南非、德国与阿根廷年份表

南非		德国				阿根廷	
年份	Stellenbosch	年份	Mosel-Saar-Ruwer 地区	Rhin 地区	Franken 地区	年份	Mendoza 地区
2005	17	2005	18	18	17	2005	17
2004	16	2004	17	16	16	2004	17
2003	17	2003	17	18	16	2003	17
2002	17	2002	17	18	17	2002	18
2001	16	2001	18	18	18	2001	16
2000	15	2000	14	16	15	2000	16
1999	17	1999	17	17	17	1999	17
1998	17	1998	16	17	16	1998	13
1997	17	1997	17	16	16	1997	17
1996	13	1996	18	18	17	1996	18
1995	17	1995	17	16	17	1995	18
1994	15	1994	17	17	17	1994	17
1993	14	1993	17	16	16	1993	17
1992	16	1992	15	16	15	1992	16
1991	16	1991	14	15	14	1991	15
1990	14	1990	18	17	18	1990	17
1989	16	1989	17	17	17	1989	17
1988	18	1988	17	16	16	1988	15
1987	15	1987	15	16	16	1987	16
1986	16	1986	15	15	15	1986	16

30.3.5 澳大利亚产区年份

澳大利亚产区年份见表 30-7。

表 30-7 澳大利亚年份表

年份	Barossa and McLaren Valley 地区	Clare Valley 地区	Coonawarra 地区	Victoria 地区	Western Australia 地区	Hunter Valley
2005	18	17	18	17	17	17
2004	17	16	17	16	17	16
2003	17	15	17	17	17	17
2002	18	18	17	17	17	16
2001	17	16	16	17	16	16
2000	16	16	17	17	16	17
1999	17	16	17	16	16	17
1998	18	17	18	17	17	17
1997	16	17	17	17	17	16
1996	17	17	17	17	17	17
1995	16	17	16	17	17	16
1994	17	14	17	17	17	17
1993	16	16	16	16	15	15
1992	16	14	14	14	14	14
1991	17	16	18	18	18	18
1990	17	17	18	18	15	15
1989	16	14	16	16	16	16
1988	16	15	14	16	15	14
1987	16	15	17	16	17	16
1986	17	16	17	16	17	16

30.3.6 奥地利与智利产区年份

奥地利与智利产区年份见表 30-8。

表 30-8 奥地利与智利产区年份表

奥地利				智利			
年份	白酒	红酒	甜酒	年份	Maipo Valley	Casaa Valley（白酒）	Colchagua Valley（红酒）
2005	16	16	17	2005	18	17	18
2004	16	16	17	2004	17	17	17
2003	16	17	14	2003	17	17	17
2002	16	17	16	2002	15	14	14
2001	17	17	17	2001	17	17	17
2000	15	17	14	2000	16	16	16
1999	17	17	18	1999	17	17	17
1998	16	16	17	1998	14	13	14

续表

奥地利				智利			
年份	白酒	红酒	甜酒	年份	Maipo Valley	Casaa Valley（白酒）	Colchagua Valley（红酒）
1997	17	17	15	1997	17	17	17
1996	16	14	15	1996	17	17	17
1995	16	16	17	1995	17	14	16
1994	15	17	15	1994	17	16	16
1993	17	17	17	1993	16	16	16
1992	16	17	14	1992	15	17	15
1991	16	17	15	1991	15	18	16
1990	17	17	17	1990	17	16	17
1989	15	17	17	1989	16	18	17
1988	—	—	—	1988	16	17	16
1987	—	—	—	1987	16	16	15
1986	—	—	—	1986	16	15	14

30.3.7 西班牙与葡萄牙产区年份

西班牙与葡萄牙产区年份见表 30-9。

表 30-9 西班牙与葡萄牙产区年份表

西班牙				葡萄牙			
年份	Catalogue 地区	Rioja 地区	Ribera del Duress 地区	年份	Porto（Vintage）地区	Beira，Dao，Alentejo（红酒）	Beira，Dao，Alentejo（白酒）
2005	17	17	18	2005	17	17	16
2004	17	17	17	2004	17	17	15
2003	15	14	14	2003	17	17	16
2002	14	14	15	2002	14	14	15
2001	17	18	18	2001	14	14	16
2000	17	16	16	2000	17	17	17
1999	17	16	17	1999	15	16	17
1998	16	16	16	1998	15	17	17
1997	16	15	15	1997	17	17	17
1996	17	16	18	1996	14	16	17
1995	17	17	18	1995	17	17	17
1994	17	17	17	1994	18	18	17
1993	17	16	16	1993	16	15	17
1992	12	15	15	1992	17	17	16
1991	13	16	16	1991	17	17	17
1990	16	17	17	1990	16	16	17
1989	15	17	17	1989	17	17	17
1988	16	16	16	1988	—	—	—
1987	15	15	16	1987	—	—	—
1986	15	15	15	1986	—	—	—

30.3.8　美国产区年份

美国产区年份见表 30-10。

表 30-10　美国产区年份表

年份	北加利福尼亚　赤霞珠	北加利福尼亚　霞多丽	北加利福尼亚　仙粉黛	北加利福尼亚　黑皮诺	加利福尼亚罗纳河谷促进体系	俄勒冈地区黑皮诺	华盛顿赤霞珠和美乐
2005	17	17	16	16	16	16	16
2004	17	16	16	17	17	17	17
2003	17	17	17	17	17	16	17
2002	18	17	17	17	17	17	17
2001	18	17	17	17	16	16	17
2000	14	16	16	16	17	16	17
1999	17	16	16	17	17	17	17
1998	16	17	16	17	17	17	17
1997	18	17	16	17	17	16	17
1996	17	16	17	16	15	16	16
1995	18	17	16	16	15	14	16
1994	18	16	17	17	17	17	17
1993	17	17	17	16	17	17	16
1992	17	17	17	16	16	16	17
1991	18	16	17	16	16	16	16
1990	18	17	17	16	17	17	16
1989	16	15	16	16	17	16	17
1988	14	17	15	16	15	16	16
1987	17	14	17	16	15	14	17
1986	17	17	16	16	15	16	15

30.3.9　意大利产区年份

意大利产区年份见表 30-11。

表 30-11　意大利产区年份表

年份	Piémont (Barbaresco) 地区	Piémont (Barolo) 地区	Vanity 地区	Lombardie 地区	Toscane 地区	Ombre 地区
2005	18	17	17	16	17	17
2004	18	17	17	17	17	18
2003	15	14	17	17	17	17
2002	15	15	14	18	14	14
2001	18	17	15	17	17	17
2000	18	18	17	16	17	17
1999	17	17	16	17	18	17
1998	18	18	17	16	17	18

续表

年份	Piémont (Barbaresco) 地区	Piémont (Barolo) 地区	Vanity 地区	Lombardie 地区	Toscane 地区	Ombre 地区
1997	17	17	18	17	18	18
1996	18	18	16	17	17	15
1995	16	16	18	18	16	17
1994	14	14	16	18	16	16
1993	16	16	16	18	16	17
1992	14	14	12	15	14	12
1991	14	15	13	18	16	16
1990	18	18	18	18	18	18
1989	18	18	17	15	14	14
1988	17	17	17	—	17	—
1987	16	16	16	—	14	—
1986	15	15	—	—	16	—

30.3.10 新西兰产区年份

新西兰产区年份见表 30-12。

表 30-12 新西兰产区年份表

年份	Hawke's Bay Central 地区	Martinborough 地区	Marlborough 地区	Outage 地区
2005	17	17	17	17
2004	17	16	16	16
2003	16	16	17	17
2002	17	17	17	17
2001	15	16	17	17
2000	14	16	17	17
1999	17	17	17	17
1998	18	17	17	17
1997	15	15	17	15
1996	15	15	17	15
1995	14	14	12	13
1994	17	17	17	17
1993	11	14	12	13
1992	14	13	14	13
1991	15	15	17	15
1990	15	15	17	15
1989	—	—	—	—
1988	—	—	—	—
1987	—	—	—	—
1986	—	—	—	—

30.4 葡萄酒分级中外文翻译对照

30.4.1 法国葡萄酒分级翻译对照

法国葡萄酒分级翻译对照见表 30-13。

表 30-13 法国葡萄酒分级翻译对照

法国葡萄酒分级	Vin de France(VDF)	法国餐酒
	Indication Géographique Protégée(IGP)	地区餐酒
	Appellation d'Origine Protégée(AOP)	法定产区

30.4.2 波尔多葡萄酒分级翻译对照

波尔多葡萄酒分级翻译对照见表 30-14～表 30-18。

表 30-14 波尔多分级制度详表

波尔多分级制度详表	1855 年分级制度(格拉芙和梅多克)	一级酒庄(Premier Cru)	二级酒庄(Deuxieme Cru)	三级酒庄(Troisieme Cru)	四级酒庄(Quatrieme Cru)	五级酒庄(Cinquieme Cru)
	数量	5	14	14	10	18
	1855 年分级制度(索甸和巴萨克)	优质一级酒庄(Premier Cru Supérieur)	一级酒庄(Premier Crus)	二级酒庄(Deuxième Crus)	/	/
	数量	1	11	15		
	格拉芙分级制度	红葡萄酒和白葡萄酒列级酒庄	红葡萄酒列级酒庄	白葡萄酒列级酒庄	/	/
	数量	6	7	3		
	圣埃米利永分级制度	顶级酒庄 A 组(Premier Grand Cru Classe A)	顶级酒庄 B 组(Premier Grand Cru Classe B)	列级酒庄(Grand Cru Classe)	/	/
	数量	4	14	64		

表 30-15 1855 年分级制度格拉芙和梅多克分级清单

1855 年分级制度(格拉芙和梅多克)	一级酒庄(Premier Cru)	二级酒庄(Deuxieme Cru)	三级酒庄(Troisieme Cru)	四级酒庄(Quatrieme Cru)	五级酒庄(Cinquieme Cru)
	5	14	14	10	18
	拉菲酒庄(Château Lafite Rothschild)	Château Rauzan-Ségla, Margaux	Château Kirwan, Cantenac-Margaux (Margaux)	Château Saint-Pierre, St.-Julien	Château Pontet-Canet, Pauillac
	拉图酒庄(Château Latour)	Château Rauzan-Gassies, Margaux	Château d'Issan, Cantenac-Margaux (Margaux)	Château Talbot, St.-Julien	Château Batailley, Pauillac

续表

	一级酒庄（Premier Cru）	二级酒庄（Deuxieme Cru）	三级酒庄（Troisieme Cru）	四级酒庄（Quatrieme Cru）	五级酒庄（Cinquieme Cru）
	5	14	14	10	18
	玛歌酒庄（Château Margaux）	Château Léoville-Las Cases，St.-Julien	Château Lagrange，St.-Julien	Château Branaire-Ducru，St.-Julien	Château Haut-Batailley，Pauillac
	奥比安酒庄（Château Haut-Brion）	Château Léoville-Poyferré，St.-Julien	Château Langoa-Barton，St.-Julien	Château Duhart-Milon，Pauillac	Château Grand-Puy-Lacoste，Pauillac
	木桐酒庄（Château Mouton Rothschild）	Château Léoville-Barton，St.-Julien	Château Giscours，Labarde-Margaux（Margaux）	Château Pouget，Cantenac-Margaux（Margaux）	Château Grand-Puy-Ducasse，Pauillac
		Château Durfort-Vivens，Margaux	Château Malescot St. Exupéry，Margaux	Château La Tour Carnet，St.-Laurent（Haut-Médoc）	Château Lynch-Bages，Pauillac
		Château Gruaud-Larose，St.-Julien	Château Cantenac-Brown，Cantenac-Margaux（Margaux）	Château Lafon-Rochet，St.-Estèphe	Château Lynch-Moussas，Pauillac
1855年分级制度（格拉芙和梅多克）		Château Lascombes，Margaux	Château Boyd-Cantenac，Margaux	Château Beychevelle，St.-Julien	Château Dauzac，Labarde（Margaux）
		Château Brane-Cantenac，Cantenac-Margaux（Margaux）	Château Palmer，Cantenac-Margaux（Margaux）	Château Prieuré-Lichine，Cantenac-Margaux（Margaux）	Château d'Armailhac，Pauillac
		Château Pichon Longueville Baron，Pauillac	Château La Lagune，Ludon（Haut-Médoc）	Château Marquis de Terme，Margaux	Château du Tertre，Arsac（Margaux）
		Château Pichon Longueville Comtesse de Lalande，Pauillac	Château Desmirail，Margaux		Château Haut-Bages-Libéral，Pauillac
		Château Ducru-Beaucaillou，St.-Julien	Château Calon-Ségur，St.-Estèphe		Château Pédesclaux，Pauillac
		Château Cos d'Estournel，St.-Estèphe	Château Ferrière，Margaux		Château Belgrave，St.-Laurent（Haut-Médoc）

续表

	一级酒庄(Premier Cru)	二级酒庄(Deuxieme Cru)	三级酒庄(Troisieme Cru)	四级酒庄(Quatrieme Cru)	五级酒庄(Cinquieme Cru)
1855 年分级制度(格拉芙和梅多克)	5	14	14	10	18
		Château Montrose, St. -Estèphe	Château Marquis d'Alesme Becker, Margaux		Château de Camensac, St. -Laurent (Haut-Médoc)
					Château Cos Labory, St. -Estèphe
					Château Clerc-Milon, Pauillac
					Château Croizet Bages, Pauillac
					Château Cantemerle, Macau (Haut-Médoc)

表 30-16 1855 年分级制度索甸和巴萨克分级清单

	优质一级酒庄(Premier Cru Supérieur)	一级酒庄(Premier Crus)	二级酒庄(Deuxième Crus)	
1855 年分级制度(索甸和巴萨克)	1	11	16	
	Château d'Yquem	Château La Tour Blanche, Bommes(Sauternes)	Château de Myrat, Barsac	Château Nairac, Barsac
		Château Lafaurie-Peyraguey, Bommes(Sauternes)	Château Doisy Daëne, Barsac	Château Caillou, Barsac
		Château Clos Haut-Peyraguey, Bommes(Sauternes)	Château Doisy-Dubroca, Barsac	Château Suau, Barsac
		Château de Rayne-Vigneau, Bommes(Sauternes)	Château Doisy-Védrines, Barsac	Château de Malle, Preignac(Sauternes)
		Château Suduiraut, Preignac(Sauternes)	Château Rabaud-Promis	Château Romer, Fargues(Sauternes)
		Château Coutet, Barsac	Château d'Arche, Sauternes	Château Romer du Hayot, Fargues (Sauternes)
		Château Climens, Barsac	Château Filhot, Sauternes	Château Lamothe, Sauternes
		Château Guiraud, Sauternes	Château Broustet, Barsac	Château Lamothe-Guignard, Sauternes
		Château Rieussec, Fargues(Sauternes)		
		Château Rabaud-Promis, Bommes(Sauternes)		
		Château Sigalas-Rabaud, Bommes(Sauternes)		

表 30-17　格拉芙分级清单

	红葡萄酒和白葡萄酒列级酒庄	红葡萄酒列级酒庄	白葡萄酒列级酒庄
格拉芙分级制度	6	7	3
	Chateau Bouscaut	Chateau de Fieuzal	Chateau Couhins
	Chateau Carbonnieux	Chateau Haut-Bailly	Chateau Couhins-Lurton
	Chateau Latour-Martillac	Chateau Haut-Brion	Chateau Laville-Haut Brion
	Chateau Malartic-Lagraviere	Chateau La Mission Haut-Brion	
	Chateau Olivier	Chateau La Tour Haut-Brion	
	Domaine de Chevalier	Chateau Smith Haut Lafitte	
		Chateau Pape-Clement	

表 30-18　圣埃米利永分级清单

	顶级酒庄 A 组 (Premier Grand Cru Classe A)	顶级酒庄 B 组 (Premier Grand Cru Classe B)	列级酒庄 (Grand Cru Classe)			
圣埃米利永分级制度	4	14	64			
	欧颂酒庄 (Chateau Ausone)	Chateau Beau-Séjour Bécot	Château l'Arrosée	Château Dassault	Château Grand Pontet	Château Peby Faugères
	白马酒庄 (Chateau Cheval-Blanc)	Chateau Beausé jour	Château Balestard la Tonnelle	Château Destieux	Château Guadet	Château Petit Faurie de Soutard
	金钟酒庄 (Chateau Angélus) (新晋)	Chateau Bélair-Monange	Château Barde-Haut	Château la Dominique	Château Haut Sarpe	Château de Pressac
	帕菲酒庄 (Chateau Pavie) (新晋)	Chateau Canon	Château Bellefont-Belcier	Château Faugères	Clos des Jacobins	Château Le Prieuré
		Chateau Canon la Gaffelière (新晋)	Château Bellevue	Château Faurie de Souchard	Couvent des Jacobins	Château Quinault l'Enclos
		Chateau Figeac	Château Berliquet	Château de Ferrand	Château Jean Faure	Château Ripeau
		Clos Fourtet	Château Cadet Bon	Château Fleur-Cardinale	Château Laniote	Château Rochebelle
		Chateau La Gaffelière	Château Cap de Mourlin	Château La Fleur Morange	Château Larmande	Château Saint-Georges-Côte-Pavie
		Chateau Larcis Ducasse(新晋)	Château le Chatelet	Château Fombrauge	Château Laroque	Clos Saint-Martin
		Chateau La Mondotte (新晋)	Château Chauvin	Château Fonplégade	Château Laroze	Château Sansonnet
		Chateau Pavie-Macquin	Château Clos de Sarpe	Château Fonroque	Château la Madelaine	Château La Serre

续表

	顶级酒庄 A 组(Premier Grand Cru Classe A)	顶级酒庄 B 组(Premier Grand Cru Classe B)	列级酒庄(Grand Cru Classe)				
	4	14	64				
圣埃米利永分级制度		Chateau Troplong-Mondot	Château la Clotte	Château Franc Mayne	Château La Marzelle	Château Soutard	
		Chateau Trottevieille	Château la Commanderie	Château Grand Corbin	Château Monbousquet	Château Tertre Daugay	
		Chateau Valandraud	Château Corbin	Château Grand Corbin-Despagne	Château Moulin du Cadet	Château La Tour Figeac	
			Château Côte de Baleau	Château Grand Mayne	Clos de l' Oratoire	Château Villemaurine	
			Château la Couspaude	Château les Grandes Murailles	Château Pavie-Decesse	Château Yon Figeac	

30.4.3　勃艮第法定产区分级翻译对照

勃艮第法定产区分级翻译对照见表 30-19 和表 30-20。

表 30-19　勃艮第法定产区分级翻译对照

产　区	数　量	命名方式	举　例
地区级法定产区 Bourgogne AOP		以葡萄品种命名	Bourgogne Aligote AOP
		以酿造方法命名	Cremant de Bourgogne AOP
		以葡萄酒颜色命名	Bourgogne Rose AOP
		以产区位置命名	Bourgogne Cote Chalonnaise Macon AOP
		以酒出产的村庄名命名	Bourgogne Chitry AOP
		以混合不同品种命名	Bourgogne Passe-Tout-Grains AOP
		以一般性品质命名	Bourgogne Grand Ordinaire 或 Bourgogne AOP
村庄级法定产区	44 个		Chablis AOP，Pommard AOP
一级葡萄园法定产区 PREMIER CRU 或 1er CRU AOP	600 多个	村庄名＋一级葡萄酒(PREMIER CRU 或 1er CRU ＋葡萄园名称)	CHABLIS 1er CRU FOURCHAUME AOP
特级葡萄园法定产区 Grand Crus AOP	33 个	葡萄园的名称＋Grand Crus	Chablis Grand Cru

表 30-20 勃艮第 33 个特级葡萄园法定产区 Grand Crus AOP 清单

3 个大区	Le Chablisien	La Côte de Nuits						La Côte de Beaune			
12 个村庄	AOP Chablis Grand Cru	Gevrey-Chambertin 村，AOP Grand Cru	Morey St Denis 村，AOP Grand Cru	Chambolle-Musigny 村，AOP Grand Cru	Vougeot 村，AOP Grand Cru	Vosne-Romanée 村 AOP Grand Cru	Flagey-Echezeaux 村 AOP Grand Cru	Ladoix-Serri-gny 村 AOP Grand Cru	Aloxe-Croton 村和 Pernand-Vergeles-ses 村 AOP Gra-nd Cru	Puligny-Mon-trachet 村 AOP Grand Cru	Chassagne-Montrachet 村 AOP Grand Cru
33 个品牌(其中 5 个品牌跨越村庄)	1	9	5	2	1	6	2	2	3	4	3
	（7 块田）Bougros，Grenoui-lles，Les Clos，Les Preuses，Valor，Vaudésir	Chambertin	Bonnes Mares	Bonnes Mares	Clos de Vou-geot	Romanée-Conti	Echeze-aux	Corton（红）	Corton（红和白）	Montra-chet	Montrachet
		Chambertin-clos de Bèze	Clos de la Roche	Musigny		La Romanée	Grands Echezeaux	Corton-Char-lem-agne（白）	Corton-Char-lem-agne（红和白）	Batard-Monra-chet	Batard-Montra-chet
		Charmes-Chambertin	Clos de Tart			La Tache			Charlemagne（白）	Bienve-nues-Batard-Mon-trachet	Criots-Batard-Montra-chet
		Mazoyères-Chambertin	Clos des Lambrays			Richebo-urg				Chevalier-Montra-chet	
		Chapelle-Chambertin	Clos St Den-is			La Grande Rue					
		Griottes-Chambertin				Romanée-St-Vivant					
		Latricières-Chambertin									
		Mazis-Chambertin									
		Ruchottes-Chambertin									

30.4.4 香槟的分类翻译对照

香槟的分类翻译对照见表 30-21。

表 30-21 香槟的分类翻译对照表

	按年份来分	按酿酒葡萄	按糖分	按制造者性质	按照分级
香槟的分类	无年份香槟	黑中白香槟 (Blanc de Noir)	甜 (doux)	果农 (RM)	特级葡萄园 (Grand Gru)(17 家)
	年份香槟	白中白香槟 (Blanc de Blanc)	半干 (demi－sec)	酒庄(NM)	一级葡萄园 (Premier Cru)(40 个)
			干(sec)	合作社(CM)	
			绝干 (extra dry)	合作果农 (RC)	
			天然 (brut)	果农联合公司 (SR)	
			超天然 (extra brut)	销售商 (ND)	
			自然 (brut nature)	贴牌生产 (MA)	

30.4.5 阿尔萨斯的分级翻译对照

阿尔萨斯的分级翻译对照见表 30-22。

表 30-22 阿尔萨斯的分级翻译对照表

法定产区葡萄酒品种(7 白＋1 红)	葡萄酒级别	分 类	特 点
	VDF		
	阿尔萨斯法定产区 (ALSACE AOP)		90%是白葡萄酒
	阿尔萨斯特级葡萄园 (Alsace Grand Cru AOP)	51 个	所有葡萄酒均为白葡萄酒，且来自阿尔萨斯贵族品种：雷司令、麝香、灰皮诺和琼瑶浆
	阿尔萨斯起泡酒 (Crémant d'Alsace AOP)		大部分以白皮诺葡萄来酿造阿尔萨斯起泡酒，口感精致且柔顺。 (1) 雷司令葡萄带给起泡酒的特征活泼，果味丰富，优雅而高贵。 (2) 灰皮诺葡萄酿造的起泡酒，内涵丰富，酒体结构饱满紧实。 (3) 霞多丽葡萄赋予起泡酒高贵而清淡的特质。 (4) 黑皮诺葡萄是酿造阿尔萨斯桃红起泡酒的唯一葡萄品种，充满魅力，口感细腻。
	其他类型	迟摘型(Venda-nge Tardive)	必须为法定产区或特级酒庄酒，必须来自 Alsace 四大贵族品种
		贵腐颗粒精选型 (Selection de Grain Nobles，SGN)	最高级的迟摘型葡萄酒

30.4.6 罗纳河谷产区分级翻译对照

罗纳河谷产区分级翻译对照见表30-23。

表30-23 罗纳河谷产区分级翻译对照表

级别	酒标标示	村庄名
罗纳河谷级	Côtes du Rhône AOP	
罗纳河谷产区分级	Côtes du Rhône-Villages AOP	
罗纳河谷村庄级	Côtes du Rhône-Villages+村庄名称 AOP	Rousset-les-Vignes, Saint-Pantaléon-les-Vignes, Valréas, Visan, Saint-Maurice, Rochegude, Roaix, Cairanne, Séguret, Sablét, Saint-Gervais, Chusclan, Laudun, Massif d'Uchaux, Plan de Dieu, Puyméras, Signar, Gadagne
罗纳河谷特级产区	其村庄名称就是法定产区，它们不需要在酒标中注明"Côtes du Rhône"	Beaumes de Venise, Château-Grillet, Châteauneuf-du-Pape, Condrieu , Cornas, Côte-Rôtie, Crozes-Hermitage, Gigondas, Hermitage, Lirac, Rasteau, Saint Joseph, Saint Péray , Tavel, Vacqueyras 和 Vinsobres

30.4.7 西班牙葡萄酒分级翻译对照

西班牙葡萄酒分级翻译对照和清单见表30-24和表30-25。

表30-24 西班牙葡萄酒分级翻译对照

西班牙葡萄酒分级	Vino de Mesa(VdM)	日常餐酒
	Vino de la Tierra(VT)	地区餐酒
	Denominación de Origen(DO)	原产地法定产区
	Denominación de Origen Calificada (DOC 或者 DOCa)	保证原产地法定产区
	Vinos de Pago(VP)	庄园葡萄酒

表30-25 西班牙庄园葡萄酒(Vinos de Pago)清单

	葡萄园名称	所属区域	所属产区	成立年份	种植面积/公顷
西班牙庄园葡萄酒(Vinos de Pago)	Dominio de Valdepusa (Marquis de Griñón)	Toledo	Castilla-La Mancha	2003	50
	Finca Élez(Manuel Manzaneque)	Albacete	Castilla-La Mancha	2003	39
	Guijoso	Albacete	Castilla-La Mancha	2004	99
	Dehesa del Carrizal	Ciudad Real	Castilia-La Mancha	2006	22
	Arínzano	Navarra	Navarra	2007	128
	Prado de Irache	Navarra	Navarra	2008	16
	Otazu	Navarra	Navarra	2008	92
	Campo de la Guardia	Toledo	Castilla-La Mancha	2009	81
	Pago Florentino	Ciudad Real	Castilla-La Mancha	2009	58
	Casa del Blanco	Ciudad Real	Castilla-La Mancha	2010	93
	Pago Aylés	Ayles	Cariñena	2010	70
	Finca Élez	Valencia	Valencia	2011	62
	Pago de Los Balagueses	Requina	Utiel-Requina	2011	18
	Chozas Carrascal	San Antonio de Requena	Utiel-Requina	2012	40

30.4.8 意大利葡萄酒分级翻译对照

意大利葡萄酒分级翻译对照见表 30-26。

表 30-26 意大利葡萄酒分级翻译对照表

意大利葡萄酒分级	Vino da Tuvalu(VDT)	日常餐酒
	Indicazione Geografica Tipica(IGT)	地区餐酒
	Denominazione di Origine Contralto(DOC)	法定产区酒
	Denominazione di Origine Controllata e Garantita(DOCG)	保证原产地法定产区

30.4.9 葡萄牙葡萄酒分级翻译对照

葡萄牙葡萄酒分级翻译对照见表 30-27。

表 30-27 葡萄牙葡萄酒分级翻译对照

葡萄牙葡萄酒分级	Vinho de Mesa(VM)	日常餐酒
	Vinho Regional(VR)	地区餐酒
	Denominação de Origem Controlada(DOC)	法定产区酒

30.4.10 德国葡萄酒分级翻译对照

德国葡萄酒分级翻译对照见表 30-28。

表 30-28 德国葡萄酒分级翻译对照表

德国葡萄酒分级	Deutscher Wein		德国餐酒
	Landwein		受地理标志保护的地区餐酒
	Qualitatswein		受原产地名称保护的高级葡萄酒
	Pradikatswein(优质高级葡萄酒)	Kabinett	珍藏酒
		Spätlese	晚摘酒
		Auslese	逐串精选酒
		Beerenauslese(BA)	逐粒精选酒
		Eiswein	冰酒
		Trockenbeerenauslese(TBA)	枯萄精选酒

30.4.11 奥地利葡萄酒分级翻译对照

奥地利葡萄酒分级翻译对照到翻译对照见表 30-29。

表 30-29 奥地利葡萄酒分级翻译对照表

奥地利葡萄酒分级	Tafelwein	日常餐酒
	Landwein	地区餐酒
	Qualitätswein	优质葡萄酒
	Kabinett	高级葡萄酒
	Spätlese	晚摘酒
	Auslese	逐串精选酒
	Beerenauslese(BA)	逐粒精选酒
	Ausbruch	奥斯伯赫甜酒
	Trockenbeerenauslese(TBA)	枯萄精选酒
	Eiswein	冰酒
	Strohwein/ Schilfwein	麦秆酒

30.5 葡萄酒品种中外文翻译对照

30.5.1 红葡萄酒品种中外文翻译对照

红葡萄酒品种中外文翻译对照见表 30-30。

表 30-30 红葡萄酒品种中外文翻译对照表

葡萄品种外文	中 文	颜 色	香 气	味 觉	酒体与质地
Blauer Portugieser	蓝葡萄牙美人	蓝黑色		浓烈	
Blauer Wildbacher	蓝色威德巴赫	黑蓝色	鲜果味，草本和辛味	酸度活跃	
Blaufränkisch	蓝弗朗克	蓝黑色	浓郁的木莓或樱桃味	单宁突出	结构致密
Cabernet Franc	品丽珠	蓝黑色	细腻辛辣的香气，带来覆盆子和紫罗兰的味道	纯正的果香，圆润	芬芳和清新
Cabernet Sauvignon	赤霞珠	蓝黑色	细致的烧烤味及黑醋栗味，也经常带有干草味和青椒味	单宁强，香味浓烈	酒体复杂
Carignane	佳丽酿	色深		单宁重以致回味时呈苦涩口感	
Cinsault	神索	颜色较淡	浓郁的果香味		酒体坚硬
Dornfelder	丹菲特	紫罗兰色到深红色接近黑色，非常深郁	带有接骨木，黑莓香	单宁感不同风格	酒体饱满浓郁

续表

葡萄品种外文	中 文	颜 色	香 气	味 觉	酒体与质地
Gamay	佳美	浅紫红色	丰富的果香，常带西洋梨及紫罗兰花香	低单宁	轻柔、惬意
Grenache	歌海娜		浓郁芬芳		层次分明
grenache noir	黑歌海娜		水果和香料的味道	低酸度，口感圆润	高酒精潜力
Lemberger	林伯格	深红宝石色到深红接近黑色	令人想到了黑加仑、黑莓、樱桃的香味	单宁感	中等酒体，浓郁
Malbec	马贝克（高特）	色泽鲜艳	有覆盆子、李子、桑葚，陈酿后会有皮革和野味	丰富的单宁	
Merlot	美乐	黑色	带有一丝丝烘烤气息及红色水果（比如李子）的果香	单宁优雅，柔和可口	圆润
Mourvèdre	慕合怀特		香气馥郁	完美单宁，口感新鲜	
Petit Verdot	小维多	浓郁色泽	浓重的紫罗兰的香气	单宁高	精致而细腻
Pinot Meunier	皮诺莫尼耶				
Pinot Noir/ Blaaburgunder	黑皮诺	淡紫色	年轻时有丰富的水果香及草莓、樱桃等浆果味。陈年成熟后，带有香料及动物、皮革香味	单宁温和	优雅细腻
Portugieser	葡萄牙美人	淡红色到红宝石色	带有红加仑、草莓香	单宁温和	轻度到中等酒体
Ráthay	雷晨塔瑞斯	深蓝至黑色	果香	单宁丰富	酒体浓郁
Regent	莱根特	石榴红到深红接近黑色	令人想到了黑樱桃、黑莓和加仑的香味	单宁感	浓郁到酒体厚重
Roesler	罗斯勒	蓝黑色	森林莓果芳香	单宁丰富	酒体浓郁
Saint Laurent	圣劳伦特	红宝石色	令人想到了野生樱桃	温和的单宁	中等酒体到浓郁
St. Laurent	圣罗兰	蓝黑色	果香型	果味浓郁，有点酸	坚实

续表

葡萄品种外文	中　文	颜　色	香　气	味　觉	酒体与质地
Syrah/Shiraz	西拉（设拉子）	蓝黑色	各种芬芳香气（覆盆子、黑醋栗、紫罗兰，胡椒）	单宁明显、厚重	酒精度高
Trollinger	托林格	砖红色到浅红宝石色	带有草莓、红加仑和樱桃香	单宁温和	轻度到中等酒体
Zweigelt	茨威格	蓝黑色	黑樱桃味	单宁丰富	酒体浓郁

30.5.2　白葡萄酒品种中外文翻译对照

白葡萄酒品种中外文翻译对照见表 30-31。

表 30-31　白葡萄酒品种中外文翻译对照表

葡萄品种外文	中　文	颜　色	香　气	味　觉	酒体与质地
Aligoté	阿里高特			较高的酸度	
Bacchus	巴库斯	青黄色到浅黄色	让人想起了黑加仑、橙子、香菜	水果香，新鲜	轻度到中等酒体
Bouvier	博基尔	青黄色	浓烈肉豆蔻味		酒体温和
Chardonnay	霞多丽	清淡到明黄色	香味浓郁	口感圆润	醇厚
Chenin	诗南		蜂蜜香味	强劲	酸度很高
Chenin Blanc	白诗南		果香	酸度很高	
Clairette	克莱雷特		蜂蜜香型	苦味	酒精度较高，酸度较低
Colombard	鸽笼白		果味香气		
Frühroter Veltliner	早红维特林纳（马利瓦西亚）	玫瑰色	鲜花和苦杏仁为主的花束味	轻微酸度	
Furmint	富尔民特	青黄色	蜜糖味	酸度相当高	酒体很好
Gewurztraminer	琼瑶浆		香气馥郁		
Goldburger	戈德伯格	青黄色，有斑点	果味浓		酒体浓郁
Grenache blanc	白歌海娜			低酸，回味悠长	饱满、和谐
Gutedel	古德尔	浅黄色	从坚果到奶油香；泥土味	水果香，清新	轻度到中等酒体
Kerner	克尔娜	浅黄	让人想起了苹果、桃、薄荷糖	明显酸度	轻度到中度酒体
Melon de Bourgogne	勃艮第香瓜				
Muller-Thurgau/Rivaner	穆勒塔戈/雷万娜	淡黄色	带有淡淡草本、苹果和梨的香味	酸度温和	轻度到中等酒体

续表

葡萄品种外文	中 文	颜 色	香 气	味 觉	酒体与质地
Muscadelle	密思卡岱		丰富花香还夹杂着柑橘麝香味	圆润	精致和细腻
Muscat	麝香	琥珀色，成熟后布满橙黄色斑点	麝香味，细腻的花香	涩	清新口感以及细腻的苦涩味
Muskat Ottonel	暮思佳－奥多内	青黄色	微妙的肉豆蔻味		酒体浓郁，但温和
Neuburger	纽伯格	青黄色，有斑点	辛味和鲜花味，坚果味	口味中性	温和
Pinot Blanc	白皮诺	浅黄色，微泛绿色	馥郁的苹果、柑橘类果香以及花香	柔软，中等酸度	酒体饱满
Pinot Gris	灰皮诺	开始为浅灰玫瑰红，随后变成浅灰蓝色	典型的烟熏气味：潮湿的林木的味道，烤焦的嫩枝的味道，苔藓，蘑菇，干枯的水果，杏子，蜂蜜，蜂蜡，涂有香料的面包(气味)	丰满的口感，流畅而柔和，清爽	平衡
Riesling	雷司令	淡绿黄色到浅金黄色	带有苹果、桃子和杏的香气	带有精致的水果香，通常酸度明显	轻度到中等酒体
Roter Veltliner	红维特利纳	青黄色至鲜红色	细腻芳香		酒体薄弱和简单
Rotgipfler	红基夫娜	青黄色	细致花香味	酸度宜人	
Roussanne	瑚珊	白色	带有花香(金银花和鸢尾花的香气)		高雅、精致
Sauvignon Blanc	长相思	青黄色	特色花香，辛味和草药味	美味，圆润而清新	酒体浓厚强劲而复杂
Savagnin rose	萨瓦涅玫瑰	红色果实泛浅蓝色	果香，香料味和花香味	圆润的口感，一丝酸酸的清爽	柔软
Scheurebe	施埃博(苗种88)	青黄色	Sämling 典型的肉豆蔻味		酒体浓郁
Scheurebe	舍尔贝	清淡到稻草黄；深郁金黄色	让人想起了黑加仑、热带水果	明显的果酸	中等酒体
Sémillon	赛美蓉		有杏仁、榛子和西梅干的香气	圆润、丰满、柔软的口感	酸度平和
Silvaner	西万尼	非常清淡到深黄色	让人想起了苹果、梨、清新的干草	口感清爽，水分含量高	轻度到中等酒体

续表

葡萄品种外文	中　文	颜　色	香　气	味　觉	酒体与质地
Traminer/ Weiβburgunder	琼瑶浆（金琼瑶浆，红琼瑶浆，黄琼瑶浆）	青黄色（红琼瑶浆是红色果实；金琼瑶浆是浅红/粉红色果实；黄琼瑶浆是黄色果实）	芳香（玫瑰、柠檬、森林莓果、葡萄干、干果）	酸度低，隐约、和谐的丝丝苦味	
Ugni Blanc	白玉霓		果香	极其柔和的酸性风味	酒体活泼
Viognier	维欧尼	深黄色	紫罗兰和洋槐蜜的花香，随着年份的增长还会有麝香、桃子和杏干的香气	口味协调	高酒精度
Weissburgunder/Pinot Blanc	白皮诺	清淡到稻草黄	让人想起了苹果、梨、芒果、果仁，温柏	微带明显酸度	中度酒体
Welschriesling	威尔士雷司令	青黄色	水果花束味，以及青苹果和柠檬味	酸度浓，也带蜜糖味	中性
Zierfandler	仙粉黛	红色	微妙芳香味	酸度宜人	酒体均衡

30.6　世界著名葡萄酒大赛中外文翻译对照

世界著名葡萄酒大赛中外文翻译对照见表30-32。

表30-32　世界著名葡萄酒大赛中外文翻译对照表

Concours Général Agricole	巴黎农业评比竞赛
Concours Mondial de Bruxelles	布鲁塞尔国际葡萄酒大赛
International Wine Challenge	国际葡萄酒挑战赛
Vinalies International	Vinalies品评赛
Decanter World Wine Awards	品醇客葡萄酒国际大奖赛
Japan Wine Challenge	日本国际葡萄酒挑战赛
International Wine & Spirits Competition	国际葡萄酒暨烈酒大赛
Concours des Vins du Val de Loire	卢瓦尔河谷产区葡萄酒比赛
Concours des Vins du Sud-Ouest	西南产区葡萄酒比赛
Concours de Bordeaux -vin d'Aquitaine	波尔多葡萄酒大赛（阿基坦大赛）
Concours des Grands Vins de France de MACON	马贡大赛
Guide Gilbert & Gaillard	法国权威葡萄酒指南

30.7　葡萄酒评分中外文翻译对照

葡萄酒评分中外文翻译对照见表 30-33。

表 30-33　葡萄酒评分中外文翻译对照表

罗伯特·帕克《葡萄酒倡导家》	Wine Advocate,简称 RP	
《葡萄酒观察家》	Wine Spectator,简称 WS	
《葡萄酒爱好者》杂志	Wine Enthusiast,简称 WE	
《品醇客》	Decanter,简称 DE	
来历	在帕克之前,欧洲人习惯用 20 分制来给葡萄酒评分,仅在专业的圈子中流行,但是帕克参照美国的学校体制,创造性地改为 100 分制,使之成为一种大众游戏,经过多年的努力,终于深入民心,被多数人认可	
评分原则	以 50 分为起评分,也就是说只要是葡萄酒,最低的分数已经就是 50 分了,剩下的 50 分由 4 个部分组成	
人物	罗伯特·帕克	
影响力	如果当今葡萄酒的世界里有神存在,那么唯一的神就是罗伯特·帕克(Robert Parker),葡萄酒王国的皇帝,也被称为味蕾的独裁者,他的衷情可以把一个酒庄送上天堂,当然,他的咒语也能将之打入地狱	
	占 5 分	颜色和外观(Color and Appearance)
	占 15 分	香气(Aroma and Bouquet)
	占 20 分	风味和收结(Flavor and Finish)
	占 10 分	总体素质及潜力(Overall Quality Level Potential)
	96～100 分	顶级佳酿(Extraordinary)
	90～95 分	优秀(Outstanding)
	80～89 分	优良(Above Average)
	70～79 分	普通(Average)
	60～69 分	次品(Below Average)
	50～59 分	劣品(Unacceptable)
来历	美国的《葡萄酒观察家》(*Wine Spectator*)杂志是全球发行量最大的葡萄酒专业刊物,创于 1976 年,全球拥有超过两百万的读者,由声名显赫的专家团队根据自己的特长,每年从全世界精选两万余款葡萄酒进行评分,除了每个月公布分数之外,每年还会进行一次总决赛,评出当年上市的 100 款最好的葡萄酒(Top 100)公之于众	
评分原则	采取盲品的方式来打分,为了客观与公平起见,他们会使用统一的酒具,在独立的场所进行品评,品酒师只知道葡萄酒的大致风格和年份,而且不考虑酒的价格因素	
人物	《葡萄酒观察家》杂志的专家团队	
影响力	作为《葡萄酒观察家》杂志的专业品酒师,都是顶尖的高手,其水平之高,我们难以望其项背,但将 100 元的酒跟 1 000 元的酒放在一起盲品,是不公正的,因为这样虽然能够体现酒的真实水平,却无法体现酒的性价比	

续表

<table>
<tr><td rowspan="7"></td><td>95～100 分</td><td>经典且绝佳(Classic; a great wine)</td></tr>
<tr><td>90～94 分</td><td>优秀,极具个性与风格(Outstanding; a wine of superior character and style)</td></tr>
<tr><td>85～89 分</td><td>良好,且有特点(Very Good; a wine with special qualities)</td></tr>
<tr><td>80～84 分</td><td>做得不错,放心享用(Good; a solid, well-make wine)</td></tr>
<tr><td>70～79 分</td><td>普通,有细微缺点(Average; a drinkable wine that may have minor flaws)</td></tr>
<tr><td>60～69 分</td><td>次品,尚可饮,但不推荐(Below average; drinkable but not recommended)</td></tr>
<tr><td>50～59 分</td><td>劣品,不能喝,也不推荐(Poor, undrinkable; not recommended)</td></tr>
<tr><td>来历</td><td colspan="2">同样来自美国的《葡萄酒爱好者》杂志(Wine Enthusiast)创刊于 1979 年,是涉及范围最广的专业葡萄酒电子刊物,内容几乎包罗了葡萄酒世界的所有方面</td></tr>
<tr><td>评分原则</td><td colspan="2">采取直接发邮件给读者的方式,只要你在该网站注册并留下自己的电子邮箱,那么每天就可以免费地收到多条关于葡萄酒的信息</td></tr>
<tr><td>人物</td><td colspan="2">附有一段视频,由品酒师现场开瓶、倒酒并醒酒,一边品尝,一边解说</td></tr>
<tr><td>影响力</td><td colspan="2">前面的两个网站大部分内容是收费的,需要提供自己的信用卡才能正常浏览,这对于中国内地的读者来说,是极其困难的,但是《葡萄酒爱好者》却是完全免费的,可以随时查看葡萄酒的分数及大致的评论</td></tr>
<tr><td rowspan="6"></td><td>98～100 分</td><td>经典,绝品(Classic; The pinnacle of quality)</td></tr>
<tr><td>94～97 分</td><td>超好,杰作(Superb; A great achievement)</td></tr>
<tr><td>90～93 分</td><td>优秀,高度推荐(Excellent; Highly Recommended)</td></tr>
<tr><td>87～89 分</td><td>优良,品质不错,可以推荐(Very Good; Often good value; well recommended)</td></tr>
<tr><td>83～86 分</td><td>好,日常餐酒,品质不错(Good; Suitable for everyday consumption; often good value)</td></tr>
<tr><td>80～82 分</td><td>可接受,偶尔喝喝也无妨(Acceptable; Can be employed in casual, less-critical circumstances)</td></tr>
<tr><td>来历</td><td colspan="2">英国的《品醇客》(Decanter)创刊于 1975 年,是世界上覆盖面最广的专业葡萄酒杂志,在 98 个国家出版或销售</td></tr>
<tr><td>评分原则</td><td colspan="2">采用酒店星级评比的方式</td></tr>
<tr><td>人物</td><td colspan="2">英国的品酒师来评判世界各地的葡萄酒</td></tr>
<tr><td rowspan="6">影响力</td><td colspan="2">在 3W1D 中唯一有中文版的(繁体),因此在华人世界备受关注;在英语国家有巨大无比的影响力,酒庄主也以获《品醇客》的推荐为荣</td></tr>
<tr><td>★★★★★</td><td>绝佳典范 Outstanding Quality, Virtually Perfect Example</td></tr>
<tr><td>★★★★</td><td>高度推荐 Highly Recommended</td></tr>
<tr><td>★★★</td><td>推荐 Recommended</td></tr>
<tr><td>★★</td><td>尚好 Quite Good</td></tr>
<tr><td>★</td><td>可接受 Acceptable</td></tr>
</table>

参 考 文 献

1. [法]Jean-Marc BAHANS. Michel MENJUCQ. Droit de la vigne et du vin. 2e Edition. Bordeaux. Edtions FERET-LEXISNEXIS,2010.

2. [法]David Skalli. Partner at Skalli & Cie. Wine Production et Trade Evolution,2007 InterLoire. 法国卢瓦尔河谷葡萄酒协会资料,http://www. vinsdeloire. cn/.

3. Brian K. JULYAN. Sales & Service for the Wine Professional, third Edition,2008 法国蓝带厨艺学院．法国蓝带葡萄酒精华．台北:大境文化出版社,2009.

4. Philippe Margot, Du chêne-liège au bouchon, http://www. cepdivin. org/articles/phmargot015/01. html,2010.

5. Amorim, Histoire du bouchon et du bouchage de vin, http://www. amorimfrance. fr/histoire-bouchon-liege. html,2008.

6. Michèle Barrière, Le bouchon, dans Historia, november 2011, p. 24(ISSN 0750—0475)Wiki. 葡萄酒．http://baike. dangzhi. com/wiki/葡萄酒,2012.

7. 中华人民共和国国家经济贸易委员会．中国葡萄酿酒技术规范,2002.

8. 帕克分数．www. erobertparker. com,2013.

9. 葡萄牙软木协会．www. realcork. org;www. mygreencork. com

10. 巴西葡萄酒协会 IBRAVIN(Brazilian Wine Institute).

11. 卢瓦河谷．Interloire, http://www. vinsdeloire. cn/.

12. 勃艮第．www. bourgogne-wines. asia.

13. 香槟．CIVC, www. champagne. fr; http://www. champagne-civc. cn.

14. 勃根地．BIVB,www. vins-bourgogne. fr,www. bourgogne-wines. asia.

15. 博若莱．www. beaujolais. com.

16. 阿尔萨斯．CIVA www. alsace-wines. com. cn/.

17. 罗纳河谷．Inter Rhône www. vins-rhone. com,http://www. rhone-wines. com. cn.

18. 朗格多克-鲁西戎．CIVL,http://www. languedoc-wines. com/chinese/.

19. 夏朗德．www. ville-cognac. fr.

20. 雅邑．http://www. armagnac. fr.

21. 科西嘉．www. vinsdecorse. com.

22. 汝拉-萨瓦．www. jura-tourism. com.

23. 西南部产区．www. sunfrance. net.

24. 意大利．意大利国家酒业促进中心——Enoteca Italiana,www. enoteca-italiana. it.

25. 西班牙．http://www. fev. es.

26. 德国．www. germanwines. de.

27. 奥地利．http://www. austrianwine. com/.

28. 澳大利亚．http://www. apluswines. com/zh-CN. aspx.

29. 新西兰．http://www. nzwine. com.

30. 美国加州葡萄酒协会．www. discovercaliforniawines. com．cn.

31. 阿根廷．http://www. winesofargentina. org.

32. 智利 . http://www. vinosdechile. cl.
33. 加拿大 . http://www. canadianvintners. com.
34. 美国 . http://www. wineamerica. org/.
35. 南非 . www. wosa. co. za.
36. 波特酒 . http://www. fortheloveofport. com.

全国国际贸易职业资质认定考试项目介绍

一、项目背景

由中华人民共和国国家质量监督检验检疫总局、中国国家标准化管理委员会发布的中华人民共和国国家标准 GB/T 28158—2011《国际贸易业务的职业分类与资质管理》已于 2012 年 7 月 1 日正式实施。该国家标准将国际贸易人员职业类别细化为国际贸易业务运营类、单证类、财会类和翻译类，并对这四个类别规定了职业资质要求以及管理要求，为推动我国国际贸易的规范化和标准化，提升国际贸易人员的素质和企业管理水平将起到积极的推动作用。

二、组织机构

主办单位：中国国际贸易促进委员会商业行业分会
　　　　　中国国际商会商业行业商会

承办单位：中国国际贸易促进委员会商业行业分会教育培训部

中国国际贸易促进委员会商业行业分会(中国国际商会商业行业商会)成立于 1988 年，是由中国商业界有代表性的企业、团体、人士组成的对外经济贸易组织，是中国国际贸易促进委员会(中国国际商会)设在行业中的贸促机构。中国贸促会商业分会与商业国际交流合作培训中心(国务院国资委所属中央事业单位)合署办公。

三、认定标准

国家标准 GB/T 28158—2011《国际贸易业务的职业分类与资质管理》

四、职业分类

国际贸易师、国际贸易单证师、国际贸易会计师、国际贸易翻译师

五、认定方式

(一) 职业资质认定实行统一组织、统一大纲、统一标准、统一证书的认定制度。

(二) 职业资质采取登记管理方式，登记有效期为三年。

(三) 职业资质实行复审管理。登记有效期满时，由原发证机构根据国际贸易师继续教育和职业发展活动情况重新评定，评定结果符合标准的为其办理续期登记。

(四) 认定方式分为业务知识考试和业务技能考核，均采用闭卷笔试方式。高级还须进行综合评审。

(五) 职业资质认定考试每年两次，分别安排在 6 月和 12 月。

六、证书颁发

认定合格者，由中国国际贸易促进委员会商业行业分会和中国国际商会商业行业商会共同颁发相应职业和相应级别的职业资质证书。该证书表明持证人具备从事相关职业活动的专业知识和能力，是用人单位录用、晋升、评定职称的参考依据。获得职业资质证书的人员将同时被列入国际化商务人才库，对其进行分类管理。

七、联系方式

中国国际贸易促进委员会商业行业分会教育培训部

地址：北京市西城区复兴门内大街 45 号

邮编：100801　　　　电话：010-66094066

网站：www.ccpitedu.com　　　　电邮：ccpitedu@163.com